国外小城镇规划与设计译丛

小城镇规划手册
The Small Town Planning Handbook
（原著第三版）

托马斯·丹尼尔斯	（Thomas L. Daniels）	
约翰·凯勒	（John W. Keller）	
[美] 马克·拉平	（Mark B. Lapping）	著
凯瑟琳·丹尼尔斯	（Katherine Daniels）	
詹姆斯·塞吉迪	（James Segedy）	

李 丽 译

中国建筑工业出版社

著作权合同登记图字：01-2019-3695号

图书在版编目（CIP）数据

小城镇规划手册：原著第三版 /（美）托马斯·丹
尼尔斯（Thomas L.Daniels）等著；李丽译 . —北京：
中国建筑工业出版社，2021.11
（国外小城镇规划与设计译丛）
书名原文：The Small Town Planning Handbook
ISBN 978-7-112-26401-8

Ⅰ.①小…　Ⅱ.①托…②李…　Ⅲ.①小城镇—城市
规划—研究　Ⅳ.①TU984

中国版本图书馆CIP数据核字（2021）第144874号

责任编辑：程素荣　吕　娜　　责任校对：王　烨

国外小城镇规划与设计译丛

小城镇规划手册
The Small Town Planning Handbook
（原著第三版）

　　　　托马斯·丹尼尔斯（Thomas L. Daniels）
　　　　约翰·凯勒（John W. Keller）
[美]　马克·拉平（Mark B. Lapping）　　　著
　　　　凯瑟琳·丹尼尔斯（Katherine Daniels）
　　　　詹姆斯·塞吉迪（James Segedy）
李　丽　译
＊
中国建筑工业出版社出版、发行（北京海淀三里河路9号）
各地新华书店、建筑书店经销
北京点击世代文化传媒有限公司制版
北京中科印刷有限公司印刷
＊
开本：787毫米×1092毫米　1/16　印张：22¾　字数：454千字
2022年3月第一版　2022年3月第一次印刷
定价：95.00元
ISBN 978-7-112-26401-8
　　（37827）

版权所有　翻印必究
如有印装质量问题，可寄本社图书出版中心退换
（邮政编码 100037）

目　录

第一部分　制定城镇规划　　　　　　　　　　　　　　1

第二部分　实施城镇规划　　　　　　　　　　　　　155

致　谢

　　我们要感谢罗伦·迪格（Lohren Deeg）和肖恩·诺瑟普（Sean Northup）在图形处理方面的出色工作。奥顿家庭基金会（Orton Family Foundation）的理念使我们受益匪浅，这个组织正在帮助农村社区制定规划，以便"原汁原味"地保护社区。美国规划协会（American Planning Association）的西尔维娅·刘易斯（Sylvia Lewis）给予我们许多鼓励，并对本书修订提出了宝贵的建议。Backspace Ink 公司的乔安妮·施伟德（Joanne Shwed）做了精细的文案编辑工作。书中如有任何疏漏、错误，均由作者负责。

前　言

　　《小城镇规划手册》的第一版问世于 1988 年，它阐述了如何制定社区综合规划，以及如何制定实施规划的土地分区（zoning）与土地细分（subdivision）法规和基本建设改善计划（capital improvements program）。第二版于 1995 年出版，增加了有关小城镇实体设计和地方经济发展的章节。我们欣慰地获悉，这本手册已帮助许多社区获得了更大的使命感和方向感，改善了人们的生活质量。此外，手册已被广泛用作本科生和研究生的规划课程教材，这一点也令我们非常高兴。

　　我们决定编写第三版出于以下几个原因：

　　● 规划技术在过去 12 年中经历了一场革命。地理信息系统（Geographic Information System，简称 GIS）数据库绘图程序已成为极为有用的工具，可以用于存储和分析有关房地产位置、公共基础设施和环境特征等方面的大量数据。如今，GIS 对于制定准确的综合规划和土地分区图、跟踪发展变化以及确定环境制约因素和最佳开发地点都至关重要。互联网已经发展成为一种出色的信息源，也是向公众展示规划信息的一种有效方式。

　　● 小城镇设计已引发建筑师、规划师、政治家和普通大众的无限遐想。日益流行的新城市主义运动以村庄为仿效样板：宜人的建筑尺度，步行导向，商住用地混合配置，紧凑型开发，以及可享用的绿地空间等。加利福尼亚州圣地亚哥（San Diego，California）等城市正致力于打造"都市村庄"（urban villages）。佛罗里达州萨拉索塔县（Sarasota County，Florida）建议在农村建设村庄，以最大限度地减少蔓延式扩张。

　　● "精明增长"（smart growth）一词已成为深入人心的理想模式，我们想要探索的是，精明增长对于小城镇意味着什么。

　　● 由于联邦计划的削减和全球经济竞争的加剧，对小城镇进行有效规划比以往任何时候都更为必要。

　　● 经济、社会和环境的"可持续发展"（sustainability）理念已广为流行。可持续发展对小城镇尤其重要，因为一些城镇在经济和人口两个方面都难以为继，许多城镇社会多元化程度越来越高，而大都市边缘的小城镇则面临着在沉重的发展压力下保持空气清新、水质洁净和开放空间充足的挑战。

　　● 我们想重申小城镇应该是人们生活与工作的美好之所这一观点。我们把地方规划看作是解决地方问题的关键。我们认为，规划是社区创建未来愿景、收集信息、发现问题和可能的解决方案并采取行动的绝佳方式。最重要的是，规划是让关心社区的公民参与的最佳途径，也是社区作出影响其未来的明智决策的最佳途径。

我们认识到，小城镇可能因地理位置、财富、经济基础和社会多样性而差异很大。小城镇既是民族和种族最多样化的地方，也是最不多样化的地方。大平原（Great Plains）地区的小城镇通常有较高比例的北欧裔白人。相比之下，南部的小城镇通常混合着白人、黑人和不断增长的拉丁裔人口。一些小城镇，特别是那些靠近大都市地区的小城镇，人们的生活相当富裕，而一些偏远的小城镇仍然非常贫穷。平均而言，小城镇生活在贫困线以下和住房条件低于标准的人口比例高于城市和郊区。许多小城镇最初是周围农场的服务中心。自第二次世界大战以来，农场数量减少了三分之二以上，城镇实现了经济多样化，向制造业、娱乐业、旅游业和各种服务行业发展。

在小城镇，人口和就业的变化尤为重要。有些城镇的人口经历了短暂下降，然后又反弹。有的社区则出现了中青年居民持续外流的情况。在大都市区附近，大多数小城镇的人口稳步增长，有些城镇已经被快速增长淹没了。即使在偏远地区，娱乐、旅游、退休以及能源与采矿开发也会造成人口突然激增，从而形成"新兴城镇"（boom town）。

农村就业在人们的印象中就是务农，但如今只有一小部分农村居民仅靠农业、牧业、林业、采矿业和渔业等传统农村产业谋生。不断增长的服务业、政府岗位和制造业现在已占农村就业的五分之四以上。随着互联网和远程办公的兴起，许多来自城市地区的人现在已经搬到了小城市、城镇或农村。事实上，20世纪90年代美国增长最快的地区，正是加利福尼亚州内华达山脉（Sierra Nevadas）和落基山脉（Rocky Mountains）之间的山间西部地区（Intermountain West）。尽管如此，许多偏远的农村地区并没有显示出繁荣和增长。

这本手册旨在帮助小城市、城镇、乡镇和农村县获得更大的使命感和方向感。为变革（为理想的变革）而进行的规划必须以满足当地需求的开发为特色。与此同时，规划应遏制那种会削弱社区的财务实力、影响外观风貌或降低环境质量的开发。简而言之，生活质量是城镇的主要资产，规划的首要目标应该是保持和加强城镇的场所感。正是这种场所感才使城镇别具一格，也是人们选择在那里生活的原因。

良好的社区规划源于常识和有序、开放的方法，从而了解当地的需求，设定目标和优先事项，并采取行动。

在第一部分"制定城镇规划"中，我们介绍了循序渐进地制定社区综合规划的方法。

在第二部分"实施城镇规划"中，我们阐释了如何编制分区条例、土地细分和土地开发法规、基本建设改善计划以及其他地方性土地利用法规。更重要的是，我们讨论了社区如何利用这些法规和支出计划将综合规划付诸行动。城镇规划和法规共同指导政府官员和普通公民作出影响其社区未来发展和变化的决策。规划委员会对具体开发提案的建议取决于常识、个人判断和每项提案的具体情况。个人价值观很可能会影响这些决定，但这些开发决定应与社区规划、分区和土地细分法规以及所有其他法规的目的与目标保持一致。

在第三部分"小城镇可持续发展"中，我们介绍了指导小城镇实体设计、制定经济发展战略以及制定战略规划的方法，以使社区的经济、环境和社会在未来保持良好的发展。

小城镇在尝试进行规划时会犯两个常见的错误：

1. **工作不彻底。**有些社区试图制定一个超过 10 年期限的社区规划；有些社区则在没有参照社区规划的情况下修订分区规划和土地细分法规；还有些社区从未编制过规划或者实施过法规。通常，这种不够彻底的规划工作意味着规划未得到足够的重视。

2. **许多小城镇试图采用城市规划的做法和技术。**在大多数情况下，这是行不通的。小城镇在规模、态度、财政与人力资源、经济基础、外观风貌和愿景等方面，都与大城市有所不同。

我们五位作者都是农村和小城镇规划师，一直在农村社区生活和工作。我们在多所大学教授农村与小城镇规划课程，并且作为执业规划师，在小城镇、农村县和规划部门的日常工作经验累计达 60 余年，其中包括数百个在农村规划委员会工作的夜晚。

多年来，我们有机会在 450 ~ 15000 人的社区检验我们的想法和建议。本书第三版适用于人口为 1000 ~ 10000 人的小城市、农村县和城镇；但是，手册中介绍的许多规划策略和技术也可以成功地移用到人口规模达到 25000 人的社区。

我们给出了一个有序的规划流程和实用的想法，以帮助使规划成为改善社区的有效途径。规划工作的成功将取决于社区中人们的奉献精神、自豪感和辛勤工作。祝你们取得圆满成功！

托马斯·丹尼尔斯

约翰·凯勒

马克·拉平

凯瑟琳·丹尼尔斯

詹姆斯·塞吉迪

小城镇规划综述

引 言

美国有 13000 多个小城镇。每个城镇的居民人数都不到一万。大多数小城镇分布在大平原、中西部和东南部的农村地区。然而，在整个美国，许多小城镇近期都受到大都市扩张的影响。小城镇是各自拥有地方政府的建制行政单位，但在规模和位置以及经济基础、社会条件和增长潜力等方面各不相同。这些差异使小城镇规划成为一项特殊的挑战。

美国小城镇简史

纵观美国历史，有些城镇繁荣兴旺，有些城镇仅勉强维持，还有一些则逐渐消失。美国大多数小城镇形成于 17 ~ 19 世纪的马背时代。在东海岸和中西部，城镇之间相距 5 ~ 6 英里。在大平原地区，铁路的出现使城镇之间的平均距离增加到将近 30 英里——差不多是蒸汽机车加水停靠站之间的极限距离。西部地区由于没有可通航的河流、雄伟的山脉和广阔的沙漠，定居只能靠步行、骑马和铁路等交通方式，不过，定居点的位置实际上是采矿热潮、圈地潮、机遇、气候甚至纯运气的结果。

从 18 世纪末开始到整个 19 世纪的大部分时间里，联邦政府一直奉行征服大陆的政策。为了刺激定居，政府将数百万英亩土地出售给私人，并将更多的土地捐赠给各个州、铁路和农场主。凡是土地投机商、城镇"批发商"和农场主取得成功的地方，城镇就出现了。有些城镇一度希冀成为新的芝加哥或另一个纽约，而更多的城镇则仅仅止步于艺术家笔下的画作，或是地图上的线条而已。

这些早期的城镇规划虽然包括街道布局、建筑地块、公园、中心商务区和住宅区，但只是一时的蓝图，既无法指导城镇的未来扩建，也无法帮助居民预测城镇边界范围内将发生的许多变化。

在 19 世纪，城镇通常实现了三个功能：

1.作为周边农民的零售和服务中心。

2. 加工和运送农产品、木材和矿产品。

3. 提供保护。

在广袤且不断扩张的边疆地区，定居者需要一个服务中心城镇的网络。农业一直是农村地区的主要生计来源，有些城镇最初是作为边境上的堡垒出现的。

19世纪90年代和20世纪前十年通常被视为美国小城镇的鼎盛时期。随着国家人口的增长，小城镇繁荣起来，这在一定程度上要归功于欧洲人口的大量涌入。工业扩张，农产品价格上涨，带来了美国农业的黄金时代（Golden Age of American Agriculture）。农民有钱在城镇里消费，而大多数城镇居民则享受着井然有序的中产阶级生活方式。主街（Main Street）是社区的经济和社会中心，百货商店、理发店、酒馆、银行和马车行等都在这里。学校、报业和歌剧院等也蓬勃发展起来。

直到第二次世界大战后，随着州际公路和电信的到来，农村地区才真正进入了美国国内乃至国际日常生活的主流。然而，这种与国家和世界经济的融合也意味着农村地区重要性的下降。第二次世界大战将成千上万的青年男女从美国农村地区吸引到城市和不断增长的郊区。在这个大众社会（mass society）时代（即大规模生产、大规模市场营销和大规模传播的时代），小城镇为有限的本地市场而互相竞争。在1950～2000年期间，农场数量减少了三分之二，而农场规模却有所增加。1900年，三分之一的美国人住在农场；到2000年，住在农场的人不到2%。

20世纪20年代，由于受到政府管制以及汽车和卡车竞争的影响，铁路行业开始走下坡路。从1945～1970年，与飞机、汽车和公共汽车的竞争几乎把所有私人拥有的铁路都挤出了客运业务。铁路货运也受到影响，因为事实证明，卡车在向分散地点运送货物方面更加灵活。数千条铁路线和支线被废弃，许多城镇失去了铁路服务。到20世纪80年代，随着铁路、公共汽车和卡车运输服务的放松管制，许多小而偏僻的地方又被废弃了。

20世纪70年代，小城镇的宜人尺度、回归土地（back-to-the-land）的伦理观念以及"小即是美"（Small Is Beautiful）的哲学观念，引发了人口从城市地区向非都市县的净迁移。实际上，美国农村人口150年来首次增长速度超过了城市人口！然后，在20世纪80年代和90年代，由于农业经济疲软和制造业工作岗位减少，许多农村地区人口又在减少。

在过去的几十年里，小城镇发生了深刻的变化。在大都市区附近，数以百计的小城镇已被郊区吞噬。事实上，自1990年以来，生活在郊区的美国人多于生活在城市中心或农村地区的美国人。在偏远的农村地区，许多社区一直在为生存而挣扎。有些城镇已成为娱乐和旅游景点，有些城镇受益于联邦和州政府计划带来的增长，还有一些城镇则享受着作为退休社区带来的增长，这在一定程度上归功于社会保障金和医疗保险

（Medicare）。然而，总体而言，零售商品和服务正日益集中在人口规模超过25000人的区域中心。这些区域中心之外的许多小城镇已经沦为卧室社区（bedroom communities）。那些远离区域中心、通勤距离长的小城镇将很难留住居民和经济活动。在地理位置较偏远的城镇中，县政府所在地在吸引新企业方面将具有优势，因为它们往往比其他社区拥有更多的财政和人口资源。

这些不同城镇的规划目的与目标差异很大。例如，经济发展通常于大都市附近的城镇而言不是问题，而对于偏远社区而言则是生死攸关的问题。相反，在变化缓慢的偏远地区，环境质量往往不像快速发展的地铁周边城镇那么令人担忧。

小城镇之所以有吸引力，是因为它们有人性化的建筑尺度、可负担的住房、顺畅的交通以及紧密的社会结构。最近的民意调查显示，大多数美国人更喜欢住在小城镇，而不是城市或郊区。此外，人们对小城镇的设计也重新产生了兴趣。住宅和商业用途相结合，强调步行而不是开车出行，以及建筑物的人性化尺度等，营造出令人愉悦的环境和更加亲密、更加友善的社区。

在可预见的未来，两个关键趋势将继续影响小城镇的发展：

1. 联邦资金支持下降；

2. 城镇之间为吸引和创建新的企业而展开更激烈的竞争。

这意味着小城镇必须变得更加自力更生，并且将需要周密而具有战略性的规划，从而使其社区成为居住和工作的好地方。

联邦计划通常要求小城镇遵守以前为大城市设计的法规。例如，1974年《安全饮用水法》（Safe Drinking Water Act）和1996年修正案（1996 Amendments）要求社区供水系统符合国家标准，并要求各州必须监测地方供水系统。尽管可能没有联邦财政援助，但社区被期望达到这些标准。许多小城镇负担不起升级供水系统以达到联邦标准的费用。

国会已经认识到联邦监管机构和小城镇之间需要灵活性（所谓的"规章弹性"，即Reg-Flex）。即便如此，小城镇在遵守联邦要求方面仍继续面临财政和行政管理上的重重困难。在这方面，规划过程可以帮助地方官员发现问题，并找出合理的解决方案。此外，规划也有助于申请和获得联邦地方项目拨款，以满足联邦要求。通过这种方式，规划有助于鼓励公众参与，这对美国农村和小城镇的生活质量至关重要。

小城镇规划简史

在20世纪20年代，联邦政府颁布了两项示范法：《城市规划授权法标准》（Standard City Planning Enabling Act）和《州分区规划授权法标准》（Standard State Zoning Enabling Act），各州利用这两项示范法制定法律，允许地方政府进行规划和分区规划。即使在今天，这两项授权法也决定着地方政府在规划、分区规划和其他土地利用控制方面可以做什么或不可以做什么。其次，地方政府任命规划委员会，规划委员会负责制订城镇规划以指导社区的发展。规划委员会很快意识到，规划过程不仅仅是简单地绘制一幅地图，显示他们希望看到不同的土地用途出现在哪里。他们必须在综合规划中研究社区及其周围环境。规划委员会通常在外部顾问的帮助下，必须进行人口预测，并审查住房和交通需求以及地方经济与市政服务。到20世纪30年代，规划实践已经成为适应变化和促进大城市及其郊区社区改善的一种方式。

在1950年之前，很少有小城镇编制过综合规划。根据1954年《住房法》（Housing Act），美国住房与城市发展部（U.S. Department of Housing and Urban Development）向小城镇提供赠款，以便开展规划研究。城镇利用这些所谓的"701规划"（701 plans）主要是为了获得联邦拨款。这些规划通常包含关于当地人口和住房的信息，但还算不上是综合规划，因为它们没有包含关于一个城镇的大多数物理信息和经济特征（例如，经济基础、土地利用模式、交通、社区设施和自然环境等），"701规划"也没有导致分区规划和土地细分法规的创建，也没有为基础设施投资制定基本建设改善计划，从而将规划付诸实施。许多小城镇居民认为"701规划"根本没有满足小城镇的需求。结果，"701规划"往往被束之高阁，而规划作为一项行之有效的活动这一理念也没有得到认可。

20世纪70年代，一些小城镇开始认识到规划的价值。这些往往是处于大都市边缘的城镇，正面临着快速发展和人口增长带来的种种问题，比如水污染、交通拥堵、学校费用飙升、财产税大幅上涨以及开放空间和乡村特色丧失等。然而，规划工作通常是在损害已经造成后开始的。在更多的农村社区，规划被认为有助于获得修建给水排水管线、道路、公共建筑，特别是工业园区的联邦拨款。

在20世纪80年代，农业危机和1980～1982年间的经济衰退严重打击了农村和小城镇。高利率推高了借贷成本，美元强势又压低了出口，导致农业用地价值急剧下降。农业经济下滑席卷了中西部和南部农村的城镇，这些城镇都严重依赖农产品的加工和运输以及销售。20世纪60年代和70年代，制造业工厂在许多小城镇如雨后春笋般发展起来，这时又面临着来自外国生产商日益激烈的竞争，而那些外国生产商往往享有较低的劳动力成本和宽松的环境标准。

与此同时，美国中西部和南部农村地区的零售业越来越集中在沃尔玛（WalMart）等折扣连锁店。这些折扣连锁店以人口规模5000～25000人的社区为目标，为20000～90000人的零售贸易区提供服务。研究表明，这些社区普遍受益于连锁店的到来，但周围的小城镇却失去了零售业，越来越成为人们在那里居住、却在别处工作和购物的卧室社区。

突然间，人们认识到城镇规划是一个发现问题、确定优先事项、组织资源和应用解决方案的有效过程。同样显而易见的是，经济发展活动不能只专注于振兴城镇中心或促进工业场址的发展，整个社区都必须参与进来。此外，小城镇居民必须能够过上体面的生活，城镇也必须提供健康的生活环境。没有良好的道路、给水排水系统、卫生保健、学校和住房，就会严重损害社区的发展或生存能力。

开展规划面临的挑战与潜力

小城镇居民通常看起来保守，反对改变。那些必须在非常有限的公共预算内工作的人，以及那些生活处于捉襟见肘状态的人，的确不会抱持挥霍浪费的态度。然而，认为小城镇居民反对变革或许有失公允。改变可好可坏。主街上的商业被关掉，家庭农场倒闭，或学校实行地区性合并，这样的改变在收缩型城镇会格外明显。在大都市边缘地带的增长型城镇，现代化的房屋与19世纪的历史建筑毗邻而建，或者开放空间消失，变成城镇边缘的新型带状购物中心，这样的变化都会吸引所有人的注意，但主街上新入驻的企业或历史建筑的立面修复则是一种积极的改变。小城镇的特点并不是反对变革，而是需要控制变革的速度、风格和规模。

小城镇居民往往比城市居民更容易接触到地方政府。这对普通大众而言是一个巨大的优势。城镇居民熟悉他们的地方官员，也知道在哪里可以找到他们：在公开会议上，在街头，在他们的家中或公司里。

在小城镇，规划工作主要在晚上进行，召开规划委员会会议和镇议会会议。白天上班的人可以参加会议，研究问题，并向地方官员表达他们的关切或支持。

小城镇通常只能提供有限的专业规划建议。有三个很好的帮助来源，分别是：区域规划委员会（regional planning commission。也称作政府委员会，council of government，简称COG）、州赠地大学以及州政府商务部或社区事务部。区域规划委员会或政府委员会是政府支持的机构，负责收集关于地区的数据信息，协助小城镇向州和联邦政府申请拨款，并帮助小城镇编制规划与土地利用控制。大多数赠地大学都设有社区规划学系和推广人员，他们能够提供规划信息和建议。各州立机构在获取有关拨款计划和规划的法律要求等信息方面非常有用。

近年来，我们看到地方对社区规划的态度发生了变化。以前，许多较小的城镇和县拒绝考虑由区域规划委员会资助一名行政规划人员，或共用社区规划师。现在，城镇开始认识到他们必须有一位专业的规划师，至少是兼职的。各种强制性规划（如地方应急响应、紧急服务、"911计划"、公共供水井源保护以及《美国残疾人法》等）都是需要协调政府工作、财政资源和规划专业知识的项目实例。

小城镇面临的最大短板是财政和人力资源有限。一个城镇的财富往往受到人口数量的限制。此外，将有限的财政资源从一个项目转移到另一个项目也很困难，比如，从重新铺设主街转移到建造一个新的公共游泳池。社区必须确定优先事项次序，并规划好几年内的项目。许多小城镇的公共服务在质量和数量上都有限。城镇服务通常包括：消防和治安保护，排水和供水系统，垃圾清运，以及图书馆、娱乐设施和急救服务等。然而，居民数量不足1000人的城镇通常缺乏公共排水和供水系统，而且只有兼职的治安、消防、娱乐和图书馆等服务。人们一般认为，规模在2500人以上的城镇才是全服务型城镇，能够提供全方位的公共服务。

本手册中阐述的城镇规划、分区规划与土地细分法规、基本建设改善计划以及其他土地利用控制等，可满足大多数小城镇的需求；不过，在人口不足1000人的社区，一个具有城镇总体目的与目标的简单政策规划可能比制定一个深入的城镇规划更有用。

规划的目的在于帮助决策者作出明智而周全的决定。良好的信息是良好规划的基础，可以帮助决策者预测在某些情况下可能发生的情况，并解答以下问题："你希望你的社区看起来是什么样子？"以及"社区应该如何运作？"最终，规划有助于人们组织信息，了解他们的社区。这对人们承担起社区的责任，并将其塑造成他们希望的样子是很有必要的。

第一部分

制定城镇规划

第1章

为什么要做规划？

引 言

为什么要做规划？简单的回答是：每个人都离不开规划！人们制定财务规划、旅行规划和工作规划，以帮助他们实现个人目的与目标。企业制定战略行动规划并实施这些战略，以帮助它们保持盈利并获得竞争优势。规划帮助我们安排自己的时间和财务资源，一步一步地实现我们的目标。规划能使我们三思而后行，避免付出高昂的代价和出现令人尴尬的错误。通过规划，我们逐渐了解自己现在的处境，了解现在和未来应该做些什么来实现我们的目标。然后，我们可以制定一个行动规划，按时完成任务。

规划可以形成良好的共识。对于一个社区而言，共识涉及在锐意创新和顽固保守之间取得平衡。令人惊讶的是，许多小城镇居民同时表现出这两种特质。如果某个计划在一个小城镇奏效，其他小城镇通常会在不考虑后果的情况下纷纷效仿。另一方面，小城镇居民可能不愿意解决紧迫的经济或社会问题，希望这些问题会自行解决或干脆消失。最终，造成的损失可能大大超过为解决问题而适度投入的时间与金钱。

没有条理的人很难取得很大成就，无组织的社区也是如此。我们都知道，有些社区似乎总是行动太迟，从来没有做对事情，也总是受困于过时的计划和想法。规划迫使我们思考并安排我们的时间、资源和精力，规划对家庭预算和市政预算都有意义。

社区规划

也许对于一个规划师或规划专员而言，最难回答的问题是："你要做的事究竟是什么呢？"答案是：规划就是学习。社区规划意味着学习如何关心你所在的城镇，关心城镇中的人和城镇未来的居民。规划还包括学会尊重和爱护我们赖以生存的自然环境。关爱他人需要有公平的态度，愿意听取人们的意见，并愿意做出必要的调整和妥协，以确保一视同仁。

规划也是学习如何分享。这不是一件容易的事。小城镇的人们通常喜欢与他人分享自己的观点，但似乎很难分享他们的社区。

社区规划应服务于社区的最佳利益。社区规划不是试图取代供给、需求和价格等市场力量,而是试图通过建立某些土地开发和资源保护规则,来塑造和引导市场力量。因此,社区规划应该促进"良性增长",而不是"没有增长"。换句话说,增长应该出现,但不能随意增长。随意增长既不美观,又浪费空间,而且会导致市政服务成本急剧上升和财产税增加。然而,一些小社区正在萎缩,而不是在增长。规划提供了一种保持积极的生活质量和振兴社区或至少尽可能控制衰退的方法。

城镇规划显示了一个社区当前的积极和消极方面,即:优势、劣势、机会和威胁。一个社区应该精心培育和保护其优势,这些优势决定了社区的优点。社区应该化解其劣势,而不是视而不见。社区应发现并利用各种机会,但也应了解来自外部的种种威胁,比如,邻近社区的商业开发,能源成本上升,或州或联邦资助计划减少等。

规划还提供了使用公共资金改善社区设施的优先事项和指导方针,特别是道路、供水和排水系统、公园和学校等。一个好的社区规划将有助于社区明智而有效地花钱,这样服务成本就不会给当地居民带来沉重的税务负担。地方官员应将社区预算与社区规划进行比较,以确保公共资金的使用符合社区的目的与目标。

补充材料 1-1　好规划使我们三思而后行

一个农村社区最近花了 17.5 万美元购买毗邻现有垃圾填埋场的 120 英亩土地。当地官员认为,此次收购决定既明智又计划周密。现有的垃圾填埋场还有 10 年的剩余使用时间,现在正是提前进行规划的时候。收购时机恰到好处:没有公众争议,土壤条件极佳,价格也合理。在购买后不到 6 个月,一名规划顾问指出,在新的州和联邦垃圾填埋场条例中存在促进区域垃圾填埋场的"副标题 D"(Subtitle D)。在评估了废物处理厂、收集渗滤液(液体渗流)、钻探水监测井和其他要求的财务影响后,社区得出结论:与商业运输商签订合同,将固体废物清运至区域垃圾填埋场,将是一个更经济、更高效的解决方案。这个社区白白花费了 17.5 万美元。社区当时认为他们提前进行了规划,预见到固体废物处理的需求,也抓住了扩大当地垃圾填埋场的机会。

"三思而后行"要求我们了解现状,收集和评估所有相关事实,并决定我们现在和未来必须做哪些事才能实现目标。然后,我们可以制定行动计划,以便按时、有序并利用最完整的信息来完成任务。

社区规划还确定了每种类型的私人开发应该在哪里进行，以便使社区成为更好的居住场所。私人开发规划常常与社区规划和愿望发生冲突。社区规划的主要目的之一，是向私人土地所有者和开发商展示社区想要的开发地点和类型。这样，一个清晰、简洁的社区规划将为私人土地所有者和开发商节省大量的时间和金钱来制定他们的私人规划。

规划是通过公众参与进行社区决策的一种手段。规划还可能涉及冲突和摩擦，因为它可能将我们分为对立的群体。规划过程中有些冲突也是好事，可以激发我们思考，也提醒我们需要理解、包容甚至支持他人的观点。规划过程中缺乏冲突可能意味着公共信息不畅，公民参与程度低。

小城镇发展的关键在于地方领导力，良好的地方领导力是成功的关键。缺乏优秀的领导者意味着这些社区将不会取得什么成就。在地方领导力方面，有些城镇得天独厚，许多城镇可以逐步发展，但也有少数城镇永远也不会有。社区规模并不重要，财政资源也不是关键。成功的社区规划取决于当地人民的参与。例如，罗恩·鲍尔斯（Ron Powers）曾对两个小城镇发生的变化做过精彩描述，其中对地方领导不力的结果是这样描述的：

> "……在此期间，我离开的那个城镇开始衰退，步履维艰。就像一个儿子去看望饱受煎熬的父母一样，我回到家乡，看到一些外来的专业人士试图让我的家乡恢复往日活力。专业人士们引进了科学的营销技术。他们根据小镇的真实历史作了规划，将城镇重新定位为主题公园的'景点'。规划失败了。'景点'变成了华而不实的模仿，这种模仿随后就自生自灭了。城镇感到震惊和痛苦，意识到自己也参与了自我毁灭的暴行。"[1]（参见第 21 章"城镇规划实施与战略规划"中的"战略规划"部分。）

城镇规划能做什么，不能做什么

只有当你理解规划的目的时，才能进行城镇规划工作。请记住，城镇规划应该做到以下几点：

- 城镇规划中应全面制定社区所有方面的目的与目标；
- 城镇规划是持续规划过程的一部分，应及时响应城镇居民的需求和愿望；
- 城镇规划是土地利用法规的法律依据，也是城镇预算基本建设改善计划的指南。

制定或更新城镇规划有许多好的理由，但你必须清楚从规划中期望得到什么。

不编制规划的理由

- **不要期望规划带来立竿见影的改变。**在短期内，规划带来的变化可能很小，镇民和决策者都可能会感到失望。好的规划需要很长时间，包括反复尝试、辛苦工作并注重细节。请记住，一个社区不会在几个月、一年甚至十年内就获得某种特性。最好的效果通常发生在规划了很长时间的社区。要知道，城镇规划不能代替行动，规划只有作为行动依据的蓝图才有用。这些行动以决策的形式出现，包括：如何使用公共资金，在何处安排不同类型的开发，以及在何处保留开放空间和娱乐区等。

- **不要仅仅因为有人告诉你，规划会将那些一直忽略你所在社区的商业引进来，就去花钱编制规划。** 规划不仅限于商业开发，商业招募方案也不能取代整个社区的规划。了解关于商业招募的两个事实非常重要：

1. 社区可能会将其所有财政资源投入商业招募，而忽视社区其他需求。这种策略在新的商业前景出现时就可能被证明是弊大于利。一些社区只规划办公园区或工业场地，没有规划社区服务以及管理人员和工人的住宅，而寻求办公场所或工厂地点的公司对这样的社区已经变得十分谨慎。

2. 有效的商业招募与社区在道路、供水和排水设施、学校和职业培训等方面精心规划的投资项目密切相关。

- **除非城镇居民确信规划势在必行，并且可以惠及社区，否则不要编制或更新城镇规划。** 人们不愿制定或更新城镇规划源于三种态度：

1. 有些人认为，政府领导规划过程和支付城镇规划费用超出了其职能范围。换言之，政府应该只坚持抓狗、修排水管道和填埋坑洼等。

2. 有些高调人士声称，城镇规划将导致房产价值和行使私有财产权的自由减少。这种说法的确有些道理。规划的结果往往是制定政策和法律，规范房地产的使用，限制土地所有者开发房地产的位置和强度，但与已采纳的城镇规划相一致的土地利用法规很可能在法庭上站得住脚。"这是我的土地，我想怎么处置就怎么处置"，这种态度是得不到法律支持的。

3. 在过去，许多城镇规划最终都被束之高阁，无人问津。城镇规划是一种实时文件，规划委员会和民选官员在决定有关开发项目、土地利用法规和基础设施支出时，都要参考这一文件。

让社区参与规划过程是克服这三种态度的一种方式。参与制定或更新城镇规划的人，更有可能认为规划是他们自己的事，而且会希望规划取得成功。

- **不要仅仅因为规划在某个特定时刻很受欢迎就跟风编制或更新城镇规划。** 城镇居民必须相信，有必要进行持续的规划工作。政府官员经常发现，随着规划的新鲜感逐渐消退，社区对规划的支持也会逐渐下降。社区如果不致力于持续的规划活动，就可能会发现自己徒有规划的数百份副本，却永远无法实施规划！

- **如果你认为所在社区需要的是分区规划，而且认为"规划实际上就是变相的分**

区规划",则不要编制或更新城镇规划。请注意,一个社区先通过分区条例,然后再编制城镇规划,这种做法很糟糕,还可能会导致法律纠纷。规划委员会和民选官员应在城镇规划确定每种类型的开发应位于何处、密度如何以后,再去编制和通过分区条例。有些社区匆忙制订了**政策规划**(policy plan),即城镇应该采取哪些行动的愿望清单,然后再通过分区条例,而后者往往不能反映政策规划的目的与目标。相比之下,一份精心拟备的综合规划包含未来土地利用图,为分区条例指明具体方向,从而影响住房、经济发展和社区其他方面的改变(参见第 16 章"土地细分与土地开发法规")。

- **如果你打算利用规划将某些族裔群体集中在城镇的特定区域,或将某些类型的住房(如公寓等)排除在外,则不要编制或更新城镇规划。**最重要的是,规划不应对私有财产施加不合理的限制。

- **不要为有限或单一用途的目标而采取综合规划。**例如,如果你只关注如何消除社区内有碍观瞻的滋扰物,如垃圾堆场,那么单一用途的妨害条例比综合规划或分区规划法规更有效。

- **如果你的真正的目的在于改革地方政府,则不要编制或更新城镇规划。**规划的确是一个政治过程,但绝不是解决糟糕政治的办法。在内讧不断、腐败或民选官员反应迟缓的社区,不可能出现成功的规划。我们经常听到来自城镇居民的呼吁,他们需要制定规划方案,因为政客们要么不会为社区做任何事情,要么是在损害社区的最佳利益。政府管理不善无疑是小城镇问题的主要原因之一。解决办法很简单:选民们必须选出会支持社区规划方案的候选人。

编制规划的理由

- **如果你想促成共识和明智的社区辩论与决策制定,请进行规划。**社区在发生变化时进行规划是很有意义的,城镇居民们也希望在形成这些变化时拥有发言权。在人口、经济活动、医疗保健供给和公共服务等发生重大变化的社区,规划尤为重要。规划帮助人们认识到地方和区域的变化以及对城镇的外观、社会生活、环境和经济的影响。通过规划,社区将逐渐认识到经济、住房基础、独特的环境和历史特色是密切相关的。规划就是行动。对于一个社区而言,预见变化以便塑造变化、并在问题恶化之前采取行动解决问题,这是很有意义的。

- **为社区管理而进行规划。**进行规划的主要目的是管理公共基础设施的建设和维护,并影响新建筑的选址。许多地方性土地利用决策往往是不协调的,因为这些决策是由不同的群体随着时间的推移而作出的,这些群体包括:开发商与建筑商、商人、教会委员会与学校委员会、地方政府、正在建造房屋的个人、土地投机者,以及县、州和联邦机构等。

不协调的社区增长模式将使人们出行变得困难，增加公共设施成本，还会降低房地产价值。不协调发展的最常见例子之一，是允许老年人住房设置在社区其他部分无法步行到达的地方。另一个例子是，当在城镇边缘扩建了几个小型住宅区时，新居民很快就要求连接供水和排水管道，以及维修街道。社区很快意识到，规划委员会和民选官员在批准这些住宅区项目之前，应该先讨论提供这些服务的程序和成本。人们可能规划和建造了他们的家园，却在几年之后发现，他们竟然与那些与家居生活格格不入的工业园区或带状商业区毗邻而居。这种情况可能导致房屋所有者的房产价值损失。此外，有些土地可能会在社区意识到这些土地会遭受周期性洪水侵袭之前就被开发了。所有这些情况都表明，有必要进行规划来组织和管理社区资源。

- **为鼓励社区参与、就当地需求和愿望达成共识而进行规划。** 规划应通过与政府官员举行公开听证会，帮助并吸引人们参与政策制定。致力于改善社区的团体数量往往非常可观。人们为了同一个目标、不同的目的而工作所花费的时间和精力之多也同样令人震惊。在制定城镇规划时，每个愿意参与的人都有很多工作要做。参与规划过程的人越多，他们就会越觉得最终的规划就是他们自己的规划。

- **与商业和工业开发计划一起进行规划。** 如今，所有可信的经济发展计划都与城镇规划、土地利用法规和基本建设改善计划相吻合。社区规划是寻找、吸引和筹备新企业或扩大现有公司的关键步骤。一个好的社区规划将表明，哪些企业既是社区需要的，也是适合社区的。规划可以使人们清楚地知道，如果要在社区设立新的企业，将需要多少额外的学校空间和多少娱乐设施。规划还可以显示当地的劳动力是否足以胜任某些特定的工作，哪里有商业和工业扩张的空间，以及当地的交通系统是否适合额外的商业和工业发展。

在过去的 20 年里，许多从业者和研究人员询问过商业人士关于他们搬到特定社区的决定。通常，劳动力资源的质量和规模以及位置都很重要。然而，根据我们的经验，最常见的回答是这样的："我们查看了你们的城镇规划。我们获得了大量的信息，你们很有远见地研究了许多对我们的业务和员工需求至关重要的问题，这给我们留下了深刻的印象。"可见，城镇规划有助于让潜在的公司相信，社区已经考虑到新雇主和雇员的需求，而不仅仅是增加工资和财产税收入。

- **为塑造社区的外观面貌而进行规划。** 社区规划的重要任务之一是捕捉社区的"场所感"，使社区在成千上万的小城镇中与众不同。精心准备的规划会指出保护独特城镇区域和自然特色的必要性，会强调长期发展才能塑造社区这一事实。居民们会毫无疑问地认为自己的城镇与其他地方不同，而且值得他们来关心。只有在社区规划中捕捉这种感觉，才是支持规划的有力论据。

体现这种场所感的社区规划，会在规划与土地利用条例和城镇为促进发展而采纳的支出计划之间，形成法庭上所谓的"关联性"（nexus）或联系。关于社区规划作用的法律要求因州而异，但在制定分区规划和土地细分法规时，最重要的考虑因素是法规与城镇规划的目的和目标之间的紧密逻辑联系。这些法规将协助管理机构和规划委员会就可能给社区带来巨大或微小变化的开发提案作出裁决。

● 　**为促进城镇之间以及城镇与县之间的区域合作而进行规划。**规划方案将帮助社区进行区域性思考。今天，我们经常从地方角度思考，却从区域角度采取行动。我们可能住在一个城镇，但工作、购物或者去教堂做礼拜却在另一个城镇，因此区域合作很有意义。你所在的地区可能有一个区域规划委员会或政府委员会。你所在的城镇应该是这个区域规划委员会或政府委员会的成员，而且可能会有一个区域规划，可以为你所在城镇的未来规划提供指导。

补充材料 1–2　你需要新的城镇规划吗？

　　许多现有的城镇规划已经过时，不再代表现状土地利用模式或社区目标。以下清单是确定你所在城镇是否需要新编或修编规划的有用指南。

你的城镇规划超过 10 年了吗？　　　　　　　　　　　　　　　　　□是□否

你所在城镇的公共服务是否能满足现状需求以及预计的未来需求？　　□是□否

你的城镇规划是否包含经济基础分析？　　　　　　　　　　　　　　□是□否

你的城镇规划是否讨论了现状和未来的住房需求？　　　　　　　　　□是□否

你的城镇规划是否讨论了社区的水质和供水需求，以及污水和固体废物的处理？

　　　　　　　　　　　　　　　　　　　　　　　　　　　　　　　□是□否

你的土地利用现状图是最新的吗？　　　　　　　　　　　　　　　　□是□否

你的未来土地利用图与土地分区规划图是否一致？　　　　　　　　　□是□否

你的土地分区条例是否进一步促进了城镇规划的目的与目标？　　　　□是□否

你的城镇规划是否包括环境特征的详细目录，诸如自然区、野生动物栖息地、主要农业用地、湿地、陡坡、洪泛区，以及其他有开发限制的区域？　　□是□否

你的城镇规划是否包括社区设施和服务区域图？　　　　　　　　　　□是□否

　　许多小城镇需要找到区域性解决方案，以提供医疗保健与紧急服务、垃圾填埋场选址、提交拨款提案、住房修缮、自然区保护、交通运输需求、经济发展或共享专业规划人员等。在有些非常小的城镇，地方政府根本无力再为城镇居民提供服务。例如，对于一些非常

小的社区和偏远的县来说，州政府批准的设有单独青少年设施的监狱，甚至还有地方执法人员等，现在都还过于昂贵。在大都市地区，都市规划组织有权规划重大交通投资项目。你所在的城镇应该熟悉 20 年区域交通规划和 3 年交通改善规划，因为这两项规划将指导联邦政府在道路建设与维修、机场和公共交通方面的投资。

● **为提升社区的自豪感和成就感而进行规划。**规划的主要好处之一是培养一种关怀的态度。历经多年，一个社区可以为其成就而感到极大的满足和自豪。许多小城镇在面对增长或衰退时为保护和维持其物理和社会特征所作出的努力和持有的关怀态度，给我们留下了深刻的印象。

从长远来看，有爱心的社区会持续拥有强有力的规划方案。这些社区努力使街道处于良好状态，吸引新企业并支持现有企业，维护学校运营，最终使社区成为一个值得居住的地方。

小　结

对于社区居民和领导者而言，了解规划的重要性是很重要的。如果居民们认为规划无足轻重，他们就不会参与规划过程。如果社区居民不支持当地的规划工作，那么民选官员也不会支持。规划为预测和塑造有利于社区的变化提供了一种有组织的方式。一个精心规划的社区会有吸引人的外观，有合理的税收体系和充足的公共服务，而且城镇居民也会视其为生活和工作的美好之所。

注释

1　罗恩·鲍尔斯，《乡愁——两个美国城镇的得与失》(*Far From Home：Life and Loss in Two American Towns*，纽约：兰登书屋出版社，1991 年)，第 5 页。

第 2 章

城镇规划：规划流程与程序

引 言

城镇规划是一种有组织的方式，用于了解社区的需求，为社区的外观和功能设定愿景，然后为未来的发展和保护设定目的与目标。规划涉及考虑当前决策的未来结果。最重要的是，规划是一个循序渐进地管理变革的过程。这本手册阐明了小城市和城镇如何制定和实施规划，这些规划不仅要表达社区的需求、愿望和目标，而且还将成为建设更美好社区的蓝图。

谁制定城镇规划？

负责监督编制或更新城镇规划的小组被称为**规划委员会**。这个小组由城市、城镇或县的民选管理机构任命；不过，在少数社区，规划委员会由选民直接选举产生。

规划委员会的五个主要目标是：

1. 建立规划流程；

2. 为城镇或县范围内未来的公共和私营开发编制社区规划；

3. 绘制两幅土地利用图，其中一幅显示社区内目前的开发项目位置、土地用途和开发密度；另一幅显示未来不同开发类型的理想位置和开发密度；

4. 编制关于土地利用（如住宅用地、商业用地和工业用地等）和将土地细分为新地块的条例；

5. 根据城镇规划、未来土地利用图以及分区规划与土地细分法规，就新开发提案作出裁定。

规划是一种后天习得的能力。大多数被任命为规划委员会成员的人，都很少或根本没有接受过正式的规划培训。区域规划机构、州赠地大学、合作推广服务机构、州商务部或社区事务部通常提供培训。

谁批准城镇规划？

民选管理机构或委员会向规划委员会下达编制城镇规划的任务。规划委员会可以选择编制规划，也可以与规划顾问或规划人员合作编制规划，后者更为常见。然后，规划委员会将城镇规划提交管理机构审查和正式批准。管理机构可以不同意拟议规划的部分内容，并可提出修改意见。管理机构甚至可以拒绝通过本次规划。不过，如果你所在州要求社区必须进行规划，那么管理机构最终将不得不批准一个规划方案。城镇管理委员会或理事会不应是规划方案的制定者。他们可以提出修改建议，但他们必须认识到，规划方案代表的是公众的共识，应该与规划委员会就城镇规划达成一致意见；否则，社区将没有规划，也没有方向。

规划委员会的一个重要目标是对民选官员进行规划教育，包括城镇规划、土地利用法规以及各种不同类型拟议开发对物质、经济和公共财政的影响。规划委员会作出的决定还只是**建议**，地方管理机构在就开发提案作出具有**法律约束力**的决定时，可以接受这些建议，也可以忽略这些建议。不过，如果管理机构同时忽视城镇已通过的规划和规划委员会的建议，这些民选官员通常会削弱他们作为领导者的地位。

我们强烈建议，规划委员会成员要充分了解其所在州的授权法规以及所有对城镇规划程序和内容具有指导作用的州法规。有关地方规划要求的实例，请参阅华盛顿市政研究与服务中心的网站（www.mrsc.org/Subjects/Planning/gma/GMAupdates.aspx）。每个州的规划授权立法都阐明了制定城镇规划的内容、时间安排和公共审查程序。必须遵守州规划要求和规定。如果不遵守这些要求，已通过的城镇规划就很可能无效。

规划流程

要充分利用这本手册，你必须了解社区规划流程（表 2-1）、城镇规划和小规划（minor plans）之间的联系。规划流程通常以两种方式之一开始。一方面，城镇居民往往会意识到诸如学校过于拥挤、交通拥堵或失去主要雇主等问题，并鼓励其民选管理机构支付编制或更新城镇规划的费用。另一方面，规划委员会也可以收集和分析信息，使人们认识到社区存在的问题，以及编制或更新城镇规划的必要性。同样，民选管理机构或委员会必须作出决定，为编制规划提供资金。

规划委员会要尝试确定社区中应该发生哪些变化，哪些应该保持不变，以及应该如何实现变化和保持连续性。这涉及的详细内容有：土地用途、基础设施、经济基础、住房、历史建筑和自然环境等。规划委员会必须让公众参与进来，并就他们希望社区如何改变和希望社区保留哪些方面征询他们的意见。然后，规划委员会编制城镇规划，也称为综合规划（comprehensive plan）、**整体规划**（general plan）或**总体规划**（master plan），其中包括社区未来 20 年的愿景、详细内容中各分项的目的与目标，以及实现这些目的与目标的**行动计划**。

许多城镇规划之所以被束之高阁，是因为这些规划没有包括详细的行动计划。行动计划要阐明一套土地利用控制、基础设施支出以及使城镇规划付诸实施的税收和激励计划。**行动计划**应明确预计从事这项工作的人员、资金来源，并以简洁易懂的表格形式列明完成时限。表格可以明确并描述短期、中期、长期和正在进行中的拟议行动方案。一份清晰明了的行动计划将使城镇规划在公众和地方政府的心目中保持活力，并有助于确保其实施。

社区规划流程	表 2-1
初始阶段	
●作出规划和调拨资源的决定	
●收集信息	
初步阶段	
●确定问题	
●分析问题	
●制定目的与目标	
决策阶段	
●确定可选方案	
●选择解决方案和行动计划	
●实施	
跟进阶段	
●监测与反馈	
●调整解决方案	

管理机构批准城镇规划、分区规划和土地细分法规以及实施规划的支出计划。我们强烈建议，规划委员会要监察城镇规划的执行情况，并就城镇规划和行动计划的成效和可能需要作出的调整收集反馈意见。作为监察工作的组成部分，规划委员会可以采用**基准化管理法**（benchmarking）。

基准是可衡量的目标，比如购买一定面积的公园土地，或增加社区的就业机会等。每年，规划委员会或民选官员可以根据城镇规划中的具体目的和目标设定指标。然后，规划委员会可以评估实现基准的进展情况，并发布《**年度报告**》（*Annual Report*）。《年度报告》可以指出哪些基准已经达到，哪些尚未达到，并建议在目的和目标、规章制度和支出计划等方面进行必要的调整。最重要的是，基准和《年度报告》使城镇规划和实施方案呈现在公众、企业和民选官员面前。规划委员会应根据需要（但至少每 3 ~ 5 年）审查和更新城镇规划，以反映社区的愿望和优先事项的变化，并保持社区朝着长期目标迈进。

"人无远见，必会灭亡。"

——《箴言篇》29：18

补充材料 2-1　关于规划委员会管理城镇规划流程的说明

制定城镇规划可能会引发争议和情绪爆发。规划委员会对规划编制过程的良好管理可能不会削弱反对者的决心，但肯定可以最大限度地减少未来在规划正式通过前后的尴尬和棘手之处。

- 规则 1：规划委员会应记录规划过程中的每个步骤，包括公开听证会、通知函和报纸出版物等。要保留与规划过程相关的所有信件、书面评论和电话记录。当有人要求变更土地用途，却被裁定为不符合综合规划而遭到拒绝，并因此产生不满时，规划委员会会收到委托人律师发来的传票，这时，上述规划过程记录就会派上用场。律师会试图找出规划制定过程中的技术缺陷，要求规划委员会提供规划编制过程中的所有文件、书面材料、备忘录、工作日志、电子邮件和会议记录等。包括公开听证会通知原件和刊登在城镇或县官方报纸上的通过决议或法令。

- 规则 2：除非你阅读了至少三个来自其他社区的规划，否则不要编制规划。花点时间给美国规划协会（www.planning.org）在当地或州的分会打个电话，请他们推荐一个与你所在州规模大致相同且位置相似的社区"精心编制的规划"。你也可以联系所在州的州立大学规划教授寻求建议。不要简单地借用其他社区的规划；相反，要了解规划的方方面面，确定哪些信息对你的社区规划有帮助。

- 规则 3：要避免在规划中出现事实性错误或误判。要仔细核查所有的原始资料、估算、计算，特别是人口预测。

- 规则 4：要书写表达清晰，语法和句子结构准确。书写规范会让规划看起来更专业，也会避免让别人指出措辞不当、拼写错误和句子不完整的尴尬。请一位专业的作家或编辑来审核规划往往会事半功倍。

愿景规划

社区愿景是关于社区在未来 20 年内应如何变革的一系列想法。愿景为社区、居民、企业和民选官员提供了方向感。愿景规划是让城镇居民关注关键社区问题的方式。一个行之有效的愿景规划方法从以下问题开始：

- "我们曾经怎样？"这是对过去的趋势、关键事件和决策的分析，那些都曾对社区发展至关重要。

- "我们现在怎样？"这是对我们的现状和社区面临的主要问题的分析。

- "我们将要怎样？"根据过去的趋势和现状，如果一切继续按预期发展，我们的社区未来可能会怎样？
- "我们想要成为什么样子？"如果未来不是我们所设想的"对社区有益"，那么我们希望社区成为什么样子？
- "我们如何实现目标？"我们需要做些什么才能达成目标呢？必须作出哪些改变？我们从哪里获得资金和帮助来实现这些改变？

专家研讨会

无论是对于没有规划的城镇，还是对于要更新现有规划的城镇，开始愿景规划过程的一个好方法是召开专家研讨会。**专家研讨会**（charrette）是一个全社区的活动，可以向镇民提出以下问题：

- "需要怎样做才能使这个社区变得更好？"
- "哪些服务会使这个社区变得更好？"
- "我们可以采取什么措施来改善社区的面貌？"
- "新建筑应如何与社区融为一体？"
- "如果重新开发，社区各个区域应该是什么样子？"

最成功的专家研讨会需要几天的时间，并得到广泛的公众参与。专家研讨会的计划应提前几个月开始进行。重要的是要告知公众，什么是专家研讨会，为什么要召开专家研讨会，以及专家研讨会将何时何地召开。拥有多个发起者——最好是来自私营部门和公共机构两方面——将避免人们认为专家研讨会只是地方政府发起的一项活动。理想情况下，地方经济发展公司、商会或城镇中心商人协会等都将支持专家研讨会。每个人都必须清楚地了解专家研讨会的目的，其用意何在，以及对参与者有什么期望。专家研讨会主席必须向所有将组织实施活动的人介绍情况，并预演要与参与者一起处理的问题和策略。

成功召开专家研讨会的经验法则是：只要提供食物，就会有人来！食物是必不可少的，但专家研讨会的主要目的是让城镇居民确定他们喜欢什么样的社区，又不喜欢什么样的社区。请镇民们对社区中许多不同地方的照片发表意见。然后，要求他们对几个地点的各种开发选项作出回应。接下来，让他们讨论新开发的变化和风格以改善社区面貌和社区服务。参与者还应确定其社区缺乏的服务和资源，并提出可能的替代方案为居民提供这些服务和资源。专家研讨会通常提醒城镇居民新编或更新城镇规划的必要性，这种必要性随后会传达给管理机构。

请社区外的人来主持专家研讨会通常是一个好主意。专业规划顾问或大学规划系工作室毕业生都是不错的选择。这些人可以帮助镇民以全新、客观的眼光审视社区，并提出改变建议供镇民考虑。

如果关注重点是社区的物理方面，比如城镇中心和店面的振兴、历史保护、道路和住房设计等，那么专家研讨会是一项值得开展的活动。研讨会最基本的交流方式是绘制草图，然后对其进行细化和调整，直至参与者就最终设计方案达成一致。

不过，专家研讨会可能无法提出社会、经济和环境质量方面的基本需求。一个正处于衰落状态的小城镇可能建筑设计不佳，基础设施不断恶化，但其衰落的根本原因是经济基础丧失、人口减少和老龄化，以及对住房存量和零售商店的投资减少。这些与其说是设计问题，不如说是社区衰落的迹象。

分组座谈

开始规划和愿景规划过程的另一种方法是举行一系列的分组座谈会。一个**座谈小组**（focus group）是一部分因年龄、性别、收入或在社区中的突出地位而聚集起来的人。规划分组座谈的作用是确定社区目前和未来面临的重要需求，比如，更优质的学校、更多的就业机会、更广泛的财产税税基、清洁的水、污水处理或负担得起的住房等。分组座谈会可以只召开一次，也可以召开多次。

分组座谈的组织是取得成功结果的关键。其组织者必须研究社区，以便深入了解人口和社区的运作方式。组织者必须非常熟悉社区，或是擅长城镇规划的顾问。组织者应从收集的数据中整理出一组问题。例如，组织者可以向座谈小组询问有关住房、城镇面貌、公共服务、地方政府、企业和经济发展等方面的问题。每个主题都要求提出具体问题，比如，"你如何评价社区住房的整体外观？"

理想情况下，分组座谈将提供一个准确的社区典型代表人群。一个座谈小组应有10 ~ 20人，性别和族裔搭配均衡，年龄范围要包含青少年、年轻成年单身人士、年轻已婚夫妇、中年人和退休人员。来自不同社区部门的代表应包括一名教师、一名宗教机构人员、一名零售商人、一名专业人士、一名镇或县管理者或委员会成员、一名规划委员会成员、一名商会成员和一名经济发展代表等。参与者可以身兼多个角色。

分组座谈会的持续时间可以从一个晚上到一整天不等，具体取决于所需会议次数、分组座谈与会者的有效性以及分组座谈组织者的能力。

愿景陈述

愿景陈述（vision statement）是对20年后社区的外观和职能的概括表达。愿景陈述旨在指导公共投资和私人开发决策，并突出城镇规划的重点。愿景陈述描述了社区在各方面的愿望，包括：自然区、农业、林业、娱乐业和采矿业的工作景观（working landscapes），以及已建成邻里街区等。愿景陈述既是地方政府的总体政策，也是各种目的与目标的基础。愿景陈述通常旨在为全体公民提供不断发展且可持续的经济、健康的环境和良好的生活质量。

在私营部门，公司经常制定使命陈述（mission statement），以便股东和公众了解公司的宗旨和价值观，以及公司未来的发展方向。同样，愿景陈述对小城镇来说也很有意义。城镇的目的是什么？城镇居民的价值观是什么？他们希望看到城镇随着时间的流逝变成什么样子？

公共信息与参与

在规划过程的每一个阶段，让公众了解情况并参与其中是非常必要的，但让公众知情和让公众参与之间存在重要区别。公众是由许多群体、许多利益和一系列个人价值观组成的。规划委员会必须考虑这些群体的方方面面：他们的需求，他们获得公共服务、就业和购物的机会，以及他们在社区中有尊严地生活的权利。

补充材料 2-2　加利福尼亚州特拉基镇的愿景陈述

（人口规模从 1980 年的 5500 人，增加到 2002 年的 14600 人）

"特拉基是一个位于山谷中的独特城镇，特拉基河（Truckee River）在山谷中流淌，周围环绕着雄伟的内华达山脉（Sierra Nevada）。特拉基镇的自然环境是这个社区的物质、社会和经济基础。增长将被视为实现社区愿景的机会。我们将迎接管理增长带来的挑战，同时提升小镇在优美风貌、历史特色和风土人情等方面的魅力，这些对身处此地的许多人都曾极具吸引力。平衡增长要兼顾区域增长趋势及影响，这样才能使城镇提供优质服务，满足社区的长远需求。"

资料来源：《加利福尼亚州特拉基镇总体规划》（Town of Truckee, California, General Plan）第 1 章第 1 页，1996 年（www.truckee2025.org/96genlplan/vol1ch1.htm）。

公众知情

城镇政府与公众之间的信息管理工作不应该留给媒体。在制定或更新城镇规划的所有阶段，城镇政府都需要与公众保持准确沟通。

公开会议（public meeting）是规划委员会或管理机构向公众提供信息的常见方式。通过和修订城镇规划及其规例在法律上也需要召开公开会议。不过，大多数公开会议只涉及整个社区的极小部分。更好的方法是与不同的社区或组织举行几次会议。小范围的沟通可能效率更高，而且可以不那么正式。

其他信息方法包括：

* **每月简报**：可以随水电费账单一起邮寄。简报可以包含规划进展的摘要。
* **每周报告**：可由规划委员会的指定成员刊登在当地报纸上。
* **网站**：这一点至关重要，而且可能比简报成本更低、效率更高。要注意的是，并不是社区中的每一个人都能使用计算机。
* **规划展示**：可以把一系列精心绘制的地图（最好是 GIS 地图）和规划草案文本的副本，摆放在城镇办公室、当地图书馆或其他会议场所的展架上，或张贴在墙上。

规划委员会可以利用志愿者来帮助收集和分析数据。规划委员会可能还希望指定一个公民咨询委员会，帮助编制城镇规划，并向服务性社团和组织以及朋友和邻居宣传规划过程。

公众参与

良好的公众参与取决于机会和鼓励。规划委员会可以通过分组座谈、城镇规划咨询委员会、公开会议和专家研讨会等，创造公众参与的机会。有时，公众不需要鼓励就会参与规划，比如应对社区面临的威胁，但是，规划委员会或民选官员一般需要鼓励公民参与规划过程。一个有意义的公众参与的简单例子，是要求镇民对书面问卷调查作出回应。这些回应可以让人们深入了解社区面临的重要问题和期望作出的改变。

规划委员会的公民咨询委员会是让公众参与和向公众提供资讯的极好方式。公民咨询委员会像分组座谈一样，应该谨慎地选择成员，并且必须包括组成社区的各个群体和利益方面。

最重要的是，城镇居民需要明白，城镇规划最终是他们自己的规划。规划反映了城镇的经济、物质、社会和环境条件，以及城镇居民对社区的需求和愿望。人们在制定城镇规划中参与得越多，就越有可能支持规划，并希望看到规划获得成功。

社区规划的结构与目的

一个小城镇通常需要制定一个城镇规划和一个或多个小规划（minor plan），以便帮助指导城镇的增长和发展，或者也可以按照州法律要求通过城镇规划。

城镇规划

城镇规划（town plan）通常被称为**综合规划、总体规划**或**基本规划**，是根据历史和当前事实以及对未来社区增长和发展的估测。城镇规划不是对未来的预测，尽管预测未来可能的趋势也是规划的一部分。这些可能的趋势表明，如果一切像过去一样继续下去，可能会发生什么。规划应表明城镇政府和城镇居民如何为了社区的利益而影响或改变这些趋势。

城镇规划具有综观视角，不关注那些会妨碍规划实施的小细节。城镇规划的时间范围 10 ~ 20 年不等，建议每隔 3 ~ 5 年更新一次。一些州的授权法规要求规划委员会每隔几年审查一次规划。

规划的综合角度显示了影响社区整体发展和增长的重要因素之间的关系，这些因素包括人口、自然资源、建筑物、经济基础和交通网络等。规划应包括对社区的优势、劣势、机会与威胁进行评估。从这些评估研究中，规划委员会可以确定一系列发展战略的目的、目标和地图（表 2-2）。因此，城镇规划阐明了管理社区未来的物质、社会和经济发展的公共政策（表 2-3）。

城镇综合规划所需的规划研究　表 2-2
第一步：社区概况
● 历史
● 总体地理区位
● 自然环境
第二步：总体研究
● 人口
● 经济基础
● 住房
● 土地利用
● 交通
第三步：以社区为基础的研究
● 社区人力资源
● 社区设施与公共需求
● 社区修复
第四步：实施要素
● 评估优势与劣势
● 评估机会
● 行动要素

城镇规划的用途是什么？　表 2-3
● 为了实现正确的未来，而不是错误的未来
● 为了建立社区愿景
● 为了协调增长与发展
● 为了确保经济稳定
● 为了保护宝贵的自然资源
● 为了指导城镇各部门和县与州各机构的工作
● 为了促进区域合作
● 为了指导私营机构发展
● 通过了解资产与负债来避免意外情况
● 为了提高城镇竞争力，以便获得技术援助与拨款
● 为城镇分区规划和土地细分法规提供法律依据，并指导城镇的基本建设改善计划

城镇规划是地方政府就公共与私营开发提案作出裁定以及编制公共资金预算的指南。规划委员会和民选镇议会应根据城镇规划所载的文本和图则评估所有开发提案。他们应该提出的基本问题是："拟议开发项目是否符合城镇规划的目的与目标？"

在居民超过 8000 人的社区，其工作人员中应该有一名专业规划人员。这些都是提供全面服务的社区，提供大城市地区提供的所有或几乎所有的基本服务。其中有些社区将希望采用更复杂的法规和财政激励措施来实施规划。人口规模在 1000 ~ 8000 人的城镇可以聘请规划顾问，帮助他们编制城镇规划和土地利用条例。当社区人口少于 1000 人时，进行规划就很困难。300 人以下的极小社区由于社区资源太少，可能无法采用城镇规划的方法。

补充材料 2-3　为什么要制定城镇综合规划而不是政策规划？

许多小城镇一直试图依靠"政策规划"而不是综合规划来指导他们的社区。**政策规划**（policy plan）基本上是一份愿望清单，列明社区应如何改善现状。政策规划不涉及整理和分析有关社区的各种信息。相反，政策规划主要依靠居民对问题的看法。因此，所建议的行动往往不是基于充足的信息，而且可能不现实。

与城镇综合规划相比，政策规划的唯一优点在于成本较低、花费的时间也少。但是，综合规划将节省社区资金，并在短期和长期内都会带来更有效的决策。

政策规划缺少综合规划中的几个重要内容。政策规划通常没有土地和水的适宜性分析，也没有未来土地利用图。因此，政策规划无法确定新开发应该或不应该位于何处。此外，由于没有未来土地利用图，政策规划无法为分区规划和土地细分法规提供坚实的法律基础，也无法为基本建设提供良好的方向。

小城镇的小规划

小城镇的小规划有三种类型：

1. 邻里街区或区域的综合规划，而不是整个社区的综合规划：在这里，小规划概述了邻里街区的物质、社会、经济等方面的特征和需求，作为制定整个社区综合规划的第一步。

2. 一系列的地图和简短描述：这种类型的小规划使社区的未来发展一目了然。小规划描述了社区最有可能发生的变化，如扩展社区边界，未来的道路与街道网络，工业用地的开发，新的公园和学校的位置，以及新的住房供应情况等。这种小规划是说明城镇综合规划有效性的一种简便方法。

3. 背景研究与图纸：一些小社区既负担不起、实际上也不需要综合性的城镇规划，它们所用规划以简短的形式包含住房、经济基础、社区设施和土地利用等方面的背景研究。这包括描绘社区实体发展的若干图纸呈现出来的社区目的和目标，以及可能的解决方案和替代方案。这种类型的小规划最常见于居民人口不足 1000 人的城镇。

制定行之有效的城镇规划：程序、信息与管理

制定行之有效的城镇规划的主要内容包括：

- **开放、有组织且连续的规划过程**：这使得当地居民能够做好大部分的城镇规划准备工作。规划委员会和民选城镇议会应鼓励公民在公开听证会、专家研讨会、分组座谈以及书面问卷调查中提出意见。简言之，城镇规划必须表达对社区目的与目标的共识。专业规划师可能有助于编制规划，特别是在土地利用和住房分项中，但并不要求专业规划师编制城镇规划的所有部分。另一方面，我们强烈建议城镇在编制分区规划和土地细分法规时聘用专业规划顾问进行服务。这些规例有一天可能会在法庭上受到质疑。

- **强大的社区领导力**：要使规划行之有效，规划专员和民选管理机构必须承诺将规划作为制定发展决策的基础。地方性规划最常见的失败之处在于，最终规划一旦发布，就很少再被提及。规划仅仅作为一份文件是毫无价值的。"此项开发提案是否符合规划的政策和目标？"这一问题应该是对社区产生影响的所有开发提案的试金石。

城镇规划应该反映社区的最大努力。规划应该为困难决策的制定建立一个过程。领导者必须作出这些决策，并向城镇居民保证，城镇规划是值得付出时间和精力的。21 世纪上半叶，美国小城镇将迎来重大的挑战和机遇。许多地方将会发生增长和改变；有些几乎会消失；有些则会相对稳定。那些希望保持其经济水平、环境质量和社会联系的社区，必须采纳能够应对变化的城镇规划，同时还要注重实现其目标的优先事项和策略。

- **良好的信息**：这一点对于城镇了解自己的优势、劣势、机会与威胁至关重要。良好的信息有助于城镇居民确定诸如人口和经济发展等方面的趋势，并决定这些趋势是否正常合理，或者是否需要做些什么来应对这些趋势。了解信息所表达的内容对于编制准确的城镇目的与目标极为重要。此外，城镇居民应该能够看到信息如何与城镇规划的目的与目标相联系。

要确定分区规划和土地细分法规所依据的可行目的与目标，需要有良好的信息。由于大多数小型社区没有受过专业培训的规划人员来管理和执行土地开发条例，因此，目的与目标的意图和意义必须明确。例如，当一家通信公司来到城镇，希望申请特殊使用许可证来建造一座 400 英尺高的蜂窝通信塔时，城镇政府应该能够参考规划，并解读清楚有关通信塔选址的社区政策。

- **规划过程费用合理，如期完成**：城镇规划的成本往往会随着城镇规模和规划顾问的参与程度而增加。一般来说，城镇越小，需要的数据源越少，因此规划成本越低。不过，许多人口不足 1000 人的社区没有现成的数据。即使有当地志愿者的帮助，收集信息的费用也很高。

城镇规划应当及时，既要有用，又要保持公众的支持。规划应在一年至一年半内完成，并每 3 ~ 5 年更新一次。编制规划的最佳时间是在每个十年的第三至六年（例如，2003 ~ 2006 年），特别是人口超过 2500 人、显示出积极增长的社区。这是因为规划要依赖于《美国人口与住房普查》(www.census.gov)中包含的数据。初步普查结果通常在每个十年开始后一年公布。这些数据在随后几年内仍然有用，但是，随着上次人口普查之后的时间推移，修正这些数据需要越来越复杂的估计和预测。

- **认真周密地实施和评估规划**：如何编制综合规划并将其付诸实施，这在很大程度上反映了一个社区的情况。如果公民参与既广泛又热情，很可能是规划委员会、地方规划人员或规划顾问以及管理机构等对公众参与给予了鼓励。

规划管理阶段是城镇规划真正发挥作用之时，无论是借助于城镇预算支出的优先事项，借助于土地利用条例，还是在是否允许某些拟议建筑项目的决策中。在这里，规划的成功取决于规划委员会和城镇管理机构的执行情况。

城镇规划必须是一份有效的文件，以其为依据的内容有：

- 土地利用规则，如分区规划和土地细分法规等。
- 为有效利用社区资源而进行的规划，特别是社区投资的基本建设改善计划，包括：道路、给水排水设施，学校和其他公共建筑物，治安与消防服务等。

公众参与应确保预算编制和开发决策符合规划中阐明的公共目的与目标。

城镇官员和公众还必须评估规划的运作效果，以及可能需要作出哪些调整。城镇规划应该是合理的。城镇规划不得主张或导致在没有给予正当补偿的情况下"征用"私有财产（依据美国宪法第五修正案），也不得侵犯任何人依据第十四修正案享有的平等保护和正当程序的权利。城镇规划是灵活的，因为它可以改变，以表达新的社区目标或提出实现当前目标的新战略。行动计划连同基准和关于进展的年度报告，都将使公众看到规划，并将使规划委员会和管理机构向公众负责。规划应每 3 ~ 5 年更新一次，以便适应社区不断变化的需求和愿望。

最重要的是，良好的规划需要对合作关系予以承诺！简言之，每个人都需要感到自己的意见能够被听到，而且城镇政府真正致力于制定规划，以帮助社区变得更加美好。毫不奇怪，这些要素也是城镇政府获得成功的关键。

> "规划不只是一个工具或某种技术手段；
> 它是一种组织行动的哲学，使人们能够预测和想象他们的未来。"
> ——弗雷德里克·斯坦纳（Frederick Steiner）[1]

小 结

规划程序、信息和管理是密切相关的。尽管本手册详细地涵盖了规划信息和程序，但成功的规划管理取决于城镇规划的质量、领导力和每个城镇的公众参与程度。如果城镇规划是以一种开放且有组织的方式制定出来的，有经过充分研究和仔细分析的信息，那么对规划进行管理就会变得轻而易举。

　　良好的城镇管理需要强有力的领导和按照公众共识采取行动的意愿。这种领导风格的一个重要组成部分是坚持。领导者必须对规划和开放的规划过程坚持不懈。城镇规划的制定及其管理都应提高公众的参与程度。这反过来又会在社区中产生更大的自豪感和关怀感。人们越关心他们自己的城镇，就越有决心使其成为生活与工作的美好之所。

注释

1　弗雷德里克·斯坦纳，《生命的景观》(*The Living Landscape*，纽约：麦格劳 - 希尔出版社，1991年)，第 24 页（按：中译本，周年兴等译，第 xviii 页。北京：中国建筑工业出版社，2004 年)。

第3章

规划委员会

引　言

我们为地方规划委员会、规划专业学生以及希望参与规划过程的公众设计了这本手册。要制定或更新城镇规划，社区必须首先成立规划委员会。其他任何政府委员会或议会都不能监督城镇规划的制定。过去，许多社区错误地认为民选城镇议会可以取代规划委员会。

规划委员会的程序对于制定法律认可的规划非常重要。城镇规划委员会可以按照法令、命令或决议等通过城镇规划。然后，由民选管理机构对规划予以批准，使之成为正式且合法的文件。不过，根据一些州和地方的规划法，民选管理机构可允许规划委员会最终依法批准规划。

下面的讨论概述了设立规划委员会的要求和程序，并说明了规划委员会的职责。首先，核查你所在州的规划授权法是一个好主意。这些法律规定了社区及其规划委员会的规划权力和要求。例如，有些州禁止民选官员等某些成员在规划委员会任职。通常，还有最低年龄和居住方面的要求。

规划委员会类型

规划委员会有四种类型：

1. 城镇或城市规划委员会。

2. 县规划委员会。

3. 乡镇规划委员会。

4. 联合规划委员会。

每一种类型都旨在满足不同的需求，并且在要求、编制和成员组成方面略有不同。

城镇或城市规划委员会

城镇或城市规划委员会只在有建制的地方存在。地方管理机构通过法令设立城镇或城市规划委员会。法令还规定了规划委员会的成员人数，通常为 7 ~ 15 人。

县规划委员会

美国有 3104 个县，其中大多数都有权进行规划和通过土地利用条例。然而，在新英格兰州、纽约州、宾夕法尼亚州、新泽西州和中西部的部分地区，县级政府的权力非常有限；城市和乡镇对土地利用规划和法规进行控制。一个县的所有土地都被划分给城市、乡镇，甚至是"荒地区"（wildland tracts）。许多县没有规划委员会，而那些现存的县规划委员会则对市级政府起到顾问咨询的作用。

在西部、南部以及中西部的许多地方，县委员会通过决议设立县规划委员会，由 5 ~ 9 名成员组成。县规划委员会对县内所有位于建制市边界以外的土地拥有管辖权。

乡镇规划委员会

在东北部各州和中西部部分地区，规划和土地利用控制由城市、村庄和乡镇地方政府负责。这些乡镇政府相当于直辖市，通常一个乡镇占地约 25000 英亩（即约 40 平方英里）。建制乡镇不同于测量师根据《1785 年西北法令》（Northwest Ordinance of 1785）在 36 平方英里街区创建的乡镇，后者不代表行政边界。在建制乡镇中，民选乡镇监督员或行政委员任命 3 ~ 7 名成员组成乡镇规划委员会（又称**规划署**，planning board）。

联合规划委员会

联合规划委员会在处理垃圾填埋场、交通和大型开发项目等区域规划议题方面有许多优势。有几个州允许由以下几个方面组成联合规划委员会：

- 任何两个或两个以上有毗邻规划管辖区的城市。
- 任何两个或两个以上有毗邻规划管辖区的县。
- 一座城市及其所在县域。

宾夕法尼亚州允许制定"跨市规划"（multimunicipal plans），其中可以包括两个或两个以上的乡镇，或多个乡镇与建制村（称作**自治市**，boroughs）。

每个成员市、乡镇、村或县都必须通过一项法令决议来设立联合规划委员会。在一些州，司法部长必须批准各司法管辖区之间的协议，然后联合规划委员会才能生效。合作政府决定联合规划委员会的成员人数。签订协议的每个政府也可以继续拥有自己的规划委员会。每个参与的地方政府管理机构任命一名或多名联合规划委员会成员。

规划委员会成员

州规划法律要求地方管理机构任命规划委员会成员。下面的简单规则将有助于管理机构创建规划委员会，这个委员会要了解情况，具有活力，并关注各方面的社区问题和愿望。成员应反映规划区域的人口情况;理想情况下,成员将代表社区内不同的人口年龄、性别、种族、职业和邻里街区的组成情况。

通常，被任命为规划委员会成员的人都是社区中的显要人物，但显要人物也是忙碌之人。规划委员会的成员不仅要胜任，而且要有时间开展服务。

有几个州禁止两名以上从事相同职业的人在规划委员任职。许多城镇寻找建筑师、工程师、银行家或建筑商，因为他们了解开发过程。另一方面，房地产经纪人、律师、开发商、建筑总承包商或激进团体的代表等，往往被排除在规划委员会之外，因为他们在开发过程中存在利益冲突；也就是说，他们的判断可能会受到影响，因为他们可能会从自己的决定中获得财富或影响力。律师有时也被排除在外，因为担心他们会主导整个过程，或者会不断地寻求法律咨询。

我们认为，不应将任何特定职业自动排除在规划委员会之外。管理机构必须仔细审查个人，而不是他们的职业。在公共或私人委员会中有效任职过的人是规划委员会的良好人选。民选管理机构应阐明规划委员会关于投票、利益冲突、成员免职和成员候补的规则；这些规则将阻止那些不应在规划委员会任职的人。

与人沟通的能力是规划专员最重要的资格条件。要考虑那些坚定、理智、有礼貌的人。以下三种性格的人不适合担任规划专员：

1. 不停地发言或总是试图一锤定音的主导会议型： 这种行为不代表领导力，只会在会议上导致权力斗争。

2. 沉默型： 如果这个人说话，其提出的问题可能相当不错，但这个人很少开口说话。例如，为重新分区规划而召开听证会就涉及谈话的艺术。提问和倾听都能产生信息。

3. 不能控制情绪型： 经常发脾气的人没有资格参加公开听证会。听证会往往会让人情绪激动，有能够控制自己的情绪并作出客观决定的规划专员至关重要。

职责与程序

规划委员会负责为社区制订综合规划。在某些情况下，如果州政府允许城镇在其边界外1英里左右的县域土地上进行规划和分区规划的域外权力，那么其规划范围可能会延伸到社区边界之外。

规划委员会应确保城镇规划符合州规划要求，并符合县规划和所有向当地居民提供排水、给水或学校服务的特别区规划。规划委员会必须承担或聘请一名顾问，对人口、土地利用、住房、经济基础、公共设施、交通和自然资源等方面的过去、现在和预测的未来趋势进行研究。利用这些信息，规划委员会必须为其管辖范围内的区域开发和重建制订社区总体目的与具体目标。这些目的与目标是城镇规划的核心。

规划委员会必须发布公告，举行公开听证会，以便征询社区公民的意见，听取他们的具体需求，提出修改建议，并就某些土地和建筑物的保护事项交换意见。规划委员会需要与其他政府机构协调工作，并可能需要将拟议规划送交县、州甚至联邦机构，以寻求建议。

规划委员会向地方管理机构提出通过城镇规划的建议。地方管理机构随后正式通过规划。规划委员会应每隔几年审查一次城镇规划，并就所有必要的修订提出建议。重要的是要记住，如果上述任何一个步骤被遗漏或没有按顺序执行，则法庭可能会裁定整个规划不当且没有法律效力。

规划委员会举行两种不同类型的听证会：司法听证会和准司法听证会。**司法听证会**（legislative hearing）表明，规划委员会正在制定或修订城镇规划，或正在制定或修订土地开发法规。讨论是非正式的，公开听证会的结构可能比较松散。规划委员会根据自己的判断来编制规划或土地开发条例，然后将向管理机构提出建议，以获正式批准。

准司法听证会（quasi-judicial hearing）最好被视为非专业人士听证会（"quasi"在拉丁语中是"好像"的意思，因此，"好像"司法听证会即类似于法庭听证会）。当申请人申请分割或开发房地产，或将房地产进行重新分区（比如将住宅用途转为商业用途）的许可时，规划委员会可举行准司法听证会。听证会涉及两个或两个以上当事方之间的较量，其中一方提议改变土地用途，另一方持反对态度。规划委员会承担非专业法庭的角色，并按照正当程序规则进行运作。听证会的结构是正式的，规划委员会以事实为依据作出裁定。规划委员会必须作出书面的《事实裁定书》，以证明其决定的合理性。如果规划委员会的准司法决定在法庭上受到质疑，《事实裁定书》即可作为证据。

小　结

城镇规划委员会在规划过程中有几个关键职责。规划委员会负责管理城镇规划的制定或更新，并向民选官员推荐规划。此外，规划委员会亦负责监督分区条例和土地细分法规的编制或更新工作，这些法规都有助于实施城镇规划。规划委员会参照城镇规划和土地利用法规，就拟议开发项目向民选官员提出建议。

第4章

确定社区目的与目标

引 言

本章的主要目的是帮助规划委员会编制城镇综合规划的目的与目标。目的与目标应与社区希望达到的愿景保持一致。目的与目标并不是来自洞察力的灵光一现，而是来自数据收集与分析，以及关于如何保持社区的良好方面和改善其弱点的大量讨论。

对社区规划的检验是确定其为社区设定未来 10 ~ 20 年的现实愿景，以及在多大程度上表达了公众的目的与目标。传统上，城镇规划委员会负责编制愿景陈述，并在城镇规划中表达社区的目的与目标。规划委员会应征询民选代表和任命代表、企业领导者以及民间组织负责人的意见与看法。不过，公众通过公开会议、社区教育和调查等方式参与进来，对于确定愿景和那些得到广泛公众支持的目的与目标都是必要的。公众参与对于使城镇居民在规划过程中成为"利益相关者"也很重要。

愿景陈述是对社区未来面貌和职能的简短概括。以威斯康星州洛迪镇（Lodi，人口规模为 3500 人）的愿景陈述为例：

> "到 2025 年，洛迪镇将充分认识到历史在增长和发展中的重要性，成为一
> 个将未来与过去联系起来的社区。我们小镇的中心是一条步行友好的主街，街
> 道上矗立着历史建筑，我们的水道和周围的景色滋养着山谷的繁盛与美丽。"[1]

洛迪镇特别强调保持其镇中心作为社区的商业和社会中心的地位。洛迪镇珍视其历史建筑，希望有良好的水质，并力求使居民能够继续眺望开阔的乡间。这一愿景陈述将在规划委员会和管理机构审查开发提案时对洛迪镇起到指导作用。

城镇规划中的目的陈述反映了社区的需求、价值观和愿望，并涵盖了广泛的主题。就个人层面而言，目的陈述就像是在问，"你想从生活中得到什么？"目标则是更具体、更可衡量的任务，好像在问："你将做哪些事来实现人生目标呢？"目标可以是长期的（10年以上）、短期的（从现在起 5 年），或者是中期的（5 ~ 10 年），但这些目标都是为达到既定目的而需要完成的任务。例如，城镇规划的土地利用分项可包括以下目的与目标：

- **目的**：促进历史建筑的适应性再利用，促进和保持地区和邻里街区特色。
- **目标**：通过城镇建筑规范和设计审查条例，以促进在建造新建筑和改造旧建筑时采用良好的设计。

目的与目标陈述了社区政策，并建议需要做什么以及如何做。当管理机构调配城镇的资金与人员，并通过土地利用条例以实现城镇规划中规定的目的与目标时，规划实施就开始进行了。

公民参与与行动

大多数人很少关注社区规划，只有在社区规划影响他们个人，比如，他们的土地可能被重新分区，或者有一项提高税收以支付新学校费用的投票议案时，他们才会关注社区规划。不过，这并不是说这些公民不在乎所在社区的规划，规划委员会有责任鼓励公众参与规划过程。公众参与不仅对制定切实可行且响应迅速的城镇规划很重要，而且对联邦和州的拨款计划也很重要，后者通常都要求有公民参与。公众参与有助于确保社区规划的目的与目标陈述反映社区的实际需求和愿望。城镇规划如果产生于社区的一致意见，就更有机会组织资源、采取行动，从而实现社区目标。

参与阶段

公民参与包括两个不同的阶段：技术阶段和总体阶段。**技术阶段**（technical phase）的主要任务是收集信息、分析事实和估计未来需求。在技术阶段，规划委员会、规划人员或聘用的顾问将整理来自政府官员、雇员和规划专业人员的信息，而不是征询他们的意见或愿望，以便研究和了解关于社区的事实。社区官员应联系联邦、州和县的机构，了解可能影响社区目标选择的现有法规、可用资金和未来发展计划。

总体阶段（general phase）涉及广泛的公众参与。为了激发人们的兴趣，规划委员会应要求当地报纸、广播电台和电视台，在编制目的与目标之前和期间都要发表一系列关于规划的文章或讨论。城镇规划委员会已完成并建议的城镇规划不同分项也可以发布或讨论。

城镇或邻里街区会议是让公众参与城镇规划过程的有效方式。规划委员会应提前发布会议通知，甚至在镇上受欢迎的场所发布传单。规划委员会可能还希望向社区每个家庭发送一系列关于规划活动的简报。当地的青年或服务机构人员可以亲手发送简报，从而减少邮寄成本。规划专员和地方管理机构的成员随后应举行多次邻里街区会议（除非城镇规模很小，且召开一次会议即可），以便听取公民对收集到的技术信息的意见和评论。

在召开邻里街区会议后，规划委员会应举行公开听证会。公开听证会的通知必须符合所在州关于公开通知的所有要求。通知应至少提前三周在报纸上刊登，此后每周刊登一次，直至会议召开。此外，要求在任何专业人员、服务机构或社会组织的定期会议上宣布公众规划听证会。在社区的各处聚会场所亦应放置公告牌。

较大城镇的规划委员会应考虑建立一个网站，向城镇居民通报城镇规划的进展情况，并接收城镇居民的意见。网站可以展示城镇发展的不同场景，发布民意调查。爱达荷州布莱恩县（Blaine County）建立了一个网站（http：//blainecounty2025.org），以增加公民参与，并让公民随时了解县综合规划的进展情况。

准备开始

规划伊始是最困难的阶段。表 4-1 列出了管理城镇规划流程的 10 项行动。

管理城镇规划流程

表 4-1

行动 1
普通公众和管理机构认识规划的必要性。
行动 2
民选官员同意调拨人员和资金来编制或更新城镇规划。
行动 3
民选官员任命规划委员会（如果还没有的话），并向规划委员会下达编制或更新城镇规划的任务。
行动 4
规划委员会制订完成城镇规划的议程和工作时间表。
行动 5
规划委员会任命公民咨询委员会，协助开展公开会议、需求评估调查以及信息收集与分析工作。
行动 6
规划委员会编制社区愿景陈述和城镇规划的目的与目标陈述。
行动 7
管理机构批准城镇规划的目的与目标，以及实施规划的行动计划。
行动 8
规划委员会完成城镇规划，并提交管理机构批准。管理机构应正式通过城镇规划，或进行修改后予以通过。
行动 9
管理机构调拨资金与人员，用于编制分区规划和土地细分条例以及实施城镇规划的基本建设改善计划。规划委员会利用城镇规划审查开发项目提案。
行动 10
管理机构调拨资金与人员，用于更新城镇规划、土地利用法规以及基本建设改善计划。规划委员会编制修改草案，并提交管理机构批准。

认识到规划的必要性往往始于广大公众。公众可以向管理机构或规划委员会说明，城镇需要进行规划或需要更新现有规划。民选官员和规划专员通过城镇或邻里街区会议以及非正式对话了解公众的愿望。重要的一点是，要了解人们表达需要进行城镇规划的微妙方式。例如，"你不觉得学校越来越拥挤了吗？"这样的建议可能就表明需要规划一所新学校，而且要管理社区的未来增长。

规划委员会可建议管理机构批准用于编制或更新城镇规划的人员与资金。但是，在进行任何规划研究之前，规划委员会必须获得管理机构的批准。制定一个行之有效的规划大约需要 25000 美元。如果聘用了私人顾问，可能需要更多资金。此外，地方管理机构必须允许某些雇员（如城镇评估师）花时间为城镇规划收集信息。城镇规划应在一年半内完成，规划委员会和管理机构应同意每 3 ~ 5 年更新一次规划。

至此，表 4-1 中关于管理规划流程的行动 1、行动 2 和行动 3 已经完成：认识到规划的必要性，承诺调拨资金和人员编制或更新城镇规划，并任命规划委员会。

工作议程与时间表

规划委员会应编制一份工作议程，列明完成城镇规划的任务时间表和截止日期（表 4-1 中的行动 4）。图 4-1 称为甘特图（Gantt chart），规划委员会可以利用甘特图来组织和分配不同任务之间的时间。甘特图显示了完成城镇综合规划的预期进度时间表。

成立公民咨询委员会

公民咨询委员会（**citizens' advisory committee**）可以通过收集信息和公众参与来帮助规划委员会（表 4-1 中的行动 5）。咨询委员会的成员可能来自不同的邻里街区，也可能来自普通公众。公民咨询委员会往往在种族多样化的城镇或邻里街区间收入差异很大的社区工作效果最好。咨询委员会应由 15 ~ 21 人组成。

我们的经验是，如果咨询委员会的成员来自普通公众，形成一个在年龄、性别、族裔背景、社区居住时间、职业和收入等方面各不相同的群体，就能很好地发挥作用。例如，男性和女性对社区的看法往往大相径庭，因此应努力使咨询委员会在性别构成上达到良好平衡。短期和长期居民对社区的看法往往不同，在一个城镇居住不到 5 年的人与长期居民的看法会截然不同。

在咨询委员会中包括不同年龄段的成员也很重要。请记住，21 岁以下的群体可能是社区的重要组成部分。商界人士、教师、卫生保健人员、有年幼子女的家长以及服务机构、执法部门和城镇或县政府的代表等，都是重要人选。

当地报纸的代表一定要始终包括在内。所有规划会议都是公开会议，当地记者和报纸出版商都喜欢跟踪社区里正在发生的事情。请注意，当地社区可能不会止步于城镇边界。

任务	2007年												2008年					
	1月	2月	3月	4月	5月	6月	7月	8月	9月	10月	11月	12月	1月	2月	3月	4月	5月	6月
聘请顾问	■																	
开展社区民意调查			■															
收集数据	■	■	■	■	■													
评估数据					■	■	■											
形成第一稿规划草案								■	■	■								
发布第一稿规划草案													■					
召开公开听证会														■				
审查草案															■			
向民选官员递交规划方案																■		
正式批准规划方案																	■	■

图 4-1 完成城镇规划的任务时间表

图片由詹姆斯·塞吉迪（James Segedy）提供。

如果城镇拥有域外权力，可以对城镇边界之外长达一英里或更远的区域进行规划和分区规划，那么你可能希望在咨询委员会中纳入那些住在城镇外、但把城镇看作是自己家园的人——尤其是那些在咨询委员会中参与农业、畜牧业、渔业、林业或采矿业的人员。

充分利用公民咨询委员会

公民咨询委员会应由规划委员会任命。规划委员会的所有成员应就公民咨询委员会的任命提出建议；委员会应以投票方式批准任命。规划委员会与咨询委员会举行会议的通知应在当地报纸上刊登。至少要召开两次 3 小时的会议。所有会议均应进行录音或录像，以备日后研究和参考。

规划委员会与公民咨询委员会召开会议时，应由一人主持会议。此人作为主持人（很像脱口秀主持人）来管理会议的流程，而不是参与会议的结果。如果在社区里找不到主持人，可以问问邻近的社区或所在县或地区规划委员会，问问附近地区的城市规划师，或者邀请州立大学的人员来担任。

会议必须精心组织，同时还要鼓励集思广益。一种常见的做法是由规划委员会成员就社区规划过程、会议目的和总体介绍作 10 ~ 15 分钟的报告。应该使用微软文稿演示软件（Microsoft PowerPoint®）的演示文稿或大型活动挂图来阐述要点。主持人应引导会议的下一阶段，以引出并引导对话。

通常，引导会议的最佳方法是使用 SWOT 方法，即：收集关于城镇的优势（S）、劣势（W）、机会（O）与威胁（T）的意见。要围绕每个 SWOT 分类仔细地构建问题。主持人通常使用以下两种场景来鼓励评论：

1. "假设我在参观你的社区，调查一下我的小型电子产品制造工厂是否有可能设在这里。我计划带大约 8 名员工，再雇用 10 名左右本地兼职员工。我已经造访了这个地区的 5 个农村社区，并将在几个月内作出决定。你能告诉我，你所在区域有哪些优势、劣势、机会和挑战可能会影响我的决定吗？"

2．"我在小城镇出生、长大，生活了大半辈子。我对所在社区印象非常深刻——有些是积极的，有些则不那么令人愉快。这些印象共同构成了我所说的'小城镇场所感'。你能告诉我你所在社区的场所感如何吗？让你印象最深刻的是什么？"

在这里，公民咨询委员会的作用是帮助规划委员会更好地了解社区，然后为城镇规划制定目的与目标。公民咨询委员会的意见可以看作是整个社区意见的反映，应该有足够的时间处理广泛的社区议题和关切事项。讨论的议题一般包括以下内容：

- 经济与收入水平。
- 就业机会。
- 对增长的态度。
- 对当地服务的满意度。
- 教育评价。
- 医疗保健与社会服务。
- 治安与消防。
- 其他应急服务。
- 水质、供水和排水服务。
- 自然灾害（如洪泛区、陡坡和地震断层等）。
- 野生动物与野生动物栖息地。
- 邻里街区与社区的状况。
- 艺术、娱乐和文化氛围。
- 志愿服务的机会。
- 住房供应和可负担性。
- 儿童与成人的娱乐场所。
- 社区对当地企业的态度。
- 为老年公民提供的机会。
- 为年轻人提供的机会。
- 社区的视觉外观。
- 房产价值的稳定性。
- 为旅游业提供的机会。
- 使社区独一无二的品质。
- 人们离开社区的原因。

公民咨询委员会的最后一项任务是帮助制定社区目标的优先事项清单。在会议结束时，应利用下列 4 组议题作为目标陈述：

1. 加强社区优势。

2. 解决社区劣势。

3. 寻求机遇。

4. 审视威胁。

表 4-2 所示为某社区近期列出的议题。

社区优势、劣势、机会与威胁列表示例

表 4-2

优势	劣势	机会	威胁
·社区精神 ·良好的教育体系 ·州际公路位置 ·镇中心建筑保护	·与县域联系不佳 ·商人未组织起来 ·收入低 ·社区入口难看	·新的零售企业 ·社区一揽子拨款 ·旅游住宿 ·每年举办 2 次地区工艺品博览会	·人口流失 ·销售税收入减少 ·缺少经济适用房 ·排污能力不足

编制社区调查问卷

在编制目标陈述或启动规划研究之前，规划委员会应开展**社区需求与愿望调查**。目标陈述应表达社区中大多数人的愿望。社区需求调查可以提醒规划委员会在规划研究中有待探讨的问题。此外，社区调查还鼓励人们参与规划过程，并表明规划委员会关心个人意见。规划委员会应利用从公民咨询委员会的意见中获得的见解，形成一份社区需求评估问卷。我们建议将调查问卷发送至社区的每个居住地址。

与一系列公开会议相比，一份书面调查问卷更能确定社区的需求和意见。在规划过程后期，当规划委员会向公众提交城镇规划草案并征询意见时，公开会议十分有用。

不过，在规划过程的需求评估阶段，公开会议可能有以下几个局限性：

● 人们往往只在有所关注时才倾向于参加公开会议。换言之，人们关注的是威胁和劣势，而不是优势和机会。这是一种"被动"地处理社区需求的方式，与"主动"地讨论社区应保持的优势和需要作出的改进的做法正好相反。

● 在公开会议上发表的个人意见，往往不能像在私下里从容地填写调查问卷那样准确地反映整个社区的意见。

● 在小城镇里大家彼此认识，举行公开会议往往会扼杀人们对社区生活中真实问题的坦率而诚实的讨论。公开会议对社区规划很重要，但这些会议在事实调查的技术阶段之后才最有帮助。

表 4-3 列出了规划委员会在需求评估调查中可能探讨的各种议题，图 4-2 为调查问卷示例。

规划委员会要评估的议题　　　　　　　　　　　　　　　　表 4-3

地方政府资源	社区资源
· 供水与水质	· 小学
· 治安服务	· 中学
· 生活垃圾收运	· 职业培训
· 其他公用事业服务	· 成人教育
· 街道状况	· 医院 / 诊所质量
· 为公众提供客户服务	· 内科医生
· 人行道状况	· 牙医
· 政府管理质量	· 紧急医疗技术服务
· 消防服务	· 基本卫生保健
· 公共交通	· 专科医疗
经济发展	**普通公众意见**
· 零售商店数量充足	· 社区面貌
· 新增工作岗位	· 老年公民的机会
· 商家的态度	· 社区入口
· 工资与福利	· 年轻人的机会
· 出售产品的种类	· 住房外观
· 农产品市场	· 娱乐服务
· 购物停车	· 住房充足
· 现状地方产业	· 文化机会
· 城镇中心面貌	· 社区精神
· 零售业开发	· 新居民
· 工业开发	· 艺术与娱乐
	· 企业家精神

社区调查问卷

说明：此调查表应由你家庭中一位成年人填写；不过，请随时征询其他家庭成员的意见。请圈出或勾选你的答案，完成调查。切勿在调查问卷上写下你的姓名或地址。

1. 请注明你的性别。

男□　女□

2. 你的年龄是多少岁？

□ 18 岁以下	□ 35 ~ 44 岁	□ 65 ~ 74 岁
□ 18 ~ 24 岁	□ 45 ~ 54 岁	□ 75 岁及以上
□ 25 ~ 34 岁	□ 55 ~ 64 岁	

3. 请说明目前居住在你家里的人数（包括你自己）。

□ 1	□ 4	□ 7
□ 2	□ 5	□ 8
□ 3	□ 6	□ 9 或更多

图 4-2　社区调查问卷示例（一）

图片由詹姆斯·塞吉迪提供。

4. 请说明你家中有几个 18 岁以下的孩子。

☐ 无 ☐ 1 ☐ 2	☐ 3 ☐ 4 ☐ 5	☐ 6 或更多

5. 请说明你在社区里居住了多久。

☐ 不到 1 年 ☐ 1 ~ 5 年	☐ 6 ~ 10 年 ☐ 11 ~ 20 年	☐ 20 年或更久

6. 请说明你的主要职业。

☐ 农业 ☐ 金融 ☐ 政府部门 ☐ 零售业 ☐ 个体服务（如理发师、服务员等） ☐ 管理 ☐ 制造业	☐ 教育 ☐ 医疗 / 卫生 ☐ 牧师 ☐ 公用事业 / 通信 ☐ 建筑业 ☐ 退休	☐ 其他（请详细说明）

7. 请说明你完成的最高学历。

☐ 小学 ☐ 初（高）中	☐ 专科（2 年制） ☐ 大学（4 年制）	☐ 研究生

8. 请说明你的工作地点。

☐ 在我的社区内或距社区 2 英里以内
☐ 距我的社区 2 ~ 10 英里
☐ 距我的社区 11 ~ 25 英里
☐ 距我的社区超过 25 英里

9. 请说明你家庭的大概年收入（税前）。

☐ 低于 15000 美元 ☐ 15001 ~ 29999 美元 ☐ 30000 ~ 49999 美元	☐ 50000 ~ 74999 美元 ☐ 75000 ~ 99999 美元 ☐ 100000 美元或更多

社区设施

说明：以 1 ~ 10 分制打分，其中 1 分表示"非常满意"，10 分表示"非常不满意"，请圈出相应的数字来表示你对社区服务的满意度。如果你不知道自己的意见，请留空此项。欢迎在本节末尾多提补充意见。

10. 城市街道状况

0	1	2	3	4	5	6	7	8	9	10
非常满意					一般					非常不满意

11. 社区人行道可用性

0	1	2	3	4	5	6	7	8	9	10
非常满意					一般					非常不满意

12. 公园质量

0	1	2	3	4	5	6	7	8	9	10
非常满意					一般					非常不满意

13. 公园可达性

0	1	2	3	4	5	6	7	8	9	10
非常满意					一般					非常不满意

图 4-2 社区调查问卷示例（二）

14. 水质与服务

0	1	2	3	4	5	6	7	8	9	10
非常满意					一般					非常不满意

15. 排水质量与服务

0	1	2	3	4	5	6	7	8	9	10
非常满意					一般					非常不满意

16. 燃气与供电质量

0	1	2	3	4	5	6	7	8	9	10
非常满意					一般					非常不满意

17. 消防部门服务

0	1	2	3	4	5	6	7	8	9	10
非常满意					一般					非常不满意

18. 警察部门服务

0	1	2	3	4	5	6	7	8	9	10
非常满意					一般					非常不满意

19. 救护车 / 紧急医疗服务

0	1	2	3	4	5	6	7	8	9	10
非常满意					一般					非常不满意

20. 基本医疗保健提供情况

0	1	2	3	4	5	6	7	8	9	10
非常满意					一般					非常不满意

21. 小学质量

0	1	2	3	4	5	6	7	8	9	10
非常满意					一般					非常不满意

22. 初高中质量

0	1	2	3	4	5	6	7	8	9	10
非常满意					一般					非常不满意

23. 娱乐项目质量

0	1	2	3	4	5	6	7	8	9	10
非常满意					一般					非常不满意

24. 娱乐项目数量

0	1	2	3	4	5	6	7	8	9	10
非常满意					一般					非常不满意

25. 请说明你是否希望在你的社区里看到一座新图书馆。

□是	□否	□不知道

26. 请说明你是否希望在你的社区里看到一个新游泳池。

□是	□否	□不知道

27. 请说明你希望在社区里看到哪些新学校（如果有的话）。

□小学	□初中	□高中
□不需要新学校	□不知道	

住房

28. 请说明你的住宅是自有的，还是租赁的。

□自有	□租赁

图 4-2 社区调查问卷示例（三）

如果你租房住，每月的房租大概是多少（请圈出一个数字）？
少于 200 美元　200 美元　250 美元　300 美元　350 美元　400 美元　450 美元　500 美元　600 美元　超过 600 美元

29. 请说明你对所在社区的住房整体外观有何看法。	
□总体来说很好	□整体来说一般
□糟糕	□不知道

30. 请说明你对所在社区的房价有何看法。	
□总体来说很好	□整体来说一般
□糟糕	□不知道

以 1 ~ 5 分制打分，1 分为"极好"，5 分为"不够好"，请圈出你对社区住房质量的满意度。如果你不知道答案，请留空此项。欢迎在本节末尾多提补充意见。

	极好	适当	平均	一般	不够好
31. 老年公共住房的质量	1	2	3	4	5
32. 老年公共住房的供应情况	1	2	3	4	5
33. 可负担性住房的质量	1	2	3	4	5
34. 可负担性住房的供应情况	1	2	3	4	5
35. 廉租房的质量	1	2	3	4	5
36. 廉租房的供应情况	1	2	3	4	5
37. 低收入住房的质量	1	2	3	4	5
38. 低收入住房的供应情况	1	2	3	4	5

补充意见：_____
_____

39. 请说明你所在社区最需要哪种类型的住房（请勾选所有适用的选项）。	
□租赁套房	□可负担性住房
□预制住房	□公共住房
□高收入住房	

经济方面

40. 请说明你认为所在社区是否需要更多的工作机会。		
□是	□否	□不知道

41. 如果你对第 40 题的回答是"是"，请说明最需要哪些类型的工作机会 / 企业（请勾选所有适用的选项）。		
□一般商铺	□牧师	□家电维修
□专门零售业	□轻工业	□餐馆
□金融 / 银行	□药房	□录影带租借
□普通行业	□五金商店	□电影院
□汽车销售	□酒吧 / 酒馆 / 俱乐部	□其他（请说明）
□汽车维修	□洗衣服务	
□医疗卫生	□理发店 / 美容院	

42. 请指出你的社区需要下列哪些内容（请勾选所有适用的选项）。		
□经济发展	□新学校	□公园与娱乐设施
□游泳池	□新医疗设施	□其他（请说明）
□街道 / 排水 / 给水	□以上都不是	

43. 请说明你会支持以下哪一项增加税收（请勾选所有适用的选项）。		
□经济建设	□公园与娱乐设施	□新学校
□游泳池	□新医疗设施	□提高公共安全
□街道 / 排水 / 给水		

44. 请说明你认为你的社区是否需要提供额外的资源（例如，时间、精力和 / 或金钱）来吸引更多的企业。		
□是	□否	□不知道

图 4-2　社区调查问卷示例（四）

45. 请说明你是否支持工业园区的一般债务债券。		
□是	□否	□不知道

46. 请说明你是否支持发行一般性债务债券来兴建一座投机建筑，吸引新产业。		
□是	□否	□不知道

47. 请说明你认为未来 25 年你所在社区的理想人口。		
□再少些 □保持不变	□看情况 □略有增加	□不知道

48. 请在下面的地图上圈出你希望看到所在社区的未来增长区域，并用 "+" 标记。同时圈出你不支持增长的区域，并用 "—" 标记。

印第安纳州福特维尔（Fortville，Indiana）的航拍照片。

社区

49. 如果你在另一个社区购买你所在社区也有的商品，请说明你这样做的主要原因（请勾选所有适用的选项）。

	不重要				非常重要
价格	1	2	3	4	5
商品多样性	1	2	3	4	5
购物便捷	1	2	3	4	5
商品质量	1	2	3	4	5
营业时间	1	2	3	4	5
商家态度友好	1	2	3	4	5
广告	1	2	3	4	5
打折频率	1	2	3	4	5
产品服务	1	2	3	4	5
商店退货政策	1	2	3	4	5
其他	1	2	3	4	5

50. 请列出两个你喜欢所住社区的理由。

1.

2.

51. 请列出你想要改变所在社区的两件事。

1.

2.

52. 请说明你是否觉得你对所在社区有强烈的自豪感。

□是	□否	□不知道

请将此调查问卷于（交回日期）前交回城镇办事处或（当地一家银行名称）

图 4-2　社区调查问卷示例（五）

制定社区调查问卷的若干基本规则

制定社区需求评估调查问卷既是一门艺术，也是一门科学。我们建议你在编制调查问卷时遵循一些简单的规则。

- **规则1**：你必须保证调查是完全匿名的，以确保隐私和回答诚实。辨别来自特定受访者的调查问卷是一种违背公众信任的行为。要指定几个值得信任的人来处理问卷。对"是/否"和"同意/不同意"两类问题的回答应以表格形式予以计数和呈现。应对关于社区需求的开放性评论意见进行总结和分类。在小社区中，一个人的笔迹往往会被识别出来，这可能会导致违反保密规定。

- **规则2**：切勿要求人们回答他们可能认为侵犯隐私的问题。对于所有可能敏感的问题，应始终提供"不知道"或"不想回答"的复选框。问卷中可能包含的最敏感问题是收入。如果你询问家庭收入，请务必遵循我们在问卷示例中提供的指南。切勿询问具体的收入数字。不要询问关于婚姻状况、宗教信仰、个人业务或特定人群的问题。除非你有令人信服的目的，并且得到了专业民意测验专家的建议，否则分辨族裔或种族是不恰当的。

- **规则3**：请仔细构建你的问题。要让问题清晰易懂。在将问卷发放到整个社区之前，请务必以少数人进行测试，并作出必要的修改。

- **规则4**：在准备实际问题时，请务必向志愿者咨询。问卷应于发放后的一个月内完成并收回。请提供一种方式，让人们把调查问卷送交至城镇办公室，为你的志愿者设定好从居民家中取回问卷的日期，或者提供贴有邮票的信封，以便受访者可以把他们的问卷邮寄到城镇办公室。最后，利用计算机将结果制成表格。

组织调查

规划委员会应附上一封信，说明调查问卷的目的及其对社区规划过程的重要性。这封信应用城镇政府的信纸书写，并应提及调查是由规划委员会和管理机构提供资金的官方项目。附信必须说明，答复将完全保密，而且规划委员会打算使用调查问卷的全部答复，而不是仅使用任何个别答复。最后，规划委员会主席和管理机构主席应在附信上签字。下面是一个示例：

日期：（填上日期）
至：某市（你所在社区）居民
随函附上一份调查问卷，旨在调查你对（你所在社区的名称）的看法，并确定你所在社区的未来需求。此调查问卷是由规划委员会和咨询委员会在与公民团体进行多次讨论后形成的。这是我们不断努力改善社区工作的一部分。

请花几分钟时间回答问卷中的问题，然后将问卷送回以下地点之一：(你所在社区)城镇办公室、(你所在社区的商店名称)或(当地银行的名称)。我们要求每个家庭仅一人填写调查问卷，但请随时咨询你家庭所有成员，以形成你的意见。

问卷上的回答将由计算机制成表格。此社区的任何成员都不会参加表格编制过程。只有最终结果将向公众、城镇议会和规划委员会公布。我们向你保证，调查问卷原件将不会公开并最终销毁。在个人问卷中提供给我们的信息均为匿名，任何参与者身份均无法辨识。

我们希望你能加入我们的项目，并提供信息，以帮助指导你的社区度过未来的 10 年。请你最迟于(交回日期)前交回调查问卷。

真诚的

规划委员会主席 朱莉娅·杰克逊(Julia Jackson)

项目协调员 格兰特·雷德斯通(Grant Redstone)

首先要考虑调查问卷的总长度。调查问卷过长会使被调查者感到沮丧，制作表格也会耗时较长，还会造成额外的费用。一份调查问卷以不超过 4 页为宜，包括附信和说明，正反面影印。推荐使用标准 12 号字体。

调查问卷的第一页应包含填写问卷的说明，例如，如何勾选、圈出或以其他方式回答问题。如果填写答案需要额外的空间，则可以使用额外的纸张或页边空白处。调查问卷应说明，只需一名居住在家庭中的成年人填写问卷，但此人应随时与其他家庭成员协商。还应提醒被调查者切勿写下他们的姓名或留下任何其他可识别的标记，以保持调查的匿名性。然后，说明应列明交回调查问卷的截止日期(一般为两周)，以及被调查者如何或在何处交回调查问卷。

用于组织调查回答的问题应放在前面，例如年龄、性别、家庭规模、收入范围、工作地点(社区内或社区外)，以及家庭是租房还是拥有住房等。如果调查同时发送给城镇边界内外的人，则应有空间来说明所处位置，否则调查问卷应按颜色编码。调查问题的其余部分应侧重于具体类别。例如，就公共服务征询意见的问题应该放在一起。

调查问卷可采用四种类型的问题：

1. 固定式回答型。

2. 可变式回答型。

3. 量化式回答型。

4. 开放式回答型。

固定式回答型问题（fixed-response question）要求回答为"是"或"否"，可能还有"无意见"或"不知道"。固定式回答问题仅限用于必须有绝对答案的情况。例如，一个旨在确定被调查者是否支持增加新游泳池财产税的问题，回答要么是"是"，要么是"否"，要么是"无意见"。

可变式回答型问题（variable-response question）允许被调查者为问题选择一个或多个合适的答案。例如，有关社区整体视觉质量的问题，通常包括"良好""一般"和"差"等选项。可能还需要"无意见"选项，或留出空白区域供被调查者发表意见。

量化式回答型问题（scaled-response question）用于查找对问题的评级、质量或感受的强烈程度。通常采用 5 分制或 10 分制来对选项进行评分。如果采用 10 分制，则数字"1"表示最负面，"5"表示平均值，"10"表示最正面。如社区调查问卷示例（图 4-2）所示，可以用一条线或一个数字矩阵表示从非常负面到非常正面或从非常差到优秀的评级。

- **实例：** 我们的社区应该成立一个常设经济发展委员会，并为其提供资金。

强烈不同意　　　　　不同意　　　　　一般　　　　　同意　　　　　强烈同意
1 .... 2 .... 3 .... 4 .... 5 .... 6 .... 7 .... 8 .... 9 10
意见或建议：＿＿＿＿＿＿＿＿＿＿＿＿＿＿＿＿＿＿＿＿＿＿＿＿

＿＿＿＿＿＿＿＿＿＿＿＿＿＿＿＿＿＿＿＿＿

最后，还有一种**开放式回答型问题**（open-ended question），用来澄清答复或获得书面意见。例如，你可以问，"居住在你的社区里，最积极和最消极的方面分别是什么？"被调查者需要把回答写下来。

实例： 你能列举出这个社区有哪些特殊品质使其成为一个宜居之地吗？

＿＿＿＿＿＿＿＿＿＿＿＿＿＿＿＿＿＿＿＿＿＿＿＿

＿＿＿＿＿＿＿＿＿＿＿＿＿＿＿＿＿＿＿＿＿＿＿＿

使用开放式问题有两个基本规则：

1. **不应使用引导词。** 如果在上述问题中加上诸如"小镇氛围"或"家庭价值观"等短语，则可能会导致被调查者得出你的结论，而不是给出深思熟虑后的回答。

2. **要将寻求肯定回答的问题与涉及否定回答的问题混合在一起。** 这样既增加了问卷调查的均衡性，又在调查中体现了公平性。例如，在关于"使这个社区成为一个宜居之地的特殊品质"的问题之后，可以接着提出一个问题，询问被调查者对社区是否有不喜欢的重要方面。

开展书面调查

在编制调查问卷后，规划委员会必须决定如何实施调查。以下准则在小型社区非常有效：

- 　向社区的所有家庭邮寄或（由当地服务团体，如童子军或俱乐部等）分发调查问卷。许多社区选择在每月的水、能源或排污账单中夹带调查问卷。如果有可用的邮寄名单或地址，社区也可以把一些住在城镇边界以外的人包括在内。调查问卷可以印制在两种不同颜色的纸上，以区分城镇居民和居住在建制范围之外的居民各自给出的回答。

- 　**请提供多个投递点以供交回调查问卷。**当地政府办公室、银行、杂货店和餐馆等都是不错的选择。要确保每个地方都有一个顶部有开口的密封盒子，用于投放调查问卷。调查问卷绝不能直接交给员工。

- 　一旦调查结果被制成表格，规划委员会应举行公开听证会，公布调查结果。

踏勘调查

规划委员会亦应对社区进行踏勘调查。这项调查将协助委员会成员了解社区的现状成因、发展情况以及未来发展方向。踏勘调查还有助于核实社区调查问卷的结果，指出规划目的与目标应解决的社区需求。

为开展踏勘调查工作，规划委员会应该：

- 乘飞机、汽车或二者兼用，对社区进行快速观察。
- 让小团体或个人参观社区，记录他们对当地问题的印象。
- 开会讨论所有的调查结果。

实地作业应回答以下问题：

- 社区及其周围环境的物理特征是什么？
- 人们如何利用土地？
- 人们的居住方式如何？
- 人们如何出行？
- 有哪些公共服务？
- 人们如何谋生？
- 人们的特点是什么？
- 规划资源有哪些？

规划委员会对民意调查、踏勘调查和技术信息等进行收集和分析后，即进入公众参与的总体阶段。社区此时已准备好将规划委员会的调查结果转化为政策目的与目标。邻里协会、社区团体、个人和特殊利益团体等都提供了意见，也提出了目的与目标。制定目的与目标是一项公共职能，由规划委员会指导，最终的选择与批准由管理机构负责。

目的陈述

规划委员会应就社区以下各方面编制一份简明的目的陈述，以便为每项议题编制行动计划：

- 经济发展：商业与工业。
- 教育。
- 环境。
- 政府。
- 卫生服务。
- 历史与文化资源。
- 住房。
- 土地利用。
- 人口。
- 公共安全（特别是治安与消防）。
- 娱乐。
- 固体废物。
- 交通（特别是道路）。
- 供水与污水处理设施。

每一个具体目的都应与一个表达社区总体目标的愿景陈述相一致，例如："我们的规划方案总体目标是为居民保持健康、有吸引力、友好和有经济回报的环境。"（表 4-1 中的行动 6）。

你也可以列出一些指导具体目的的政策，例如：

- 保持我们的城镇基本上是一个农村社区，保持其自然美景和周围开放的农村。未来的增长应集中在现有建成区内或附近地区。人口密度应保持在低至中等水平，并有可能在适当地点建造多户型住房单元。

补充材料 4-1　得克萨斯州雅典（Athens）规划中的公共安全目标

必须确保每个公民均有机会在社区中和平地享受生活，不受犯罪行为和可预防的灾害的威胁。为了应对人口急速膨胀和日益城市化所固有的对公共秩序和人身安全的不断挑战，社区应加强每一个负责确保公共安全的机构。

- 要认识到我们的城镇在县域娱乐和旅游方面的发展潜力。
- 要保持我们的城镇是一个有凝聚力的社区，也是县的社会、经济和行政中心。

目标陈述

上面列出的每项规划议题均应包括一个或多个实现既定目的的目标。目标的选择是规划过程中最关键的步骤之一。理想情况下，规划委员会应讨论若干备选目标，然后选择最合理或最可行的目标。

规划目标比目的更精确。目标是建议，如果付诸行动，有助于实现目的，使城镇规划取得成功。以下为城镇规划交通运输分项中可能出现的目标陈述示例：

- 将机场跑道延长至 5200 英尺。
- 在中心商务区提供路外停车服务。
- 提供消防车进入城镇北部边缘住宅区的通道。

用于选择目标来实现既定目的的方法有许多种，包括：

- 选择成本最低的目标。
- 选择规划委员会多数票通过的目标。
- 选择可在最短时间内完成的目标。
- 选择与城镇规划的愿景陈述和总体政策最一致的目标。

选择目标没有最好的方法，但是，至少有两种方法要避免：

1. 作为最低成本选择的目标未必初始价格最低。随着时间的推移，维护和运营成本可能远远高于建筑物或设备的购置价格。应同等考虑短期和长期成本。请记住，一些低成本资本项目的运营和维护成本可能很高，因此可能会对未来的运营预算产生重大影响。

2. 不要选择行不通的"理想"目标。目标必须切合实际，必须在现有财政资源下能够实现。

规划委员会要确定与每个规划议题的目的相一致的目标，并向管理机构建议这些目标（表 4-1 中的行动 7）。然后，管理机构批准目的与目标。规划委员会最终审定城镇规划，并将其提交至管理机构。

管理机构批准城镇规划及规划实施工作

民选管理机构必须批准城镇规划，使之成为法律文件（表 4-1 中的行动 8）。管理机构可以修改从规划委员会收到的城镇规划，然后予以批准。接下来，管理机构应授权规划委员会编制土地利用法规和支出计划，以实现城镇规划的目的与目标（表 4-1 中的行动 9）。用于基本建设改善的支出计划，如新建学校、修建新的排水管道或整修街道等，成为城镇预算的一部分。

管理机构负责决定哪些公共项目具有优先权，以及在这些项目上花费多少资金。例如，在阅读了城镇规划后，管理机构可能会决定城镇需要新建一所小学，以满足未来学龄儿童的预期增长。同样，管理机构也可能决定在未来五年，如果现有消防车被淘汰，将投入资金购买新的消防车。

城镇规划过程显然有助于为城镇的公共服务编制预算。规划帮助民选官员预测公共设施的扩建、维修和更换，并分配城镇收入来满足这些需求。编制预算使城镇能够管理公共服务成本和财产税水平，而财产税是城镇收入的主要来源。

民选管理机构根据规划委员会的建议，通过分区条例、土地细分条例、建筑规范和其他法令，确定整个城镇的开发位置、密度和类型。城镇规划为分区规划和土地细分条例提供了法律依据。分区规划和土地细分条例以及其他条例是将城镇规划付诸行动和实现城镇规划目的与目标的主要手段，了解这一点非常重要。因此，城镇的土地利用条例应反映城镇规划中提出的目的与目标。举例来说，如果城镇规划要求保持清洁的环境，但分区条例却容许倾卸有毒废物，那么规划的目的就会丧失，城镇可能会以不受欢迎的方式发展。

规划专员和民选管理机构在裁定开发提案时，应遵循城镇规划和城镇的各项法规。规划专员必须就开发项目是否符合城镇规划和城镇各项法规的目的与目标提出建议。例如，一个提供 25 个新工作岗位的电子制造厂拟议开发项目，可能符合"使地方经济多样化"的目的，或者，一个拟议开发项目可能符合某些目的与目标，却不符合其他的目的与目标。在这种情况下，规划委员会可签发特殊例外或有条件使用许可证，允许拟议开发项目在满足某些条件（例如，提供足够的停车位等）的情况下继续进行。

规划委员会和民选管理机构在决定是否批准或拒绝某个开发项目时，必须保持一定的灵活性；不过，规划委员会和管理机构应尽量使其决定与城镇规划的政策保持一致。城镇规划反映了公众的需求和愿望，规划委员会和管理机构都应该维护公众的信任。

这并不是说城镇规划是一成不变的。城镇规划需要每隔几年更新一次，以反映城镇目的与目标的变化（表 4-1 的行动 10）。更新工作应包括审查关于城镇的新信息，以及在调查或公开会议上表达的新的公众需求和愿望。

保持城镇规划的新鲜感和活力：行动计划与基准化管理

许多城镇规划最终被束之高阁、无人问津的主要原因，是它们没有包含实现城镇规划目的的行动计划。**行动计划**（action plan）包括将使城镇规划付诸实施的土地利用和设计法规、基础设施支出以及税收与激励计划。这些建议的行动措施应与城镇规划的目标相同或保持一致。

行动计划应以易于阅读的表格明确预期由谁来完成此项工作、资金来源和完成时间，短期、中期、长期和正在进行的拟议活动均可予以明确并描述清楚。在设计行动计划时，一个棘手部分是对城镇政府的行动和投资进行优先级排序。一项表述清楚的行动计划将使综合规划在公众和地方政府的心目中保持活力，并有助于确保其全面实施。管理机构必须批准行动计划，特别是在涉及公共资金支出方面。

为了监测行动计划在实现城镇规划的目的与目标方面取得的进展，我们建议开展基准化管理。基准是一个可衡量的目标，比如，一年内建造 10 套住房，创造 35 个就业机会，或购买 15 英亩公园土地等。基准化管理既能反映成功之处，也能反映不足之处，公众、规划委员会或民选管理机构可以利用基准化管理，对现有的目的与目标、法规、支出方案和具体项目等提出修改建议。

每年，规划委员会或管理机构可以制定与城镇规划的具体目的与目标以及行动计划中的内容挂钩的目标。然后，规划委员会可以评估实现基准的进展情况，并发布简短的年度行动报告。报告可以指出哪些基准已经达到，哪些尚未达到，并建议对政策优先事项、法规和支出计划等进行必要的调整。最重要的是，基准化管理和年度行动报告将行动计划和实施方案呈现在公众和民选官员面前。最后，规划委员会应每 3～5 年对行动计划连同城镇规划一起进行审查和更新，以反映社区愿望和优先事项的变化。

请记住，规划只有得到实施才有意义。只有对规划进行监测和评估，了解如何改进，规划才能得到改进。最重要的是，实施规划需要良好的社区领导力以及地方政府、企业、公民团体和个人之间的合作。

小　结

城镇规划的目的与目标为社区工作指明了总体方向和具体任务。规划过程的一个关键环节是规划委员会同工作人员或顾问一起确定这些目的与目标。公众的投入至关重要。规划委员会可通过任命一个公民咨询委员会来协助推行综合规划，通过开展需求评估调查和在社区举行公开会议来征询公众的意见和想法。为了促进规划目的与目标的实现，规划委员会可以通过一个由具体法规、支出方案和激励措施组成的行动计划。

注释

1　威斯康星州洛迪镇，《2005 年综合规划》（*Comprehensive Plan* 2005），第 3 页。

第 5 章

城镇规划信息资源

引　言

社区规划离不开其所依据的信息。如果一项规划是依据不可靠或过时的信息构建的，那么这项规划将毫无用处，还可能导致糟糕的规划决策。本章的目的是审视有助于规划委员会制定或更新城镇规划的信息资源。

规划委员会必须收集和分析各种事实与统计数据，以完成针对人口、经济基础和住房等各种社区特征的具体规划研究。规划委员会应将其收集的信息与居民在需求评估调查中对社区的意见进行比较。规划委员会，也许在外部顾问的帮助下，可以确定居民对社区条件和需求的了解在哪些方面是准确的（或不准确的）。规划委员会收集的信息对于形成切实可行的城镇规划目的与目标，以及编制分区规划和土地细分法规、基本建设改善计划和将城镇规划付诸实践的行动计划等，都至关重要。

查明信息资源

规划委员会在开始收集任何数据之前，需要先查明并汇集信息资源。我们假设规划委员会打算收集大部分数据并编制大部分城镇规划，而不是聘请专业规划师来做全部工作。即使规划委员会聘用了一名顾问，规划委员会也应该了解在制定城镇规划中使用的信息资源的种类和质量。

人力资源

社区志愿者网络对规划过程的成功至关重要。你将需要志愿者劳动、当地专家建议和一些技术援助。应提醒志愿者和专家核查其信息和数据的来源。虽然地方需求各不相同，但请确定有以下类型的志愿者，以寻求帮助和建议：

技术咨询

- 当地银行高层管理人员，他们可以就当地经济的实际情况提供建议。

- 长期活跃于当地商业协会的商人，他们能够就地区贸易和销售提供建议。
- 了解住房市场的当地房地产经纪人。
- 对农场、牧场、采矿、林业或渔业等社区需求和条件有清晰了解的当地商人（可考虑农具销售公司、锯木厂或罐头厂的经理）。
- 能够代表所在社区老年人说话的人。
- 了解社区种族多样性并能说出少数族裔需求的人。
- 参与维护和安装公共设施的人。
- 善于沟通的人，如报纸编辑。

志愿劳动

- 社区历史学家。
- 具有良好写作技能的人。
- 具有计算机绘图技能的人。
- 具有良好公开演讲技能的人。
- 具有网页设计、桌面出版、数据库管理程序和计算机图形学等方面经验的人。（一些高中生在这些领域可能非常擅长；具有 GIS 数据库绘图程序能力的志愿者在分析数据和制作地图方面尤其有帮助。）
- 具有编写书面调查经验的人。
- 具有良好摄影技能的人。

设备

编制城镇规划所需的最低限度设备包括：
- 具有内存功能的计算器。
- 用于存储数据、组织信息和发布最终文件的个人计算机。
- 用于制作规划最终版本的高质量打印机。
- 具有缩放功能的高质量复印机，用于制作规划副本。
- 数码相机。
- 传真机。

要收集的信息

在开始搜索信息之前，你将需要确定完成每项规划研究需要哪些数据。你经常会发现，要查找的许多数据已经是公共记录的一部分。如果你所在社区的人口超过 2500 人，则可以通过美国人口普查局网站（www.census.gov）找到有关人口、住房和经济活动的信息。

49

这个网站还提供大多数人口不足 2500 人的社区信息。你所在州的社区事务、商务、交通、历史保护、自然资源和环境保护等部门的网站也可能提供有用的信息。

如果有区域规划机构（在一些州也称为**政府委员会**），请务必随时与其联系，以确定其已收集的数据类型和数量。区域规划机构可能有关于其他城镇和区域的数据，以便进行比较。有关特殊议题的数据，如当地水质、洪泛区灾害或重大公路项目等，请联系州与联邦的各个机构。

你所在州的市政联盟是编制城镇规划的极好的技术援助来源。联盟拥有优秀的规划研究技术信息，也可以帮助搜索信息联系人。作为收集信息的最初工作之一，你可以写信给所在州的市政联盟，索取免费或低价出版物的清单。

几乎每个县都有自然资源保护署（Natural Resources Conservation Service，简称 NRCS），它们始终是值得联系的机构。自然资源保护署有土壤信息和地图，均以县土壤调查出版物和电子 GIS 数据库的形式发布。土壤数据显示了不同土壤类型支持开发的能力，以及土壤侵蚀和水污染等潜在问题。

你所在州的赠地大学及其县级办事处的合作推广服务办公室通常拥有丰富的信息。许多州已经建立了与州赠地大学相关联的州数据中心，这些也可以成为有用人口信息的现成来源。

现在，你可以关注本地信息源了。请联系当地的税务评估师、建筑检查员、工程师、测量师、城镇和县的书记员，以及保存着有关你所在社区大量日常活动信息的其他人员。

在书面记录很少的小城镇，请联系上市公司。你可以向电话、电力和天然气公司询问客户的数量和类型，以获得有关住房和人口的信息。

私营企业也可以提供帮助。例如，保险代理人可以向其公司总部索取该地区最近的所有经济和人口研究报告。许多大型零售商店，如超市、折扣连锁店和快餐连锁店等，在选择店面位置时都会研究社区。大型零售连锁店还会进行区域销售保留研究，其中可能包括你的社区。这些商业研究均可帮助规划委员会进行人口预测和估计社区的经济增长潜力。

也许最被低估的信息来源是地方教会。大多数教会在洲际和国家层面都有大量的规划人员。一封简单的调查函就可以确定近期的人口和经济研究是否包括你所在社区。

地区报纸可以极大地协助规划工作。报纸档案中有关于多年来当地问题和条件的文章。有些报纸有在线档案；有些则使用缩微胶片。报纸编辑和出版商往往是社区规划和发展工作强有力的资源联系者和推动者。此外，报纸亦可就社区规划活动提供有价值的宣传，让公众了解情况。

地方和县的历史学会是研究过去趋势和情况的重要资源。历史学会是获取有关历史遗迹和历史保护工作的主要联系机构。

公开数据

如果你知道如何搜索,就会发现小城镇的公开数据数量之多令人吃惊。每个州的《美国人口与住房普查》(*U.S. Census of Population and Housing*)以及美国人口普查局的其他报告,均包含有关人口、住房和家庭收入特征的信息。对于居民规模在 2500 人或以上的社区来说,这些信息非常详细;此外,人口普查数据还包括居民规模在 1000 ~ 2499人的城镇的一些信息。从美国人口普查局提供的光盘上可以获取所有县、人口普查单位和建制社区的详细数据资料。这些光盘通常可在任何一座中型图书馆获得。你所在社区或县的单个文件可以打印出来,也可作为文本文件复制到你的计算机上,或导入电子表格中。

人口普查数据每 10 年汇编一次。如果你正在为一个十年的前五年的规划收集数据,这些信息尤其有用。举例来说,如果你在 2008 年开始一项城镇规划,那么人口普查数据将是几年前的。

美国商务部(U.S. Department of Commerce)发布人口规模在 2500 人或以上地区的商业活动信息。大多数州都发布统计摘要,其中载有关于人口、经济活动、卫生统计、地方财政和学区等方面的信息。如果美国人口普查信息已过期,则州统计摘要可能是你最重要的数据来源。

州卫生部应地方机构和政府的请求,提供出生、死亡和其他相关统计数据的摘要。这个部门亦可提供按县分列的人口估计与预测。

各州立机构通常都有大量关于水资源、地质调查、住房、自然资源和环境质量的数据。例如,州水资源委员会有关于气候、水和土壤、洪泛区危害以及其他与水有关事项的数据。州自然资源部门通常有非常详细的地形图和矿产资源图。

有关已发布数据的其他重要来源,请联系:

- 你所在州的县域协会。
- 美国郡县协会(National Association of Counties)。
- 美国城镇与乡镇协会(National Association of Towns and Townships)。
- 你所在州的立法研究服务机构。
- 你所在州的政府秘书长。
- 州图书馆的政府文件部门。

可视化数据

航拍照片在规划过程中始终非常有用,但拍摄成本通常很高。航拍地图通常可从多个来源获得。请联系州公路部门、自然资源保护署的县办公室和你所在县的规划办公室。

现在，大多数县级评估师和估价师都有更新过的、全面的航拍照片，用以帮助重新评估财产，可以显示社区随时间推移而发生的变化。你甚至可以在 GIS 数据库绘图程序中找到带有房产边界的航拍照片。州立大学与学院的图书馆以及州立图书馆也是航拍照片的绝佳来源。

底图

你将希望在一组社区底图中显示为城镇规划收集的大部分数据。**底图**（base map）是按比例绘制的社区地图，显示边界以及主要河流与小溪、街道、街区、铁路轨道和社区建筑位置等。你应该能够找到空白或部分填充的底图，这些图目前用于税务评估、契据记录、公路规划和工程测量等。所有建制市镇都必须保留一份标明其边界、街道、分区/增建部分和建筑用地等的官方地图，但小型社区往往忽视这一要求。如果找不到准确和最新的底图，请联系规划或工程公司绘制一份。

不过，在准备任何新图之前，请联系以下来源获取现有地图：

- 县书记员。
- 县工程师。
- 州公路委员会。
- 州市政联盟。
- 州水资源委员会。
- 州娱乐与公园部门。
- 自然资源保护署。
- 州经济发展部、规划司。
- 区域规划委员会。
- 合作推广服务署（Cooperative Extension Service）。
- 州立图书馆和各州立大学图书馆。
- 州保护委员会。
- 地方志办公室。
- 私人工程公司。
- 当地测量师。
- 当地公用事业，特别是电力/燃气和电话。
- 农村水域。
- 地区联邦人口普查办公室。
- 当地或地区图书馆。

底图的比例非常重要，取决于社区的规模、将底图插入城镇规划文本所需的缩小程度、底图上输入的信息类型以及所需的详细信息等。一般来说，比例应该在 1 英寸：800 英尺到 1 英寸：1 英里之间。底图应保持较小图幅，便于携带。

你将需要的城镇规划底图包括：

·**住房图**（housing base map），应显示现存房屋的位置与质量。这幅图应包括整个社区的住宅区集中程度、过去 10 年新建住宅区或扩建住宅区的位置，以及破旧与不合标准房屋所在区域。

·**土地利用图**（Land-use maps），显示社区现状及未来的土地利用模式。第一幅图描绘社区现有土地利用模式，第二幅图显示未来开发所需的位置与密度。这两幅土地利用图均应标明城镇界线，并包括市镇界线以外的所有已开发区域。

·**社区设施图**（community facilities map），描绘社区各种设施的位置，包括市政排水与供水线路、公园与娱乐区、学校、主要公共建筑物以及警察局与消防站等。

·**土壤图**（soils map），说明社区中土壤的类型与位置，并注明洪泛区和陡坡等开发潜力受限的区域。

·**交通图**（transportation map），显示社区内的主次街巷与道路，以及铁路线、火车站与公共汽车站、可通航水域、码头和机场等位置。

·**洪泛区图**（Floodplain maps），标明容易发生洪水的区域。这些图可从国家洪水保险计划（National Flood Insurance Program）获取，该计划由联邦应急管理局（Federal Emergency Management Administration）下属的联邦保险管理署（Federal Insurance Administration）管理。

所有这些图均可从本节开始部分列出的来源中获得，也可从以下来源获得：

- 公路图。
- 航拍地图（自然资源保护署的县办事处）。
- 土壤与地面覆盖图（自然资源保护署的县办事处）。
- 流域地区图（自然资源保护署的县办事处）。
- 公共工程图（地方与县政府）。
- 工程与公用事业图（地方与县政府、州公路部门）。
- 人口普查图（美国人口普查局出版物）。
- 县底图（县规划办公室、区域规划委员会）。
- 地形图 [美国地质调查局（U.S. Geological Survey），州地质调查局]。
- 区域发展图 [美国陆军工程兵团（U.S. Army Corps of Engineers）]。

自制底图

利用 GIS 数据库绘图程序可以轻松制作底图。你可以在底图上添加信息图层（例如，土壤、道路、水路、斜坡和建筑物等），以描述不同的信息。图 5-1 和图 5-2 是利用 GIS 程序制作的底图。图 5-1 显示了目标社区的位置、主要道路和重要特征。图 5-2 使用模板图，并添加了开发区域、主要农田土壤，以及如果使用化粪池和处理场，基岩上的浅层土壤将造成重大卫生问题的区域。

大型 GIS 地图有助于规划委员会确定陡坡和洪泛区的区域以及适宜进行新开发的地方。适合放在城镇规划内的较小地图通常不应大于 11 英寸 ×17 英寸。

其他信息与资源

可视化图形

好规划离不开图片。地标、事件或人物的照片均能唤起人们对小城镇的强烈感受。规划是一种书面和可视化的文件，文字传达意义和语境，但读者往往更容易理解视觉图像。纪念碑、历史民居与商店以及重要建筑的照片等，描绘了社区的建成环境（图 5-3）。请拍摄与规划的社区部分相关的著名社区事件或活动的照片。数码相机可以将这些图片直接加载到规划文本中。照片扫描仪可以将打印图片转换格式，输入到书面规划中。

小 结

翔实的信息对于了解社区状况并就如何管理增长和变化作出审慎决定至关重要。明确信息需求、联系人和信息来源，可以节省大量的时间和金钱。可靠的计算机和 GIS 数据库是分析和评估大量信息的重要工具。较大城镇应该有一名网络管理员，他可以把有关社区的信息发布在城镇网站上。

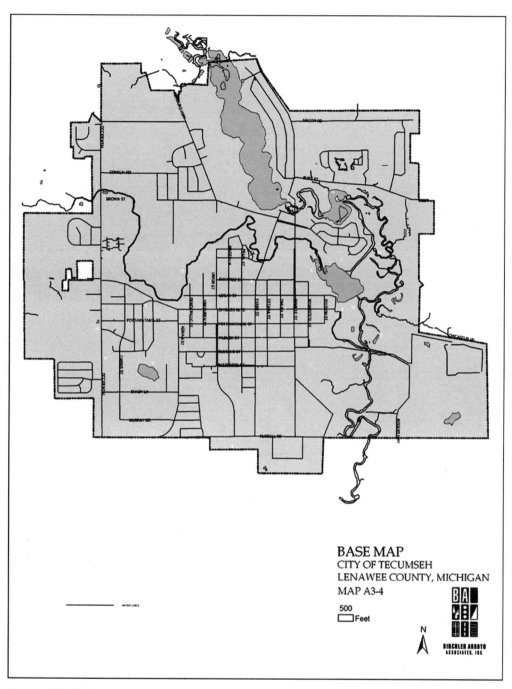

图 5-1　社区底图

图片由波奇勒 / 阿罗约合伙股份有限公司（Birchler/Arroyo Associates，Inc.）提供。

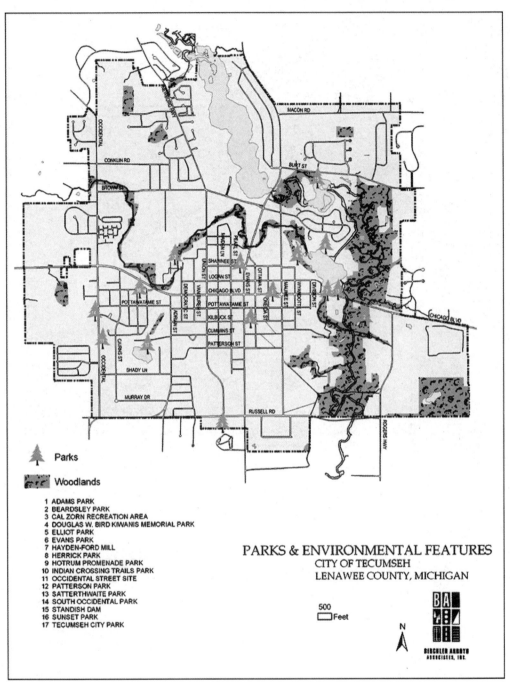

图 5-2　关于开发与自然资源的底图

资料来源: 特库姆塞市 (Tecumseh)。经波奇勒 / 阿罗约合伙股份有限公司许可使用。

图 5-3　城镇规划封面上出现的重要建筑

照片由汤姆·丹尼尔斯（Tom Daniels）提供。

第6章

社区概况、地理与历史

引　言

许多规划都是从社区概况简介开始的。概况简介不是必选项，但我们推荐这样做。概况总结了社区中发生的物质、经济和社会等方面变化，是对城镇规划的精彩介绍，也有助于培养居民和非居民对规划其余部分的兴趣。

社区概况的建议纲要

以下纲要将帮助你准备社区概况。你可以根据自己的判断来对纲要进行扩展或删减。由于社区概况是总结部分，它应该是你编制城镇规划时最后完成的任务之一。

社区概况纲要

一、基本信息

1. 描述名称：城镇、城市、县、地区、州

2. 描述位置：城镇和县的地理位置

3. 社区简要历史与描述：自然特征、重大经济活动、特殊景点

4. 增长或城镇规模概要

1）2000 年全县人口；

2）1980 年、1990 年、2000 年的社区人口；

3）1990 ~ 2000 年人口增长或下降百分比；

4）少数族裔人口（如可能，按组别分列）；

5）未来人口估计。

5. 住房概要

1）社区住房总套数；

2）破旧住房总套数；

3）20 世纪 90 年代、21 世纪初这两个 10 年住房套数增长或减少的百分比。

6. 城镇政府形式（概述城镇章程中规定的城镇政府的权力与职责）

7. 城镇管理者、镇长或镇办公室的姓名与地址

8. 概述社区在过去五年由州或联邦政府拨款的所有重大项目

9. 总结由州或联邦政府为社区在学区、医院、特别区、政府部门等方面提供的其他援助

二、地方收入与财政权力

1. 社区财政信息

1）一般性收入_____美元；

2）一般性支出_____美元；

3）基本建设费用_____美元；

4）目前偿债额_____美元；

5）年终平均现金结余_____美元。

2. 债券债务

1）税收支持的债务_____美元；

2）自收自支的债务_____美元；

3）未使用的一般债务债券（极限额度百分比）_____美元；

4）未使用的特殊债务债券（极限额度百分比）_____美元。

3. 预算拨款（提供按项目领域分列的社区预算分配百分比与金额细目）

1）治安_____美元；

2）公园_____美元；

3）学校_____美元；

4）消防_____美元；

5）其他_____美元。

三、教育与社会活动

1. 学校与教育

1）K-12年级注册学生数_____；

2）每间教室的学生数（平均）_____；

3）每名学生的教师人数_____；

4）描述社区内提供的所有职业培训

_____。

2. 社会活动

1）公园的数量与面积

_____；

59

2）描述其他可用的娱乐设施

_____；

3）描述社区现有的社会或文化活动

_____。

地理与历史概述

习惯上，社区规划的开始是通过简述社区历史和地理向读者介绍社区。地理与历史信息可帮助读者从时间和区位两个方面了解社区的地位。例如，这个城镇存在的最初原因是什么？今天这个城镇的作用是什么？区域环境让人们能够洞察未来。例如，一个城镇邻近主要零售中心，这可能会影响城镇未来的零售业规划。描述应简明扼要，并为城镇规划的人口、经济基础、当地环境、住房和土地利用等各分项做好准备。

地理

这个部分介绍社区的地理位置及其周围环境。我们建议你同时提供书面描述和不超过三幅图。最好在州参考地图（图6-1）上突出显示社区以及主要的交通联系、水路或邻近城镇。第二幅图显示社区在县域内的位置，这可能有助于将读者与这一地区联系起来。第三幅图可以显示社区的边界、公路、大型公园或水路以及指北针方向。补充材料6-1是一个地理位置描述示例。

有许多组织和机构可以提供物理特征和位置的描述。当地商会或任何一个旅游团体通常都会向公众发布这些信息。自然资源保护署也可协助查明实际信息。如果你需要更多信息，请联系州渔猎委员会（state fish and game commission）、地区陆军工程兵团或当地高校。请务必咨询当地图书馆，并进行计算机在线搜索。

历史

社区历史可以与上述地理信息一起出现，也可以单独作为一个部分出现。历史可以纲要或概述的形式出现（见补充

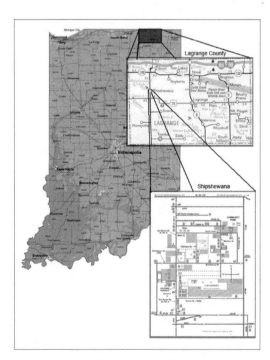

图6-1　社区在州参考地图上的位置

图片由克里斯托弗·伊顿（Christopher Eaton）提供。

60

材料6-2和补充材料6-3）。纲要应仅包括社区生活中最重要的日期与活动。历史建筑和遗址是当地旅游业焦点的城镇，应在城镇规划中有精心设计的历史部分。对于这些社区，历史部分应提供当地历史资产的详细目录和评估情况。

补充材料6-1　地理位置描述示例

希尔县（Hill County）位于堪萨斯州中南部。斯凯威（Skyway）镇位于县域南部，在县城——希尔城南20英里处。斯凯威镇坐落在海拔约450英尺的高原上。卡斯河（Cass River）与城镇西部边界接壤。斯凯威镇由14号和58号县公路提供服务，向南通往俄克拉何马州或9号州际公路，交通便利。

补充材料6-2　历史纲要示例

1859年，阿尔弗雷德·斯凯威（Alfred Skyway）率领一群瑞典移民定居斯凯威。

1867年，堪萨斯太平洋铁路公司（Kansas Pacific Railroad）来到斯凯威。

1882年，世纪大洪水摧毁了半个社区。

1886年，斯凯威在高地上重建，并随着新科尔森圣经学院（New Colson Bible College）的建立而兴盛起来；斯凯威建制为社区。

1889年，第一座工厂斯凯威棺材公司（Skyway Casket Company）建成。

1911年，人口达到3400人，创历史新高。

1924年，主要农作物歉收，社区人口和资源减少。

1931年，圣经学院关闭；人口进一步减少。

1942年，附近建立了军事基地。

1943年，随着军队家庭的涌入，城镇人口增加到3300人。

1947年，军事基地关闭；斯凯威人口减少至2000人。

1957年，堪萨斯太平洋铁路公司停止运营。

1966年，新农业产业在斯凯威落户。

1980年，人口减少至1800人。

2000年，人口稳定在1809人。

　　几个世纪以来，斯凯威地区一直是平原印第安（Plains Indian）部落的聚居地，卡斯河是早期堪萨斯商人的一条重要路线。然而，直到 19 世纪中叶，永久定居点才出现。伐木工人在 19 世纪 50 年代初首次迁入这个地区，建立了几家锯木厂。1859 年，一群瑞典移民在阿尔弗雷德·斯凯威的率领下来到这里。斯凯威，即"木材之城"（City of Wood），最初被称为纳尔逊镇（Nelson Town），后来被称为卡斯威尔（Cassville），直到 1886 年才正式建制为斯凯威镇。

　　1889 年，斯凯威棺材公司在斯凯威建立了第一家工厂。这家公司是斯凯威镇的主要雇主，在 1882 年的一场洪水摧毁了半个社区后，帮助斯凯威镇重新站起来了。在重建期间，斯凯威镇迁移到河流上游地势较高的地方，没有再遭到洪水破坏。1886 年，新科尔森圣经学院在斯凯威镇向 180 名神学学生敞开大门。1911 年，斯凯威镇的人口达到了 3400 人的历史最高水平，但是 1924 年发生了地区性农作物歉收，最终导致圣经学院于 1931 年关闭。

　　第二次世界大战期间，在斯凯威镇驾车距离范围内建立了一个军事基地。随着家庭和服务的涌入，社区再次繁荣起来。基地于 1947 年关闭；此后，斯凯威镇成功地吸引了几家小型企业，使就业和人口保持稳定。

　　撰写过社区历史研究报告的服务团体，如妇女选民联盟（League of Women Voters）等，可以为历史概述提供信息。当地或县历史学会也是一个宝贵的信息来源，他们可能希望帮助准备这部分内容。另外两个信息来源是当地的图书管理员和报纸。图书管理员可能会引导你查阅现有的书面摘要；当地报纸档案往往能提供丰富的历史信息资源。

　　如果城镇很小，而且只有粗略的历史信息，则可以刊登广告寻求当地居民的帮助，他们可能有相关记录和知识来完善这部分内容。

小　结

　　对社区地理、历史和显著特征的简要概述有助于将社区置于时间和区位背景中。这一部分应向读者介绍社区为何存在、如何开始、当地人口与经济基础的近期趋势，以及未来前景等。

第7章

人口特征及预测

引　言

　　城镇规划的核心是估计当前社区的总人口、人口特征（例如，年龄分布、性别、家庭规模和种族等）以及预测未来人口。所有其他规划内容都取决于对现有和不断变化的人口特征以及未来人口需求的评估。人口特征反映了当地劳动力情况，对于规划经济发展和估算新工人的可负担性住房需求至关重要。人口增长或下降以及人口构成提醒地方政府，要预测对各种土地利用以及社区设施与服务的需求。此外，大多数州和联邦政府拨款项目也都依赖于当地的人口数量和预测。

　　本章介绍的人口分析和预测方法并不难。你将需要常识，需要一些从互联网检索数据的技能，并且需要了解如何在计算机电子制表软件（如 Microsoft Excel®）中整理数据。这些方法应该足以分析一个正处于人口正常增长、人口稳定甚至是中度人口流失的城镇。在一个正在快速增长（每年超过 3%）的社区，很难预测新移民的数量。在这方面，社区应聘用一名规划顾问，来估计未来人口以及对土地利用和社区设施的相关需求。快速增长的社区给规划人员和民选官员带来了特殊的困难。这些社区通常位于大都市区的通勤距离内，靠近州际公路，或拥有可促进旅游业和娱乐业的自然环境和建成环境。快速增长带来的许多问题都涉及需要不断提高基础设施和服务的能力，以满足人口不断增长的需求，例如，废水处理，饮用水供应和处理，消防、警察和应急服务，交通管理，以及公园和娱乐区等。

查询和利用人口信息

美国人口普查局

　　收集数据是了解社区人口的第一步，非常重要。美国人口普查局（U.S. Census Bureau）在每个十年结束时进行一次全国人口统计，并提供人口预测和估计。美国人口普查局几乎将其所有信息都发布在互联网（www.census.gov）上。关于 2000 年人口普查有两个特别有用的网站，分别是州县快讯（State & County QuickFacts）和美国实况调查

（American FactFinder）。

在美国人口普查网站美国实况调查栏目的"人与基本统计 / 人口"（People and Basic Counts/Population）项下，有一个人口普查"摘要文件"（Summary Files），你可以在那里找到人口估计和预测所需的几乎所有数据。你所在的州、县（教区、自治市或人口普查区）和当地社区均可获得这些信息。在美国人口普查网站美国实况调查栏目的"十年一次普查"（Decennial Census）项下，也可查阅 1990 年人口普查的数据。人口普查数据和历史人口数据也可在你当地或地区图书馆找到。在《美国人口与住房普查：人口与住房特征摘要》（*U.S. Census of Population and Housing: Summary Population and Housing Characteristics*）和《美国人口与住房普查：人口总体特征》（*U.S. Census of Population and Housing: General Population Characteristics*）中，可查询你所在州和你感兴趣的那十年的信息。虽然现在有各种规模社区的详细人口数据，但在过去的人口普查中，居民人口少于 2500 人的社区只有有限的数据可用。

关于小型社区的详细人口信息还有另外一个来源：可以从许多地区图书馆的美国人口普查局光盘上获得，或者直接从美国人口普查局的数据用户服务部获得。你可以直接将光盘中的单个文件复制到笔记本电脑中，带回社区。然后，你可以将详细数据转移到计算机电子制表软件或数据库程序中，进行进一步分析。

美国人口普查局发布的 2000 年信息包括以下内容：

- 你所在城镇的人口数量。
- 女性和男性人口数量。
- 按种族和西班牙裔分列的人口数量。
- 家庭数量。
- 居住在集体宿舍或机构中的人数。
- 已婚夫妇和家庭的数量。
- 每户平均人数。
- 人口中位年龄。
- 按性别和年龄组分列的人口数量。

州与地区信息来源

许多州已将州和社区的人口特征发布在互联网上。这些互联网网站包含关于小城镇和农村地区的大量数据，这些数据在其他地方都找不到。互联网搜索会找到一些网站；你可以通过将网址（Universal Resource Locator，即 URL）定位到州门户网站来查找其他资源。州门户网站通常采用 www.nameofthestate.gov 的形式。由于其中许多网站是由特定的州公立大学托管的，开始搜索数据的主门户为 www.nameoftheuniversity.edu 形式的网址。

对于大多数居民少于 2500 人的城镇，你也可以通过联系州社区事务部、州赠地大学、县规划办公室或区域规划机构等，来查找人口信息。

当地信息来源

不要忽视当地的人口信息资源。首先，查清县域信息来源。许多县根据财产税收入或机动车登记情况来收集年度人口数据。请谨慎使用这些数据，并请你所在县的书记员、会计或税务评估师 / 估价师等解释他们的收集方法。这些数据中有些相当不错，但存在低估老年人、军人和贫困人口的危险。要将这些人口数据与其他来源进行比较，如选民登记、县卫生部门统计数据或社会服务信息等。许多农村县现在通过 GIS 数据库绘图程序来管理人口数据，这些数据通常非常可靠。

当地学区可以提供按学校年级分列的 18 岁以下人口的数量和年龄信息，并可能提供用于估计未来入学人数的人口预测。因为所有学区都向州教育委员会或教育部门报告入学情况，所以你可能需要联系州教育机构，以获取附近社区或县的人口与年龄数据，这样就有了比较的基础。大多数州的 12 年制学校的入学人数和学生特征现在均已实现数字化，并通过互联网向公众开放。怀俄明州就是一个很好的例子。怀俄明州教育部（ Wyoming State Department of Education ）拥有一个翔实的数据库（ www.k12.wy.us ），其中包括按性别和种族分列的学生入学人数，以及学校历年入学人数。

小型社区也可能有良好的间接人口信息来源。例如，大多数人口超过 1000 人的社区都对供水、排水甚至电力和天然气的使用进行集中的计算机计费。只需对这些信息进行简单的计算机分类，就可以将家庭用户、商业以及制造业用户区分开来。未连接服务的家庭通常很容易确定，你可以随后将其添加到人口基数中。

你也可以将所在社区的住户数量与 2000 年人口普查报告的住房数量进行比较。要根据自 1999 年以来的新住户或空置住房套数来调整差异（2000 年人口普查的住户实际是在 1999 年或更早时统计的）。最后，将住户数量乘以家庭规模中位数，家庭规模中位数可在 2000 年美国人口与住房普查中查到。这样你就能合理估计出社区的人口总数。

一个社区可能非常小（500 ~ 1000 名居民），因此你可以根据财产税登记表、学校入学情况和其他公共信息来源构建人口与年龄记录。这项工作并不轻松，也不是获得人口统计的首选方法。在没有其他数据源可用的情况下，这是在极小社区中起作用的最后手段。

私人与特殊利益团体的人口信息来源

受益于互联网的发展，来自私营公司、政府机构和教育机构的数据均以数字形式存在。有些互联网资料库免费向公众开放；有些则要求你免费加入；还有一些是收费的。一个名为美国农业部经济研究处的公共机构（www.ers.usda.gov），可能是专注于农业和农村研究的主要特殊利益网站。他们关于美国农村状况的报告为所有编制农村地区社区或县域规划的人提供了重要的背景信息。还有一个特殊利益机构的信息来源，是得克萨斯州农工大学（Texas A&M University）的房地产中心（http：//recenter.tamu.edu/data）。这个网站允许你研究美国的人口、住房数量、建筑许可证和可负担性住房等数据。

位于华盛顿特区的伍兹普尔经济有限公司（Woods & Poole Economic，Inc.），是一家专门提供当地人口估算数据库的私营公司。这家公司提供了从当前年份到2030年的人口和许多经济变量的预测。这个网站是收费的。

人口特征

城镇规划的人口分项应包括几个简单的表格，其中包括来自社区人口普查的描述性数据。为了帮助你了解所在社区的人口特征，我们建议你收集所在州、县以及社区的数据，然后比较这些地方的人口特征。第一个表格应说明家庭类型和数量，包括平均家庭规模。第二个表格应描述社会特征，如受教育程度、种族、残疾状况，以及居民是否出生于外国或在国内讲英语以外的语言。第三个表格应包括关于家庭收入和贫困线以下家庭的数据。

每个表格均应附有几句话，总结数据并将其与县和州进行比较。这些信息将在帮助确定社区对可负担性住房、公共服务和老年人援助等方面需求时提供重要指导。

人口金字塔

了解当地人口的一个关键步骤是建立一个人口金字塔，人口金字塔显示了社区中人口的年龄和性别分布情况。**人口金字塔**（population pyramid）是一系列位于水平轴上的条形图。表明人口组成合理而有活力的人口金字塔将有大量的儿童和年轻人，老年人的数量则少得多。

图7-1和图7-2是堪萨斯州两个农村县人口金字塔实例。左侧条形图代表男性，右侧条形图代表女性。在这个例子中，18个条形图中的每一个均代表一个4岁年龄组，称为**群组**（cohort），从出生到4岁开始，到85岁及以上结束。横轴表示每个群组占总人口的百分比。

用于生成金字塔的数据来自《2000年美国人口和住房普查》（*U.S. Census of Population and Housing, 2000*）。特里戈县（Trego County，图7-1）的总人口为3319人，从1990 ~ 2000年，这个县失去了10%的人口。芬尼县（Finney County，图7-2）2000年总人口为40523人，比1990年增加了22%。在特里戈县，近50%的人口年龄在50岁或50岁以上。

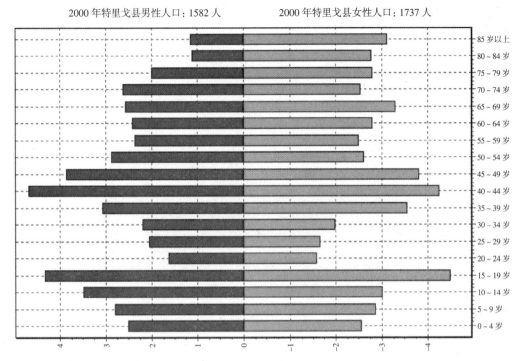

2000 年特里戈县男性人口：1582 人　　　　2000 年特里戈县女性人口：1737 人

图 7-1　堪萨斯州特里戈县的人口金字塔

资料来源：爱荷华州立大学社会与经济趋势分析办公室，《按年龄与性别分列的人口百分比》(www.seta.iastate.edu)。

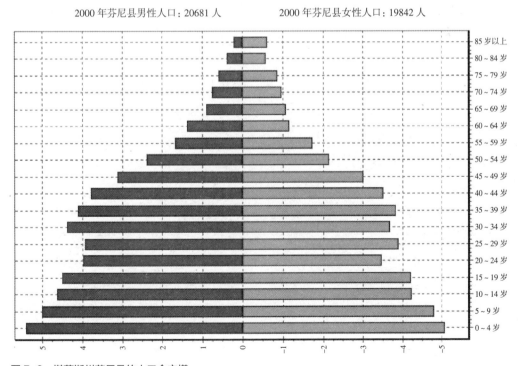

2000 年芬尼县男性人口：20681 人　　　　2000 年芬尼县女性人口：19842 人

图 7-2　堪萨斯州芬尼县的人口金字塔

资料来源：爱荷华州立大学社会与经济趋势分析办公室，《按年龄与性别分列的人口百分比》(www.seta.iastate.edu)。

芬尼县的图形更像一个金字塔形，人口分布比特里戈县更年轻化，也更稳定。

收集建立人口模型的必要数据，或尝试搜索众多大学或州数据库中的一个，这些数据将为县和城镇生成人口金字塔。你还可以利用许多常用软件包，如微软电子表格等，来生成人口金字塔。你可能希望为所在县生成一个人口金字塔模型，以便将社区的人口分布与所在地区的人口分布进行比较。

人口金字塔的有效性基于两个假设。首先，社区的存在是为了满足其居民的需求。政府或准政府机构通过提供学校、道路、排水与供水系统、公园、治安与消防等来满足这些需求。零售机构、服务型企业、医疗保健设施和非营利组织等，也为当地居民提供一系列商品和服务。其次，人们的需求和期望会随着年龄的增长而变化。例如，一个社区中位年龄呈上升趋势，这可能意味着社区应该提供更多的保健诊所、退休综合设施、养老院和老年人交通工具等。相比之下，青年群体庞大则可能表明需要一个青年中心或更多的公园设施。这些需求均应在城镇规划中进行讨论。

看看所在社区的人口金字塔，你应该提出几个问题。例如，特里戈县的人口金字塔可能会显示以下结论：

• 14 岁以下儿童的数量似乎正在减少。学校入学率的下降可能导致学校最终与邻近学区的学校合并。

• 15 ~ 19 岁的年轻人数量正在增加。这表明需要留住这些人口，或许可借助于两年制的培训和技术学院。地方中等教育是一个可以转化为经济和劳动力机会的关键优势。

• 20 ~ 30 岁年龄组的活力明显在丧失。这表明高中毕业生为接受高等教育或更好的工作机会而向外迁移。就业初期劳动力的减少使得招募新公司变得更加困难，这些公司要依赖稳定的男性和女性劳动力供应。从 2006 年开始，"婴儿潮一代"开始步入 60 岁，并将在未来几年内寻求退休。出生率下降、入学率下降、人口过度外迁和老年居民人数过多，将继续使特里戈县人口减少。如果这个县要恢复活力，现在是时候认真考虑通往未来的新道路了。

芬尼县的人口金字塔可能会显示以下问题：

• 为什么人们会迁入芬尼县？这种迁入现象有可能持续下去吗？人口不断增长意味着经济发展机会更多。芬尼县将如何为不断增长的人口提供更多的公共服务？

• 芬尼县 25 ~ 44 岁年龄组的人口比例相对较大。这些人大多是有孩子的父母。这表明当地经济和学校均保持稳定。这种情况可能会持续多久？

• 人口增长将对供水和开放空间、自然资源以及整体生活质量产生什么影响？

人口预测

许多规模在 1000 ~ 2500 人之间的社区人口相当稳定，在过去 20 年中有轻微至中度增长。对于那些位于大都市区域内或大都市区通勤距离内的社区，或者拥有较好便利设施的社区，这一点尤其正确。人口在 1000 ~ 2500 人之间的偏远农村社区往往更有可能出现轻微或中度人口减少的迹象，特别是在严重依赖农业的地区。

农村社区的就业机会往往有限，而且有从制造业转向服务业的趋势。有限的经济基础迫使许多年轻人离开社区寻求就业，这影响了许多社区的人口结构。尽管年轻人有机会离开家乡去接受进一步的教育或培训是可取的，但对于他们来说，由于缺少可负担性住房、维持生计的工资或适当的中学后培训而离开家乡的做法并不可取。

如果你所在社区的人口有轻微或中度的增长或下降，请使用简单的**趋势线法**（trend-line method）来预测未来的人口水平。趋势线法假定你可以根据过去的趋势来准确地预测未来人口水平。我们建议你对未来大约 20 年的人口进行预测，并使用过去 30 年的人口数据作为趋势分析依据。编制一个表格来比较人口随时间的变化情况（表 7-1），然后在电子表格中绘制相应年份的人口趋势图（图 7-3）。

将数据输入电子制表软件的单元格后，请参考软件说明来绘制数据点（图 7-3）。要利用 Microsoft Excel® 等电子表格，请参阅有关如何为未来数据点投射数据的说明。如果你使用 Excel®，请将单元格格式化为"预测"（FORECAST）。这将根据你提供的过去数据点，按照直线趋势预测一组未来数值。更简单一点的方法是，突出显示现有数据点的单元格，然后在单元格中最后一个数据点下角用鼠标指针在电子表格中绘制突出显示的单元格，也可由上往下绘制，具体取决于你输入数据的方式。此方法以线性方式计算众数据点到数据点的变化增量。

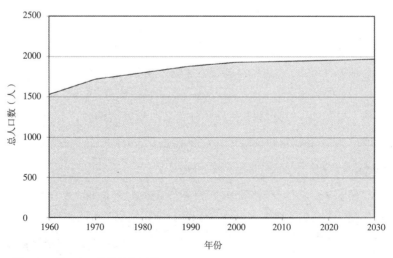

图 7-3　社区人口趋势线预测图

图片由詹姆斯·塞吉迪提供。

历史人口数据示例	表 7-1
总人口	年份
1530 人	1960 年
1720 人	1970 年
1800 人	1980 年
1880 人	1990 年
1930 人	2000 年

图 7-4 是使用块点法（block-and-point method）后的电子表格截屏。已知的数据点是 1960 ～ 2000 年的人口普查年份，以及从 2010 年开始至 2040 年的预测年份。在这个特定案例中，数据显示，这个社区平均每十年流失 341 人。

切勿认为这种线性预测具有很高的准确度，尤其是预测的时间越久，准确度越不高。尽管如此，这种趋势分析可以成为制定一个现实的人口预测的起点。在大多数衰退的社区，人口流失在某个时候会趋于稳定。如果你的社区有充分的理由相信，由于预期的新基础设施、就业机会、旅游业或其他因素，人口可能会在不久的将来趋于平稳或反弹，你可以相应地调整预测。人口预测既是一门科学，也是一门艺术，而且只是有根据的猜测。

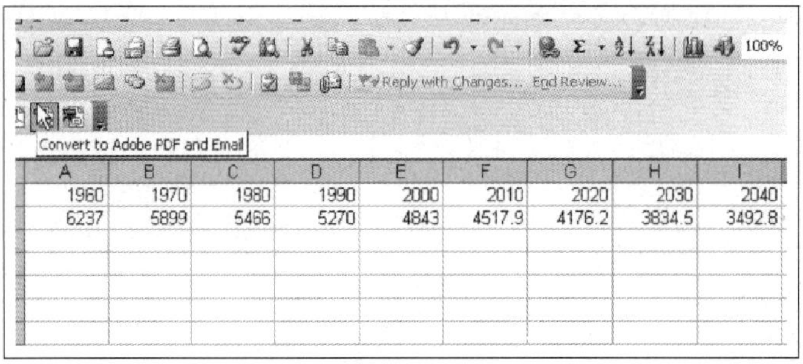

图 7-4 1960 ～ 2040 年的人口数据电子表格

相比之下，表 7-1 中的数据显示人口有适度但健康的增长。此社区每十年增加约 100 人。人口增长可能是社区内正在发生新的经济活动的一个信号，而不是出生人数超过死亡人数的结果。新的经济活动正在吸引新居民。

图 7-5 中标记为"A"的趋势线是伊利诺伊州农村社区的一个例子，这个社区在 1930 ～ 1960 年间缓慢衰退，然后自 1960 年以来稳定。同样，如果过去的影响持续到未来，人口是相对容易估计的。另一方面，标记为"B"的趋势线显示，密苏里州的一个农村社区人口增长相当迅速，社区在 1960 ～ 1980 年间经历了人口从大都市区迁移到农村的过程，然后趋于稳定。在这个例子中，无论是简单的平均增长技术还是趋势线法都不会非常准确，因为人口迁入显然推动了人口增长。

人口预测也可以手工计算。对于人口增长缓慢或人口流失的社区，建议采用简单的算术预测法。先计算所考虑的过去每个十年人口增加或减少的数量，然后加起来除以十年的个数。例如，如果一个城镇人口为 1000 人，在过去 30 年（到 2000 年）中每十年平均增加 50 人，则 2020 年的预测人口将是 1100 人。算术预测法假定人口每十年增长（或减少）的平均人数与过去相同。

对于人口快速增长的社区，可考虑使用几何投影法，这种方法将未来人口数量建立在与过去相同增长率的基础上。对于所考虑的过去每一个十年，计算增长率的方法是：用下一个十年的人口数量减去前一个十年的人口数量，再除以前一个十年的人口数，即得到增长率百分比。将每个十年的增长率相加，再除以十年的个数。然后就可以利用所得结果绘制未来的投影。例如，如果一个城镇人口为 1000 人，在过去 30 年（到 2000 年）中平均每十年增长 10%，那么 2020 年的人口预测将是 1210 人。

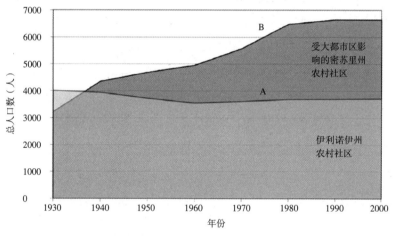

图 7-5 农村社区的两种常见增长趋势
图片由詹姆斯·塞吉迪提供。

补充材料 7-1 群组存续法

人口预测的另一种方法是**群组存续法（cohort survival）**。这个方法假定，随着时间的推移，社区中的年龄组或人群会相应变老，因此可以估算出未来 10 年或 20 年的人口数量。我们建议大多数小城镇不要采用这种方法，因为这种方法无法说明社区人口的迁入和迁出情况。群组调查法假定几乎没有人迁入或迁出社区。然而，即使是农村社区也可能具有高度流动性，其人口也可能迅速变化。相比群组存续法，趋势线法、算术预测法和几何投影法进行人口预测提供的估算可能更准确。

人口趋势比较

为了帮助你充分了解社区的人口变化，你可以收集所在州、县和附近社区的数据，然后将社区的人口特征与其他地方的人口特征进行比较。这样做的目的是确定社区与附近社区、县和州的人口趋势是否相似或有所不同。

你所在县和邻近社区的人口趋势为你所在社区提供了基准。请自问以下问题：

- "与县和附近社区相比，我所在社区的人口增长是更快还是更慢，或是差不多？"
- "与县和附近社区相比，我所在社区的人口下降是更快还是更慢，或是差不多？"

你可能想要探究一下，为什么所在社区的人口增长或下降比你所在的县或附近社区更快或更慢。利用 1980 ~ 2000 年人口普查网站和出版物中的数字来找到总人口、年龄和家庭规模。1990 年和 2000 年的人口普查是以数字形式在互联网上保存的；1980 年人口普查则是以纸质、光盘和缩微胶片的形式保存的。

要特别注意这几十年的中位数年龄。你所在社区、县和附近社区的人口中位数年龄是否有显著差异？请记住，中位数年龄不是平均年龄。中位数年龄表示一半人口比中位数年龄大，一半人口比中位数年龄小。2005 年，美国男性的中位数年龄估计为 34.9 岁，女性为 37.6 岁，而美国总人口中位数年龄为 37.6 岁。中位数年龄在 32 岁以下，表明社区中年轻人所占比例很大。另一方面，中位数年龄超过 40 岁，则表示社区中有很大一部分人接近或已经退休，而且年轻人外迁比例可能很高。

解读人口信息：为什么小城镇会增长、衰退或保持稳定？

处于增长中的小城镇

小城镇人口增长的部分来源是迁入人口，其原因是社区处于大城市或政府工作地点的通勤距离内，自然资源开发的增加，以及旅游业的发展。不过，每种增长形式都有其优缺点。受大都市影响的增长可能意味着新家庭和新企业带来的经济增长，但增长也会意味着新来者和长期居民之间的社会冲突和价值观矛盾。通常，新来者希望减缓开发，保持现状，即使他们是社区变革的推动者。住房需求的增加可能会推高房价和租金，使其超出长期居民或其子女的承受能力。

人口越多意味着对公共服务的需求越大。这些服务（如学校、排水与供水设施以及治安与消防等）都是"成片的"，因为一个城镇可以在不增加服务的情况下增加几百或几千名居民，但是，一旦人口超过临界值，则必须提供新的服务，比如新的小学或增加警力等。相应地，地方税收也必须提高，才能支付增加的服务费用。较多的人口也给当地环境带来更大压力。随着新住宅、办公空间和商店的建成，开放空间和野生动物栖息地消失了。

在偏远地区，采矿业或林业等自然资源开发的突然激增，可带来快速的人口变化、显著增加的税收和新的社区活力。这种快速增长也会导致政府和财政为提供新的学校和基础设施而产生严重压力。部分压力还来自预测繁荣过后可能会出现的"萧条"时期。

从积极方面来看，一个不断增长的社区通常会扩大税基，使当地经济和就业机会多样化。更多的当地活动和餐饮与购物场所就会出现。新来者带来的多样性会令人耳目一新。

一方面是经济和人口的增长，一方面是赋予小城镇极大魅力与吸引力的自然与建成环境，处于增长中的社区所面临的挑战就是在二者之间取得平衡。能够实现这一平衡的社区很可能就是未来最理想的居住地。否则，处于增长中的小城镇，特别是那些在大都市通勤距离内的小城镇，就有可能被发展淹没，使城镇变成"美国任何地方"（Anywhere USA）。

处于衰落中的小城镇

表 7-2 列出了小型社区增长和衰落的常见原因。小城镇衰落的原因往往比促进增长的因素更为微妙。但是，也有一些值得注意的例外情况。军事基地的关闭或大型私营企业的倒闭，对其所在的小城镇都是一个迅速而毁灭性的打击，单一产业的小城镇更是如此。小城镇衰落的其他原因还包括：区域经济结构调整，自然资源流失，以及作为零售和服务中心的重要性下降等。

小城镇人口减少和增长的常见原因 表 7-2

下降	增长
制造业衰落	新技术
自然资源基础丧失	自然资源开发
地区人口流失	大都市人口外溢
贸易区域格局向地区中心转移	作为地区中心增长
交通路线与模式发生改变	新交通模式
主要雇主流失或小企业萎缩	主街振兴
季节性就业	旅游业
社区服务能力丧失	娱乐资源
领导不力	领导得力
没有规划应对变化	有规划应对变化

在美国大部分地区，小城镇为农场、牧场或更小的边远城镇等组成的大区域提供服务。经济衰退、长期人口外流，或区域内的银行、制造业和服务业流失等，都将改变贸易区的经济结构。数十年来，木材或鱼类、石油、天然气或煤炭资源的减少，往往意味着人口缓慢但肯定会下降。通常，社区会失去其历史重要性。有些社区最初是采矿中心、渔

港、铁路中心、养牛场或娱乐中心。社会习惯、技术和全球市场等不断发生变化，使这些社区无法留住人口，也不能产生新的社区目标。

多种因素可能共同导致城镇人口减少，诸如领导不善、外观破旧，以及缺乏社区再投资等。在基于地方利益的民主制度中，我们得偿所愿。"破败综合征"（seedy syndrome）的最佳例子出现在罗恩·鲍尔斯的《乡愁》一书中：

> "开罗（伊利诺伊州）已经奄奄一息，但它不是简单地死去，而是缓慢而卑微地死去。事实上，开罗已经垂死挣扎了一百七十多年，它从1818年艰难诞生的那一刻起就在死去，死于各种疾病：人类的、经济的、自然力的，只要是小城镇能想到的、能沾惹上的疾病，都有。固守某种生存状态的能力并没有使开罗变得高贵，反而加重了其凶险的气氛。"[1]

这些"运气不佳"的社区散布在美国各地。在有些地方，似乎城镇中每个人都是专营旧货商，或是在收集生锈的小货车。在这些地方，离开城镇比来到城镇更令人愉快。正如比尔·布莱森（Bill Bryson）在《失落的大陆》（The Lost Continent）中解释的那样：

> "美国人从未真正领会到，你可以生活在一个地方而不使其变丑，美丽不必限制在栅栏后面，在他们心目中，国家公园仿佛就是大自然的动物园。当我驶入加特林堡（Gatlinburg）时，丑陋强化到登峰造极的地步，这个社区显然一直在孜孜不倦地试图重新定义糟糕品味的下限，粗俗低劣之极。"[2]

人口稳定的社区

有些小城镇在很长一段时间里几乎保持同样的规模。这些小城镇的出生人数仍然多于死亡人数，而且有轻微的净迁入，这使城镇规模几乎保持不变。人口稳定的社区主要有两种类型。第一种类型社区人口随着时间的推移缓慢增长。地方经济发展活动和一点好运气是这些社区的共同点。第二种类型社区人口随时间波动很小。这些小城镇现在的规模与20世纪70年代大致相同。是什么使这些社区保持人口稳定呢？也许这些小城镇是县政府所在地，或者城镇的主要产业是保持稳定就业基础的家族企业。在有些情况下，一所小型大学可能是主要的雇主，或者城镇也可能是区域中心的卧室社区。

人口分项构成

在城镇规划人口分项中，要提供所有的人口信息与分析以及书面描述。可考虑将这

补充材料 7-2　查看全国人口趋势和预测及其对小城镇的影响

　　美国准备在未来的 20 ～ 40 年中经历重大的人口变化。2006 年，美国人口达到
3 亿人。美国人口普查局估计，到 2050 年，美国人口可能超过 4 亿人。这意味着许
多大都市区可能会继续扩张，吞没数十个小城镇，并吸引许多其他城镇进入大都市
地区的通勤距离范围内。

　　从 2003 年开始，美国人口普查局开始确定"微都市"（micropolitan）区域，即
人口和经济活动都在增长的非大都市县。图 7-6 以深色表示美国的微都市区域。
图 7-6 中的浅色区域为人口稀少、经济活动相对较少的偏远农村地区。白色区域
是美国的大都市地区，居住着五分之四的美国人。一般来说，大都市区的小城镇和
微都市区均没有人口减少的危险，而是将面临容纳越来越多居民的需求。在未来
20 ～ 30 年，偏远农村地区的许多小城镇将难以维持其人口水平。

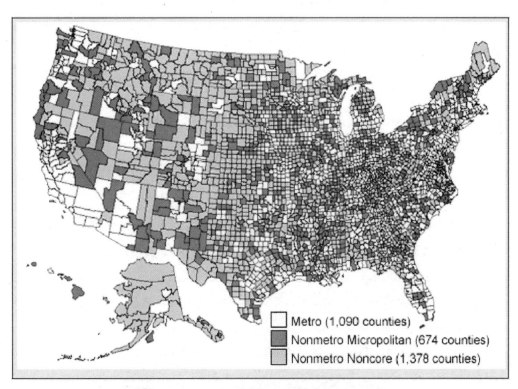

图 7-6　2003 年美国的大都市地区、非大都市的微都市地区和非大都市非核心地区

图片来源: 美国农业部（U.S. Department of Agriculture）经济研究处（Economic Research Service），数据来自美国
人口普查局。有关更多信息，请参阅美国人口普查局网站上的大都市区与微都市统计区域（Metropolitan and Micropolitan
Statistical Areas）。新旧统计区域的定义、地图和名单均有提供。可下载一份 Excel 文件，其中包含按县分列的现状大都市
区和微都市区。

一分项分为三个部分：

1. 历史人口趋势。

2. 现有人口。

3. 未来人口。

可利用图示和描述性表格（表7-1和图7-3）对人口分项这三部分内容进行比较。这将使公众更好地了解人口趋势。最后，总结人口研究的主要结果和对未来规划的影响。补充材料7-3和补充材料7-4为描述示例。

请注意，排斥或阻止人们居住在你的社区是违法的。美国宪法第十四修正案保护公民的"自由出行权"，即在任何社区居住的权利。另一方面，限制城镇在一年内发放的住房建设许可证数量是合法的，这是控制人口增长和发展速度的一种方式。

补充材料7-3　人口描述示例

截至2000年人口普查，堪萨斯州斯科特市（Scott City）有3855名居民，目前估计2006年的人口为3785人。斯科特市人口在1990年为4154人，在1980年为4691人。这意味着在过去25年里减少了906名居民，即人口下降了19.3%。劳动适龄人口及其家庭的外迁，加上低出生率，很可能是造成人口减少的主要原因。近年来，斯科特市和斯科特县的居民都在减少，而所在州的人口则略有增加。

按百分比计算，斯科特市的受抚养人口高于斯科特县或所在州。斯科特市年龄在15岁以下和65岁以上的人口加起来大约为34%，与之形成对比的是，全县或全州的这一群体比例约为22%。高比例的受抚养人口比更均衡的人口需要更多昂贵的服务，如公共教育和卫生保健服务等。

有理由认为，斯科特市和斯科特县的人口在可预见的未来将继续减少。老年人口比例高、出生率低和人口净外流等趋势，很可能在未来20年持续下去。大多数邻近社区都显示出人口持续减少、入学率下降和老龄化的迹象。

斯科特市可能无法实现人口更新。斯科特市不具备任何与增长相关的传统市场驱动因素：靠近大都市区、可便捷进入的州际公路、自然资源或旅游资产等。斯科特市的目的必须是达到可持续的人口水平。我们不能失去住房基础、医疗设施、城镇中心和老年设施。我们的地方政府和私营部门必须愿意投资于经济发展活动，以增加财富、就业机会和其他社区资产。人口增长的最大潜力来自两方面：在斯科特市长大并决定留在这里的年轻人，以及居住在其他地区而选择在这里退休养老的老年夫妇。

补充材料 7-4　人口稳定的社区

佛蒙特州切尔西镇（Town of Chelsea）成立于 1781 年，是奥兰治县（Orange County）政府所在地，位于佛蒙特州的中东部地区。城镇占地 40 平方英里，即 2.5 万英亩多一点。切尔西村是镇上唯一的人口中心。

在 2000 年人口普查时，切尔西镇人口为 1250 人。这比 1990 年人口普查时增加了 84 名居民。20 世纪 90 年代，切尔西镇的人口增长了 8.4%，而整个奥兰治县的人口增长了 3.5%，佛蒙特州的人口增长了 8.2%。1980 年，切尔西镇有 1091 名居民，1970 年有 983 名。在可预见的未来，切尔西镇的人口增长率有望继续保持在低至中等水平。城镇位于南罗亚尔顿（South Royalton）通勤距离范围内，南罗亚尔顿由于有佛蒙特法学院（Vermont Law School）以及毗邻 89 号州际公路（Interstate 89）而一直处于增长状态。此外，切尔西镇的许多居民要长途通勤到大蒙彼利埃（greater Montpelier）上班。

2000 年，切尔西镇的人口中 98% 是白人。人口包括 495 个家庭和 324 个家族。四分之一的人口年龄在 18 岁以下，81% 的人口年龄在 65 岁以下。城镇的中位数年龄为 42 岁，老年居民数量自 1990 年人口普查以来一直在增加。这一中位数年龄表明，城镇可能需要探索是否要为日益增长的老年人口提供医疗保健服务和老年中心。

资料来源：《佛蒙特州切尔西镇综合规划》，2004 年。

成功管理小城镇人口变化的关键在于**阶段性人口变化**（phased population change），这使社区的增长能力与其提供充足公共服务的潜力相匹配。在你的城镇规划中要清楚地说明，公共服务需求将尽快得到满足。如果你打算进行任何阶段性的开发控制，则必须有明确的理由和行动计划。开发商和投资者通常会制定对成本敏感的具体时间表。如果你面临着以工厂处理系统来取代污水处理氧化塘的问题，你可能需要在数年里定量发放建筑许可证。如果在法庭上受到质疑，你将需要有一个清晰简明的计划和完成时间表。但与此同时，要注意未来的新人口必须承担其增加的公共服务成本的份额。

每个社区都必须确定自己的人口目的与目标。以下建议的目的与目标可作为指导方针：

- **目的 1**：促进城镇居民人数逐步增加。
- **目标 1**：建立由公有地块组成的土地银行，并向所有愿意搬到你的社区并建造家园的家庭免费或低价提供这些地块。向投机性建筑商免费或低价提供地块。为新成立的制造业或商业公司提供免费土地。

- **目的 2:** 力求吸引有孩子的年轻家庭。
- **目标 2:** 制定计划，为愿意搬到你所在城镇的年轻家庭提供低息抵押贷款。
- **目的 3:** 鼓励年轻人留下来。
- **目标 3:** 提供就业培训机会。

小　结

人口分项是城镇规划的核心。关于现状和预期未来人口的信息对于规划充足的住房供应、有效的土地利用模式、经济发展和诸如学校、道路、供水和排水服务等社区设施，都极为重要。规划委员会在编制城镇规划的其他分项时，应经常参考人口分项。

注释

1　罗恩·鲍尔斯，《乡愁：两个美国城镇的得与失》（纽约：兰登书屋出版社，1991 年），第 4 页。
2　比尔·布莱森，《失落的大陆》（纽约：哈珀与罗出版公司，1989 年），第 95 页。

第8章

小型社区经济数据

引　言

　　评估地方经济是城镇规划的重要组成部分，可以为地方经济发展活动奠定基础。许多小型社区的综合规划不包括经济活动分项，只是描述主要产业和雇主，也许还包括企业调查。这种描述通常概括了当地制造的产品，以及制造公司和商业服务的数量与种类。这些规划常常提到过去十年中取得的业绩，并简要讨论地方经济的未来。

　　如果社区人口不足1000人，那么对地方经济进行简单描述可能就足够了。另一方面，如果社区是周边农村和其他较小社区的零售贸易中心，并期待未来的业务增长，那么社区应该对其经济基础进行深入分析。

社区经济基础

　　研究经济基础的目的是帮助社区制定政策与计划、使经济长期稳定增长。首先，社区必须对其经济状况进行调查，确定优势、劣势、机会与威胁。调查要反映社区居民如何谋生、社区需要以及能够支持的商业与产业类型。调查还应包括就业和商业活动的预期增长情况。这一估测可以为社区规划住房、学校、公用事业和其他服务提供有用的基准。

　　调查将有助于制定经济发展战略和计划，以便利用机会，保持优势，克服威胁与劣势（见第20章，"实现小城镇经济发展"）。经济威胁包括：零售贸易向更大的社区流失，主要雇主离开，劳动力技能缺乏，税基较小，或地理位置偏远等。机会往往取决于地理位置和自然环境。例如，一个城镇如果距离主要城市2小时车程以内，又靠近州际公路，则可能是设立制造厂分支机构或商业园区的理想之选。

　　请将你所在社区的经济状况与邻近社区、类似规模的社区、所在县或地区以及州的经济状况进行比较。

　　经济目的与目标陈述是对当地居民希望看到的各种改善建设的总结。经济目的通常侧重于扩大地方财产税基础，以及通过使地方经济多样化增加收入和就业机会。在许多农村社区，一个主要目标将是为年轻人提供良好的就业机会，这样他们就不必离开这一地区去寻找就业机会。经济目标侧重于具体的激励措施（例如，财产税减免，以公共资金支持排水和供水管线，以及"准备就绪"的建筑场地等），用以吸引和保留社区所希望的企业和就业机会。

经济基础研究

经济基础研究纲要

经济基础研究包括以下详细内容：

1. 当地居民个人收入

1）总收入

2）人均收入

2. 劳动力

1）劳动力数量，以及未来 10 ～ 20 年的预期增长或下降情况

2）教育

3）职业

4）失业率

5）各职业平均工资

3. 累积财富

1）房地产价值（财产税基础）

2）银行存款

4. 社区财务

1）社区预算

2）每 1000 美元评估价值的房产税税率

3）特种赋税区（如排水与供水区等），如果有的话

4）未偿债务（债券或贷款）

5）在用担保权限百分比

5. 企业与行业

1）按规模与类型分列的出口基础企业

2）按规模与类型分列的二级基础企业

数据收集

整理经济数据的最有效方法是将数据输入电子表格或数据库程序。这将使你能够快

速有效地分析数据，并生成有用的图表。

首先收集大多数社区都能获得的标准信息。

拜访当地银行，请其提供以下内容：

* 储蓄存款总额。

* 支票存款总额。

* 目前向社区居民发放的未偿还个人贷款总额。

接下来，联系县和当地的评估师，收集以下信息：

* 社区内及社区所在学区内的房产评估价值（请注意，城镇和学区的边界可能不同）。

* 学区总人口以及你所在社区在学区人口中所占比例。

* 社区和学区的总负债（请注意，总负债可能既包括未缴特种赋税、一般债务债券、无基金认股权证，也包括收益债券等）。

人口在 2500 人或以上的社区还可以在美国人口与住房普查网站的社会经济特征栏目中找到可靠的经济活动信息。信息由美国人口普查局针对每个州发布，可在 www.census.gov 网站上在线查询。

居民不足 2500 人的社区必须对许多经济资产作出估算，或在可能的情况下从社区内部来源收集必要的信息。这些估算值只能作为经济活动的一般指标。

每个州均在其社区、县和整个州的月度、季度或年度报告中发布经济统计数据。这些统计数据通常包括就业数据、建筑活动、制造业、零售业和银行业等情况。

估算社区收入

表 8-1 是一个有用的工作表，可用于估算社区收入。如果你所在社区的人口不足 2500 人，则可以按照表 8-1 获得家庭收入和社区总收入的估算值。如果你能确定所在社区的家庭总数，并且知道每个家庭的收入水平，则只需填写第 4 列，将第 2 列和第 3 列留空。你也可以将家庭数量乘以所有家庭的平均收入，计算出社区总收入。

表 8-1 第 3 列为社区人口与全县人口之比。公式 1 说明了二者关系：

公式 1	社区人口 / 全县人口

第 3 列中的比值是一个常数，也就是说，你将在第 3 列的所有行中输入相同数字。比如，如果社区人口为 1000 人，全县人口为 10000 人，则第 3 列输入的比值为 0.10。

在表 8-1 第 3 列中输入比值，将第 2 列中的每一项乘以第 3 列每一项，然后将结果输入第 4 列。第 4 列中的数值为各收入水平的家庭数量估计数值，应四舍五入至最接近的整数。

家庭收入分布收入比率 表 8-1

1 家庭收入（美元）	2 全县家庭数量	3 社区人口与全县人口之比	4 社区家庭估计数量
少于 5000 美元			
5000 ～ 14999 美元			
15000 ～ 24999 美元			
25000 ～ 49999 美元			
50000 ～ 74999 美元			
75000 美元及更多			
社区家庭估计总数 × 平均家庭收入 = 社区总收入			

　　将第 4 列中的所有项相加，得出社区中的家庭总数。接下来，用第 4 列的总和乘以所有家庭平均收入（平均家庭收入可根据全县家庭平均收入普查数据估算，也可对收入组第 4 列的结果按家庭数量进行平均得出估算结果），得出的结果即为社区总收入估算值。

劳动力特征 表 8-2

1 年龄范围	2 15 ～ 64 岁女性	3 15 ～ 64 岁男性	4 15 ～ 64 岁总人数
15 ～ 19 岁			
20 ～ 24 岁			
25 ～ 29 岁			
30 ～ 34 岁			
35 ～ 39 岁			
40 ～ 44 岁			
45 ～ 49 岁			
50 ～ 54 岁			
55 ～ 59 岁			
60 ～ 64 岁			
总计			

公式 2	表 8-1 第 4 列各项总和 × 平均家庭收入 = 社区总收入

例：1420 × 30000 美元 = 42600000 美元

劳动力特征

劳动力是指社区中有工作能力的人数，而不是在任意时间被雇佣的人数。这个数字可能包括一些仍在上学的人，以及一些在家抚养孩子的妇女。劳动力包括失业但正在找工作的人，不过，劳动力的定义排除了能够兼职工作的 64 岁以上的老年人。

表 8-2 显示的是劳动力人口年龄组，第 2 列、第 3 列和第 4 列是结果汇总。

表 8-3 列出了劳动力受教育程度的估算值。第 1 列为完成的学年数。第 2 列为各受教育程度中年龄在 15 ~ 64 岁的人数。

要完成表 8-3 的第 3 列，请将第 2 列中 15 ~ 64 岁的全县人口总数（23249 人），除以表 8-3 第 2 列的每一项（各受教育程度的人数）。在表 8-3 第 3 列中输入结果百分比（例如，29.58%、45.84% 和 24.58%）。

要完成表 8-3 第 5 列，请将第 4 列中 15 ~ 64 岁的社区人口总数（521 人），乘以表 8-3 第 3 列的每一项（例如，521×29.58%=154）。第 5 列的数字即为每个受教育程度劳动力人数的估算值。

受教育程度 表 8-3

第 1 步				
全县各受教育程度的 15 ~ 64 岁人数（第 2 列）	÷	全县 15 ~ 64 岁总人数	=	第 3 列的百分比
第 2 步				
百分比（第 3 列）	×	社区 15 ~ 64 岁总人数（第 4 列）	=	按受教育程度分列的社区劳动力人数（第 5 列）

受教育程度

1 完成教育年限	2 全县各受教育程度的 15 ~ 64 岁人数	3 百分比	4 社区 15 ~ 64 岁总人数	5 按受教育程度分列的社区劳动力人数（第 5 列）
小学 1 ~ 8 年	6878	29.58%	521	154
中学 1 ~ 4 年	10657	45.84%	521	239
大学 1 ~ 4 年及更多	5714	24.58%	521	128
总计	23249	100.0%	521	521

劳动力分项的第二部分是估算劳动力规模、行业就业领域、职业，以及男女劳动力百分比。首先，估算劳动力参与率。尽管近年来女性参与率一直在提高，但男性参与率通常高于女性。男性参与率为 0.8，女性参与率为 0.6，这是一个合理的估算。将 15 ~ 64 岁的男性和女性参与率百分比分别代入以下公式中：

公式 3	男性劳动力参与率 × 表 8-2 中 15 ～ 64 岁男性人口 =15 ～ 64 岁男性活跃劳动力
例: 0.80 × 248=198	

公式 4	女性劳动力参与率 × 表 8-2 中 15 ～ 64 岁女性人口 =15 ～ 64 岁女性活跃劳动力
例: 0.60 × 273=164	

其次，将估算的男性与女性劳动力人数分别乘以男性与女性失业劳动力所占的百分比，即可估算出社区失业人数。一个县的失业率是每月公布的，可从当地报纸、商会或州商务部获得。你可以使用最新年度的县平均失业率。

公式 5	15 ～ 64 岁男性劳动力 × 男性失业劳动力百分比 = 男性失业人数
例: 198 × 5% =10	

公式 6	15 ～ 64 岁女性劳动力 × 女性失业劳动力百分比 = 女性失业人数
例: 164 × 6%=10	

从男性和女性劳动力总数中分别减去估算的失业人数，就得到社区总就业人数的估算值。

公式 7	男性劳动力 – 男性失业人数 = 男性就业总数
例: 198–10=188	

公式 8	女性劳动力 – 女性失业人数 = 女性就业总数
例: 164 – 10=154	

将公式 7 和公式 8 中估算的男性与女性就业总数相加，即得到总就业人数（188+154=342）。

表 8-4 显示的是劳动力就业领域。根据美国人口普查局提供的社区所在县不同就业领域的农村非农就业人数，填写表 8-4 第 2 列。取表 8-4 第 2 列中的每一项，除以全县 16 岁及以上的总就业人数，将得出的百分比输入表 8-4 第 3 列。

在表 8-4 第 4 列的每一行中输入上面公式 7 和公式 8 中所在社区总就业人数。将第 4 列中的每一项乘以第 3 列，然后在表 8-4 的第 5 列中输入结果。第 5 列各项是按领域分列的社区就业人数估算值。

不同领域就业情况　　　　　　　　　　　　　　表 8-4

1 就业领域	2 全县农村非农就业 人数	3 百分比	4 估算的社区总就业 人数	5 不同领域的社区就业人数 估算值
农业、林业、渔业				
建筑业				
制造业				
耐用品消费业				
交通、通信及其他公共事业				
批发、零售业				
个体服务业				
专业及相关服务				
其他行业				

　　表 8-5 和表 8-6 分别列出了不同职业类别中女性和男性劳动力的数量。将表 8-5 和表 8-6 的第 2 列中每一项，分别除以上面公式 7 和公式 8 给出的男性与女性就业估算总数（将表 8-5 第 2 列中的每一项，除以公式 8 给出的女性就业估算人数。将表 8-6 第 2 列中的每一项，除以公式 7 给出的男性就业估算人数）。将这些相除得出的结果分别输入表 8-5 和表 8-6 的第 3 列中。

　　根据公式 8 计算女性就业人数估算值，完成表 8-5 的第 4 列。表 8-6 第 4 列同理，根据公式 7 计算男性就业人数估算值，输入第 4 列的每一行。

　　你可以计算表 8-5 和表 8-6 的第 5 列的结果，方法是：以第 3 列的百分比乘以第 4 列的女性或男性就业人数。表 8-5 和表 8-6 的第 5 列各项分别为社区按职业类别分列的女性或男性就业人数估算值。

　　这样，就完成了城镇规划的经济基础分项中按受教育程度、就业领域和职业对劳动力的估算。

社区财富

　　任何社区自我维持或增长的能力都取决于其经济资产情况。每一个社区，无论大小，都必须不断地在公共领域和私营领域进行自我投资，这样才能保持一个良好的生活与工作环境。低于正常维持水平的投资最终将导致物质衰败、社会衰落，高于维持水平的投资则可以带来经济增长，产生社区幸福感。

女性职业

女性职业　　　　　　　　　　　　　　　　　　　　　　　　　表 8-5

1 职业类别	2 非农业农村县人数	3 百分比	4 社区就业女性 估算人数	5 按职业分列的社区就 业女性人数
专业技术及相关人员				
除上述人员外的管理与行政人员				
销售人员				
文职及相关人员				
工匠、工头及相关人员				
包括交通在内的运营人员				
除上述以外的劳动者				
农场主及农场管理者				
服务人员，包括家政				
总计				

男性职业　　　　　　　　　　　　　　　　　　　　　　　　　表 8-6

1 职业类别	2 非农业农村县人数	3 百分比	4 社区就业男性 估算人数	5 按职业分列的社区就 业男性人数
专业技术及相关人员				
除上述人员外的管理与行政人员				
销售人员				
文职及相关人员				
工匠、工头及相关人员				
包括交通在内的运营人员				
除上述以外的劳动者				
农场主及农场管理者				
服务人员，包括家政				
总计				

　　一个社区的可用经济资产限制了可能的投资数额，即使社区打算借钱，情况也是如此。任何一个社区可以借到的金额均受到收入和累积财富（财产价值）的限制，并往往受到州法律的限制。任何考虑投资的个人均须查看收入和累积财富情况，以确定投资的可行性；社区也概莫能外。

　　从当地评估师那里获得的财产评估价值是对社区财富的重要估算。要记住的是，不动产估值仅为其市场价值的一小部分，因此必须对所有不动产的评估价值进行调整才能得出其市场价值。要进行此项调整，你必须找到评估比率。对于一个按其不动产公平市价三分之一来评估的社区（即评估比率为 0.3333），所有不动产的评估值乘以 3 为其市场价值。同样，如果社区财产中的不动产评估值为其公平市价的五分之一（即评估比率为0.20），则要将评估值乘以 5 来计算不动产的公平市价。另外，城镇或县的评估师应该也能够估算出你所在社区的评估值。

近年来，房产估价数据的种类和有效性有了很大改善。各州现在要求经常重新评估财产，这意味着即使最小的社区也存有非常详细的财产估值数据。利用这些信息可以确定构成社区财富的财产类型，以及来自不同类型房地产的财产税收入。我们建议你准备图表来阐明以下内容：

- 按照你所在州采用的分类，分列所有房地产的实际价值。在许多情况下，这些类别将分别为：
  - 城市和农村住宅。
  - 商业或商务。
  - 制造业（不同类别）。
  - 闲置土地（非农业用地）。
  - 农业。
  - 公用事业（可能由州政府评估）。
  - 免税房产（如教堂和私立学校等）。
- 各类房地产的年度税收收入。
- 各类房地产价值占社区所有房地产价值的百分比。

图 8-1 所示方法说明了社区财产税负担的分配方式。

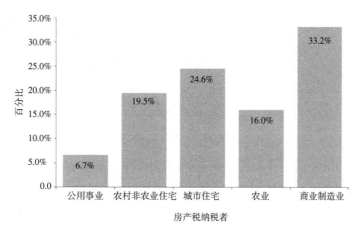

图 8-1　社区房产税负担分配方式

图片由詹姆斯・塞吉迪提供。

居民储蓄是社区总财富的另一个重要组成部分。你可以利用本章中已经收集的数据来获取财务报表（表 8-7）。

当地银行的私人储蓄	表 8-7
银行	
储蓄总额	_____美元
活期储蓄总额（平均）	_____美元
总计	_____美元
储蓄与贷款	
存款额	_____美元
总计	_____美元

地方政府的借款属于公开记录事项，可以从镇、县书记员处获取信息。这种负债按功能领域进行分组，如一般债务债券、收益债券、无基金认股权证和特种赋税等。

地方商业与工业调查

社区经济可以分为两个部分：**出口基础**（export base）和**二级基础**（secondary base）。出口基础包括社区为赚取利润而向其他城镇、美国其他地区或其他国家出口的商品与服务。一个社区之所以增长，主要是因为它从出口到其他地区的商品和服务中赚钱。这些收入反过来又为社区提供了进口商品和服务的手段。出口型产业包括大多数类型的制造业、农业、矿业、森林产品、邮购业务和后台服务等。最好将旅游业也视为出口基础的一部分，因为社区输出的是一种体验，游客会带走这种体验，而把钱留给当地企业。

二级基础企业为当地社区提供日常商品和服务。二级基础企业通常包括加油站、杂货店、洗衣店、酒馆、电影院和其他零售机构等。由于社区规模通常很小，这些地方企业不可能有太大的增长。此外，二级基础企业的兴旺情况与出口型企业的活力与成功密切相关。

出口型企业具有较大的增长潜力，因为它们服务于当地社区以外的更广阔市场。随着出口型企业的增长，它们雇用了更多的人，也吸引了新的工人进入社区。人口和收入的增加具有乘数效应，增加了对二级基础企业商品和服务的需求。反过来，二级基础企业也会增长，并提供更多的就业机会和收入。

社区都非常重视吸引、保留和发展出口型企业。虽然这些企业对经济增长无疑非常重要，但是请尝试确定你所在社区可以生产哪些现在正在进口的产品和服务。这种发展战略称为**进口替代**（import substitution），其目的是通过减少消费资金输出或向社区外流出，在当地社区内保留更多的经济活动。例如，节约能源和替代能源对于将资金留在社区可能很重要。小城镇的电力、汽油和天然气等通常大部分依靠进口。保护和发展风能、生物质能、木材、乙醇、水力发电或太阳能等资源，不仅意味着可以节省可观的资金，同时还可以将原本离开城镇的资金用于其他用途，促进地方经济发展。这样做的目的是使社区更具**可持续性**（sustainable），这样社区在未来就更有可能生存和繁荣。

根据对工业与商业的调查以及过去 10～15 年的销售额和就业趋势，你应该提出以下问题：

- 经济基础是否在从一个行业转移到另一个行业？
- 出口导向型经济基础（即出口到地区以外的商品和服务）占多大比例？随着时间的推移，这一地区对出口的依赖程度是增加了还是降低了？随着时间的推移，出口导向型企业的销售和就业是增加还是减少？
- 哪些商品和服务是进口的？随着时间的推移，这些进口商品的价值是增加了还是下降了？
- 零售业的趋势是什么？是否在向其他城镇或地区流失？

经济目的与目标

经济目的与目标应表明社区希望鼓励的新企业和行业、具体的招募工作、保留现有企业的努力、发展新的本地企业的方式，以及公共基础投资可导致私营投资的途径。

虽然每个社区都必须确定自己的经济目的与目标，但以下建议可作为指导方针：

- **目的：**力求增加就业机会，提高当地收入。
- **目的：**通过吸引新的零售店和制造企业，同时鼓励和促进社区现有企业进行扩张，力求使地方经济基础多样化。
- **目的：**改善主街的商业结构。
- **目的：**通过促进经济发展扩大地方财产税税基。
- **目标：**在创建当地商业园区的同时，获得州或联邦政府拨款，以改善当地的排水与供水系统，同时创建当地的商业园区。
- **目标：**在当地银行和企业的帮助下建立低息贷款池，为当地企业的启动或扩张提供资金扶持。
- **目标：**成立一个非营利性经济发展公司，招募潜在的新企业。

第 20 章"实现小城镇经济发展"部分详细讨论了小城镇经济发展的手段和策略。我们建议你在编制经济目的与目标之前，先阅读那一章。

关于小型企业与社区的说明

人们很容易认为，经济发展只涉及为社区招募大型新公司。当然，这一直是许多社区和商会活动的重点。然而，打算迁移到小型社区或在小型社区开设分支机构的大公司毕竟数量有限。

在过去 30 年里，小型地方企业一直是新增工作岗位的主要来源。任何经济发展计划的最重要目标之一，都应该是保留社区内的已有企业。

社区往往会忽视现有企业的潜力。许多企业有能力扩大业务范围，从而增加就业和税基。经济基础调查应包括全面调查现有企业、它们的劳动力需求、空间需求、融资以及与可能扩张相关的其他因素。至关重要的是，要将各项计划落到实处，从而保留住社区内那些良好的、生产性的企业，并帮助它们扩大规模。促进经济增长的策略通常要更加切合实际，也要更适合较小社区的规模与需求，这样才能左右逢源，创造更多的工作岗位。

补充材料 8-1　衰退城镇的经济目的与目标

经济目的与目标针对的是社区的优势与劣势，以及社区可能采取哪些措施来利用优势，克服劣势。请务必实事求是，要追求与有限资源相匹配的目的。

担心人口下降的城镇应提出以下问题：

● 社区发生了哪些经济事件导致人口开始减少？我们可以讨论所有可能阻止人口减少的计划吗？

● 社区是否有我们可以利用的经济优势，以便减缓人口流失或稳定人口水平？

● 城镇或县是否有我们尚未调查到的经济机会？这些机会能否帮助我们实现人口目标？

● 导致人口流失的社区经济劣势是什么？

● 纵观所在地区，现在和未来对社区经济的最大威胁是什么？

小　结

经济发展活动的目的是增加工作岗位的数量与质量，提高收入，扩大地方税基。一个社区的经济增长是由于公共与私营机构投资增加的缘故。基础设施方面的公共投资，如排水与供水设施、道路和学校等，对于吸引和留住企业至关重要。

　　经济基础研究提供了社区经济资产清单：出口型企业与二级基础企业、当地劳动力与社区财富和税收基础。经济目的与目标必须切合实际。在过去，许多社区试图吸引一个或多个大雇主，但小企业创造了小城镇的大部分新就业机会。新企业或正在扩张的企业更有可能一次增加几个工作岗位。城镇可以通过成立地方经济发展公司、孵化器项目、低息贷款池，以及在当地社区大学和职业技术学校进行教育与培训等，来鼓励新兴企业和企业扩张。

第9章

自然环境与文化资源

引　言

研究社区的自然与文化环境是城镇规划的重要组成部分。土地的物理性能和自然约束条件，如陡坡、湿地和土壤稀薄（thin soils）等，帮助社区决定应该或不应该在何处进行开发。文化资源不仅仅是历史建筑和遗址，还包括社会传统，如7月4日的美国国庆日主街游行活动，这些传统赋予社区独有的场所感。自然和文化资源有助于确定社区特征，促进地方经济发展，并提供娱乐场所和可参与的活动。小型社区可以在规划专家或环境专家最低限度的帮助下，规划保护自然区、历史遗迹和社会活动。

我们把这一章放在经济基础章节之后是有原因的。大多数小城镇把经济发展放在首位，却没有认识到其自然环境和历史建筑也是宝贵的经济资产。保护和提升这些资产的价值可以成为社区经济发展战略的一部分。处于大都市通勤距离内的小城镇通常将保持清洁水质、开放空间和优质建筑环境列为主要目的。如果一个社区忽视了水质，或者允许蔓延式开发，将导致所有居民的生活质量降低。

城镇规划的许多方面都基于数字，如人口预测、就业、住房需求、道路里程，以及对更远距离排水和供水管线的需求等，但社区的自然、物质和文化环境则是一个社区的"灵魂"所在。如果询问居民他们最看重社区的哪些方面，他们极可能会提到的是：前往乡村的通道，主街上的建筑物，他们的邻里街区，社区公园，以及诸如圣诞节游行或丰收节之类的特殊活动。自然环境与建筑环境以及文化事件赋予社区以场所感和独特感。保持这种场所感以及形成这种场所感的自然环境、建筑和传统，是至关重要的规划目的。

本章分为两部分。第一部分描述社区的物理、历史和文化特征；第二部分讨论社区中的野生动植物。不过，需要注意的是，小型社区通常缺乏开展大规模生态研究和自然区域保护方案的能力。最常见的限制是执行能力。较小的管辖区根本没有必需的设备和人员，无法执行所有有关空气与水质以及野生动物栖息地的环境标准。

在大多数小型社区中，最紧迫的环境问题包括：

- 将住宅开发与农场和林地的劳作景观分开。
- 保护水质与供水。

- 防洪。
- 保留重要的开放空间和独特场地。
- 保护历史建筑与遗址。

必须指出的是，所有社区，无论规模大小，现在都必须编制减灾规划，以避免或尽量减少洪水、飓风和山体滑坡等自然灾害造成的破坏和生命损失。

乡村特色

许多小型社区特别珍视其乡村特色。劳作景观、开放空间和历史建筑等，是乡村特色的部分标志。城镇快速发展，在向农村扩张的过程中失去了开放空间和质朴的布局。带状商业开发在美国郊区很常见，却往往在小城镇显得格格不入，而且还将经济活力从历史悠久的城镇中心商务区吸引过去。用于住宅、商业或工业用途的大型新建筑主宰着城镇的外观。

有些城镇已经通过了设计审查条例，以管控新建筑的外观，使其与周围环境相协调。在拥有许多古老但维护良好的建筑物和历史街区的城镇尤其如此，在那些地方，旅游业是地方经济的重要组成部分。社区的视觉特征会给居民和游客留下深刻印象。这种印象表明了一种生活品质，也暗示了一种或积极或消极的社区态度。第 19 章 "小城镇的设计与外观" 将详细讨论小城镇的物理设计。

乡村特色不仅仅涉及外观面貌（表 9-1）。城镇居民的社会交往也是乡村特色的重要组成部分。例如，大都市区内或附近的许多小城镇都注重保持文化传统，比如志愿消防队或小型独立高中等。

乡村特色的积极方面	表 9-1
自然环境特征	**人工特征**
海岸线	行道树
森林	双车道道路
山脉	家畜
田野	种植园
开旷牧场	围栏
大草原	农场住宅
安详而宁静	建筑
峡谷与峭壁	苗圃
河流	谷仓
风景	历史遗迹
水体	畜棚
湿地	
野生动植物	
林区	

自然与文化资源调查

自然与文化资源对城镇的特色、外观、卫生和经济都非常重要。自然与文化资源包括土壤、水、森林、矿产、地质构造、植物和野生物种，还有历史文化建筑与场所以及社会事件与习俗。虽然城镇规划鲜有提及社会事件与风俗习惯，但这些也是社区不可分割的组成部分，而且城镇规划应该关注社会事件，因为社会事件会受到土地开发的影响并发生改变。

自然资源调查

自然资源调查极为重要，影响深远。自然资源调查可以帮助社区确定城镇中哪些区域适合开发，哪些区域只能支持有限开发，以及哪些区域应受到保护、不受开发影响。你可以将各种自然资源视为一个个的"数据层"。这些数据层相互叠加，形成每个地块和整个社区的自然资源综合图景。

我们强烈建议你将自然资源调查数据录入 GIS 数据库绘图程序中。这将有助于你分析数据，制作自然资源位置与类型图。这些图也有助于编制第 13 章"现状及未来土地利用"中的未来预期土地利用图。图面内容越详尽，就越有可能避免出现问题。这些图还可以帮助规划委员会评估拟议开发项目对环境的影响。

汇总自然资源调查结果的一个挑战是，城镇的行政边界很可能与地质或生态边界不同。比如，城镇可能是较大流域或野生动物迁徙路线的一部分。在存在区域性自然资源的地方，城镇应将调查范围扩大到市政边界以外一定距离，而且要考虑与邻近社区合作进行规划。

调查还应包括关于特定场址和土地所有权模式的信息。所有权模式表明了谁拥有自然资源、地块的数量与大小，以及这些资源与建成区的距离有多远。可以从当地税收地图中确定地块。确定土地所有者可能最终有助于谈判保护地役权，或有助于开展有关管理和保护自然资源的通识教育。

自然资源要素

土壤与地质

土壤信息表明一块土地支持建筑物、吸收水分和种植植物的性能（表 9–2）。由自然资源保护署制作的县土壤调查及地图显示了潜在的开发限制。陡峭的斜坡、基岩深度浅、排水不畅以及土壤潮湿等，都不利于建造稳固的建筑物。黏土含量高的土壤不宜用就地污水处理系统。高侵蚀性土壤需要特殊的保护措施。要在地图上分别标明，哪些区域的开发受到严重限制，哪些区域具有一定的潜力，以及哪些区域具有良好的开发潜力。

土壤性能等级　　　　　　　　　　　　　　表 9-2

土壤分类	总体坡度	侵蚀因素	限制
一类	轻微	轻微	几乎没有的限制因素
二类	3%～8%	中度	有某些限制因素；要采用特殊的保护措施
三类	8%～15%	高度	有许多限制因素；要采用特殊的保护措施
四类	15%～25%	严重	有许多限制因素；需要谨慎处理
五类			生产力极低；草地、牧场、林地、野生生物
六类			有严重的限制因素；几乎没有农作物，草地、林地、野生动物
七类			有非常严重的限制因素；没有农作物，用作牧场、草地、野生动物
八类			限制因素最多；用于牧场、林地、野生生物，美观

资料来源：美国农业部自然资源保护署（U.S. Department of Agriculture Natural Resources Conservation Service）。

城镇的地质包括地形地貌（坡度）和土壤下的岩石。例如，地质将显示基岩深度较浅的区域，这些区域无法支持就地污水处理系统。可能还有会导致山体滑坡或地震的地下断层线。地质会影响含水层的存在以及含水层可用于公共或私人供水的程度。地质是某些含水层易受污染的一个重要因素。例如，岩溶或石灰岩地质提供了良好的地下水补给，但也容易受到现场化粪池系统和农药的污染。可开采的矿产和综合资源情况是地质的另一个方面。可能还有一些独特的地质特征，比如山丘、台地、岩石外露或洞穴等，这些都应加以保护。所有这些地质特征都要予以明确，并在地图上绘制出来。

农业用地

许多人都认为农业是乡村特色的重要组成部分。更重要的是，农业是许多农村经济的重要组成部分，然而人们尚未普遍认识的是，现代农业主要是一个工业过程，使用化肥、除草剂、杀虫剂和重型机械。非农居民常常因农业土地提供了令人愉快的风景而被吸引到农村。然而，经验表明，农民和非农居民一般不会成为好邻居。农业生产产生噪声、灰尘、气味，使用化学喷雾和慢速机械。粪肥径流和肥料会使附近地下水和地表水中的硝酸盐含量超过联邦安全标准。反过来，农场也会遭到非农邻居的非法侵入、破坏和投诉。

传统农作物种植与社区边缘的居民之间普遍存在一些冲突。由于农业加工厂或牲畜饲养场产生的强烈气味，经常引发非常激烈的冲突。为避免土地用途冲突，并保护社区及周边地区的环境质量，请与县、州和地方机构密切合作，划定适当的区域（即"农业"分区），使现有农场可以在其中继续经营，新的农业用途也可设于其中。在划定这些区域时需要考虑的因素包括：现有农场，农业区，按使用价值财产税评估的农场，优质农场土壤（第一类和第二类），以及具有全州意义的土壤（第三类）。理想情况下，你应该确定并在地图上标识出社区中的重要农田。

但是，一些社区认为有必要扩大其市政边界，并倾向于以**妨害原则（nuisance doctrine）**为由反对农业用途。妨害原则允许采取法律行动，以防止任何由于排放令人反感和不健康的气味、光、热、灰尘、振动或眩光等影响周围土地使用的行为。限制标准农业活动的妨害诉讼在大多数案例中都没有成功，而且争议仍在继续。几乎所有州都试图借助于通过各种**农权法（right-to-farm laws）**来保护农业免于妨害诉讼，农权法赋予农民豁免权，使他们不受限制标准农业活动的当地妨害条例的影响。不过，农权法并不保护那些违反州或联邦法律、威胁公众健康或造成环境破坏的农业活动。每个社区均应确定本州的农权法是否适用于特定情况。

城镇规划应确定城镇的农业类型、平均农场规模、对社区的经济贡献（例如，生产价值、就业和纳税等）以及其他有助于城镇规划当地农业未来的描述性信息。美国农业部（www.usda.gov）每五年发布一次《农业普查》（Census of Agriculture），提供各县的详细信息。县推广代理也许能够帮助你找出与你所在城镇相关的信息。应将最近影响农业的地方趋势，诸如将农地转为宅基地和存储区等，确定为对农业的潜在威胁，并进行讨论。城镇规划还应确定农业用地对社区的环境贡献，如地下水补给、野生动物栖息地和风景景观等。

在有些州，市政当局拥有域外权力，允许它们控制社区边界以外 2 英里或更远的土地用途。在东北部各州，每个乡镇政府都有权规划数千英亩的土地。除此之外，乡镇之间或乡镇与县之间的书面协议也可以明确哪些农业和社区开发项目是允许的，以及允许其发展的程度。

有多种方法可促进农业发展和保护农田，城镇规划应说明城镇希望如何维持农业发展。可能的方法包括农业分区、购买开发权以及转让开发项目，以稳定土地基础，并将农业与相互冲突的非农业用途分开。城镇还可以通过允许农场兼容各种二级土地用途或活动来积极促进农业发展，如农场摊位、提供住宿加早餐的旅馆、手机信号发射塔和风车等，这些活动和用途可以补充农业收入。

有关农业用途规划的信息和援助，请与你所在县的保护区、自然资源保护署、合作推广服务办公室和州农业部等联系。

林业用地

与农业用地一样，林业用地也是许多乡村景观和地方经济的重要组成部分。无论是小型私人林地、国家森林还是企业所有，林业用地通常为社区带来很多益处。这些益处包括木材与纸制品、地方税基、就业机会、地下水补给、减少洪水、空气过滤、野生动物栖息地保护以及娱乐用途等。

人口增长与发展会破坏农业景观，也同样会使私人拥有的森林劳作景观碎片化，给森林土地所有者带来潜在冲突甚至火灾隐患。请记录并在地图上标识重要的林业用地、其用途和所有权类型。尤其要从非工业林（即没有工厂的森林地块）中确定出工业林（即有工厂的森林地块）。城镇规划应论证林地对经济与环境的贡献，并提出促进森林利用和保护林地的方法。

林业用地保护方法包括：森林分区，购买开发权，采伐木材的溪边和湖泊退界，采用最佳管理方法采伐木材，以及管控与正常林业活动无关的土地清理等。

有关林业用地的信息来源包括州林业与环境保护部门、州森林产品协会和美国林业局。

野生动物栖息地

地方政府对保护野生动物栖息地负有重要责任。重要野生动物栖息地可能存在于湿地中，或作为农场或森林劳作景观的一部分。野生动物减少的主要原因有：野生动物的筑巢与繁殖地遭到破坏，栖息地因分散的开发模式和道路建设而碎片化，以及与人及其宠物猫狗发生冲突等。核心栖息地、廊道和迁徙路线等是野生动物栖息地的基本要素。可以确定和保护重要的产卵地、筑巢区以及摄食与饮水点。野生动物栖息地可以由当地知识渊博的志愿者以及州立大学和州立鱼类与野生动物部门的工作人员来确定。要在地图上标识栖息地，并对其重要性进行评估。

请询问你所在城镇是否有任何已知的受威胁或濒危的植物和 / 或动物物种。联邦《濒危物种法》（Endangered Species Act，简称 ESA）要求保护这些物种及其栖息地，无论是在公共土地还是私人土地上。不常见物种的存在可能会吸引科学家、游客和其他人来到社区，因此应该被视为一种独特的资产。《濒危物种法》对《栖息地保护规划》（Habitat Conservation Plans）有一项特殊规定，要求在社区、开发商、州和联邦政府之间建立伙伴关系，并可以同时提供栖息地的保护和发展。

野生动物栖息地的保护技术可以包括：在核心栖息地、廊道和迁徙路线设置退界或缓冲地带，如湿地、溪流沿线，以及集群化开发——所有这些都可以通过当地的分区规划和土地细分标准来实现。应考虑永久性保护最高优先级的栖息地，可采取的方式包括：购买土地，购买保护地役权（开发权），预留公园用地，或寻求私人、非营利性土地保护组织或州机构的援助。

水资源

长远而言，一个社区应努力实现可持续的供水。清洁淡水供应不足会成为社区增长或生存的真正限制。现有和新开发项目造成的污染也会使地表水和地下水受到污染，同时对清洁水的需求上升。

确定供水的位置、数量和质量非常重要。你还将需要关于供水和水质的信息，以便编制关于社区设施的分项（见第 11 章，"社区资源与公共设施"），以及为社区基础设施投资制定基本建设改善计划（见第 17 章，"基本建设改善计划"）。

城镇规划应通过文字说明和在地图上描绘水库、湖泊、溪流、地下含水层及湿地位置两种方式，来提供有关城镇水资源的信息。规划必须说明水资源的质量（表 9-3）。例如，各州为所需的水质划定河流，并注明其是否为鳟鱼提供了良好的栖息地。鳟鱼是一种依赖清洁水的物种。在所有小城镇中，只有大约一半有公共供水，大多数城镇的社区供水系统和私人水井都依赖地下水。

地下水是否可用取决于**含水层**（aquifers）的规模与位置，含水层是指地下水量达到可用程度的地下区域。含水层可能很大，如大平原下的奥加拉拉含水层（Ogallala Aquifer），也可能像池塘一样小。与地表河流和溪流不同，含水层中的水以不同的速度流动，而且没有明确的河道。含水层由雨水和融雪补给。补给过程可能需要数小时至数月，具体取决于含水层的深度和土壤的渗透性。降水量和地下水补给速率是估算地下水可持续供应的重要因素。地下水供应可能会因饮用水、农田灌溉、牲畜喷淋、采矿与采石、工业用途或商业用途等方面的过度使用而变得枯竭。

地下水一旦遭到污染就很难治理。水质下降意味着人类健康面临的风险加大，也意味着需要昂贵的水处理系统或不方便的开水订单。许多社区最近编制了井源保护条例，以控制可能污染公共地下饮用水供应的材料和活动。

水质调查往往有助于深入了解拟议开发项目可能对水质产生的影响。这些信息可以帮助社区编制关于新开发项目选址、密度和设计的法规。例如，在公共供水系统附近的贫瘠土壤上开展大型住宅开发项目，意味着就地化粪池系统有可能发生泄漏，这可能会对公共供水系统构成威胁。请记住，许多州对河流流量有最低要求，以维持鱼类、野生动物和水生生态系统。请核查你所在州的所有要求。

水质与河流等级排序

表 9-3

水质 / 河流等级	一般用途	标准深度	标准宽度	限制
水质				
A 级	优良品质	公共供水		无
B 级	良好品质	娱乐、野生动物、供水与灌溉		过滤并消毒后饮用
C 级	较好品质	部分灌溉、娱乐、野生动物、工业用途		用于灌溉未经烹煮不能食用的作物；身体接触、钓鱼或划船等均不安全
D 级	较差品质	某些行业、航海、水力发电		不可用于食物

续表

水质 / 河流等级	一般用途	标准深度	标准宽度	限制
E 级	不合格	废水，通常不适合使用			身体接触、钓鱼或划船等均不安全
河流等级				
一级	断续、裸露或杂草丛生的径流	不超过 1.5 英尺	1 ~ 5 英尺	自然、美观、边界屏障
二级	断续或常年有水和暴雨的径流	1 ~ 3 英尺	3 ~ 12 英尺	自然、美观、一般屏障
三级	低位水流连续	2 ~ 5 英尺	10 ~ 25 英尺	美观、良好的线形公园和步道
四级	中位水流连续	3 ~ 6 英尺	20 ~ 40 英尺	独木桥、有人看守的小径，局部钓鱼
五级	水流连续，河道变化	1 ~ 10 英尺 +	50 ~ 200 英尺 +	娱乐、划船、钓鱼

资料来源：部分改编自堪萨斯州水利保护局卫生与环境部（Bureau of Water Protection，State of Kansas，Department of Health and Environment），《信息通报》（Information Panel）第 642 期，1988 年。

城镇规划应确定社区所在的流域。流域是指排入特定河流系统的土地区域。流域的位置与大小、年平均降水量和局部微气候等，都会影响社区的可用水量。一个社区可能位于较小的流域内（如莫霍克河，莫霍克河在纽约州北部汇入哈德逊河），也可能位于一个主要流域内（如密西西比河流域）。社区还应确定其在流域中的位置，并确定上游可能影响社区供水的所有土地用途。成功保护供水和水质往往涉及区域合作。

湿地

如何处理湿地（也被称为 swamps，marshes，bogs，甚至也叫含水或湿土壤）的问题已引起争议。湿地具有三个重要功能：

1. 湿地是一种水过滤系统，吸收污染。

2. 湿地在干旱时期蓄水，在洪水期间吸收和保存水，因此能缓和供水变化。

3. 湿地是鱼类和野生动物的主要繁殖地和觅食地，可能含有多种受威胁和濒临灭绝的动植物物种，并且可成为迁徙水禽的重要中途停留地。

由于湿地吸收洪水，它们也是一套出色的雨水管理系统，可以帮助满足联邦政府最近提出的雨水管理要求（见"雨水"部分）。

面积超过 1 英亩且与通航水道相连的湿地归美国陆军工程兵团管辖，要求开发商在为建筑场地疏浚或填埋湿地之前必须获得许可证。许可证通常要求减轻环境损失，这可能包括建立新的湿地、修复受扰动的湿地，或向承诺保护同等湿地的保护组织支付费用。孤立湿地（如草原凹坑）的疏浚和填埋由州环境部门和一些地方政府监管；通常，保护孤立湿地的要求不那么严格。要在开发限制图上确定湿地位置。大多数州的环境机构已经绘制了湿地地图。美国陆军工程兵团已将联邦政府划定的湿地数字化处理为 GIS 图层。

洪泛区

每年，洪水都会造成整个美国农村地区数亿美元的财产损失。不幸的是，由于规划短视和私人土地所有者追逐短期利润，洪水在未来还将破坏更多的财产。

许多小城镇沿着河流和溪流发展，而且往往有老旧建筑处于易受洪水影响的区域。让新开发项目远离洪泛区将有助于避免未来洪水造成的破坏和生命损失。在洪泛区内限制或禁止开发还有另一个原因，那就是建筑物和路面取代了洪水的流淌空间，从而增加了下游的洪水隐患。

规划委员会、规划人员或规划顾问应调查历史上发生的洪灾情况，以及在城镇边界内和城镇上游 1 英里范围内的潜在危害。

请与州水资源部门或联邦应急管理局的联邦保险管理署联系，索取有关洪泛区的信息。这些机构将邮寄一份信息，其中包含洪泛区图，官方称为洪水保险费率图（Flood Insurance Rate Maps）。这些图显示了水道、洪水风险、可能的洪水范围以及洪水的破坏力。利用这些信息和联邦应急管理局提供的模型，你所在社区可以制定适用于现有建筑和拟议新开发项目的洪泛区管理法规。

城镇还可利用其他信息来源，来确定联邦应急管理局地图上可能未显示的易发生洪水的土地。例如，在自然资源保护署进行的县土壤调查中，可以确定湿冲积土。洪泛区可能会随时间而发生变化，尤其是在上游或上坡的开发活动增加了雨水径流的情况下。有些联邦应急管理局的地图是最新的，有些则不是。

洪泛区（floodplain，也称为特殊洪涝危险区，special flood hazard area）包括在任何一年中至少有 1% 的可能被洪水淹没的水道附近的土地。换句话说，这些土地在 100 年内发生洪水的可能性为 100%。这是国家标准，被称为**百年一遇洪水**（100-year flood），所有洪水管理方案均以此为基础。

图 9-1 显示了一个洪泛区。水道的航道和百年一遇洪水的正常区域称为**泄洪道**（floodway）。这是最有可能发生破坏性洪水的危险区。周边区域为**洪水边缘区**（flood fringe district），易受积水或偶尔流动水的影响。我们建议在传统洪泛区概念中再增加一个区域：**洪水预警区**（flood warning district）。在底图上，这个预警区域应包括紧邻洪水边缘的土地。预警区应提醒居民、开发商或购房者，在高于正常水平的洪水期间，这片土地可能会遭遇积水。预警区还可能表明，在任何一年里，发生洪水的概率都低于 1%。

研究洪泛区的目的，是就洪水对现有和未来发展可能造成的危险向规划委员会和管理机构提供建议。地方官员应选择并实施一种或多种防洪措施。一般来说，有两种类型保护措施：

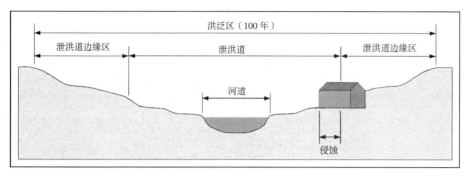

图 9-1 洪泛区特征

资料来源: 联邦应急事务管理署,《地图类型》, 出版物 SM-3-37, 1993 年。图片由詹姆斯·塞吉迪提供。

1. **结构性与矫正性措施**。包括: 建造与运营水库、堤坝和舱壁, 以及改造航道等。有些建筑物可以做防洪处理, 以减少或消除潜在的洪水破坏。

2. **非结构性和预防性措施**。包括: 不让人员和易受破坏的财产进入泄洪道, 并调节泄洪道用途, 以最大限度地减少洪水发生时造成的破坏。这些条例通常涉及分区规划和土地细分条例。

防洪条例必须以对洪水威胁的真实评估为基础。普通公民通常无法凭肉眼来估计特定地点的洪水危害。影响洪水灾害的因素往往很难确定。城镇可以要求毗邻水道的开发申请人让工程师更精确地确定洪泛区的边界。工程师将检查土壤、地形、植被模式和洪水的物理证据, 以确定洪水的速度、持续时间和频率。

请注意, 很少有保险公司提供私人洪水保险。要使洪泛区的居民和土地所有者有资格享受廉价的联邦洪水保险, 社区必须规划并实施减少或消除洪水灾害的措施。这些措施必须符合特定的联邦标准。对于已采取超出最低要求的额外洪泛区管理措施的社区, 联邦应急管理局的社区评级系统向社区业主提供 5% ~ 45% 的保险费折扣。

有关洪泛区和洪水保险的更多信息, 请与联邦应急管理局联系, 并访问 www.floodsmart.gov 获取各种相关信息, 包括国家洪水保险计划。国家洪水保险计划为已制定规划以便尽量减少洪水造成的潜在损失的社区提供低成本的联邦洪水保险。

雨水

雨水径流（Stormwater runoff）是指暴风雨中产生的水, 这些水没有渗入地下, 而是从地表流走, 最终汇入水道。不透水表面, 如道路、停车场、屋顶等, 林木采伐活动, 以及建筑或耕作过程中的土方扰动等, 都可能增加雨水径流的体积与流速。一些大型开发项目或许多小型开发项目的累积效应也同样会造成雨水径流。

联邦法律要求社区要管理雨水径流,因为雨水径流将大量养分和污染物从农田、草坪、道路和其他来源带入水道。在许多较大的社区,这种径流流入雨水与污水管道的组合系统;然而, 在暴雨期间, 污水处理厂会出现溢出现象, 使未经处理的污水排入水道。城市和郊区通常有雨水管理条例，要求开发项目申请人证明，在房产边界上，其建设后的径流量不会超过建设前的径流量。虽然农村地区往往缺乏雨水管制，但村庄和城镇的开发部分可以从通过地方雨水管理条例中受益。

联邦《清洁水法》（Clean Water Act）的第二部分"雨水排放要求"适用于中小型社区。所有人口密度为每平方英里1000人或以上的城市化地区，均须在2008年前制定《雨水管理规划》。有些村庄和有些农村城镇的较发达部分属于这一要求范围。此外，所有市政辖区无论规模大小，现在都必须要求1英亩或1英亩以上的建筑用地申请人准备一份符合当地批准要求的《防止雨水污染计划》。

简而言之，联邦法律现在将雨水管理列为地方规划和分区规划的优先事项。无论是用于污染控制还是用于洪水管理，现在有各种各样的结构性（蓄水池）和非结构性（植被）解决方案，以减少雨水径流。联邦资金、技术援助、培训和示范法规等，均可通过美国环境保护署（U.S. Environmental Protection Agency，简称EPA）和各州环境机构获得。

景观绿地与开放空间

景观绿地、缓冲带和开放空间的建设涉及对自然与人造景点附近的土地进行规划保护，从而保护水质和野生动物栖息地，保护社区居民免受噪声、洪水和交通等危害。通常，在一个区域内可以保护多种环境与历史特征。绿地保护可以通过土地征用实现永久性保护，也可以通过分区规划进行临时性保护。绿地可以允许、也可以不允许公众进入。

绿地（Greenbelts）可以是毗邻道路、湖泊、公园、小溪或河流的公共或私人土地。在绿地内，一般不鼓励设置标志、建造建筑物和砍伐树木与植被。在绿地范围内，通常允许并提倡的用途有：耕种、放牧、森林利用、娱乐区和野生动物走廊等，以及私有房产的通行权。绿地位于村庄或城市的边缘时，可以作为一种增长管理的手段，尤其是在承诺不将公共排水和供水管道延伸至或穿过绿地的情况下。绿地可以使现有社区保持独立，并通过限制蔓延式扩张来保护其乡村特色。

缓冲带（Buffer strips）和邻近房产所需的退界区可以在物业之间提供一个开放的过渡区域，从而有助于减少开发带来的影响。缓冲带有助于限制物业间的噪声、气味和视觉影响的溢出效应，特别是在农场和居民区之间。缓冲带还可以减少扰动土壤活动的影响，如在溪流、水库、湿地和重要的野生动物栖息地附近进行木材采伐。

作为进行绿地规划的第一步，规划委员会应与当地居民和团体合作，确立目标。要对可用作绿地的土地进行调查。最适合绿地的区域通常是：

- 主要公路或景观道路的沿线区域。
- 洪泛区和洪水危害区。
- 与溪流和江河相邻的区域。
- 湖泊、水库和湿地的边缘区域。

- 公园与娱乐区附近的土地。
- 工业区的边缘地带。

图 9-2 所示为一个河岸绿地实例。如果宽阔的绿地为私人拥有的土地，则必须始终允许合理经济地利用绿地财产，如现有的农场和森林用途等。在已开发房产之间可以采用较窄的缓冲带或退界区，并且可能需要保留植被和创造性的景观。

绿地规划的第二步是与县和邻近社区以及区域的、私营的、非营利的、土地保护组织合作进行联合或区域规划，以便充分认识整个区域范围内的机会。虽然城镇边界内可以设置有限的绿地，但如果绿地扩展到地方管辖范围之外，则可能更有效。例如，如果你的城镇沿河流形成了绿地，而上游城镇却没有，那么你的城镇可能不会像沿河所有城镇都同意设置绿地来保护洪泛区、减少洪水和水污染那样受益。

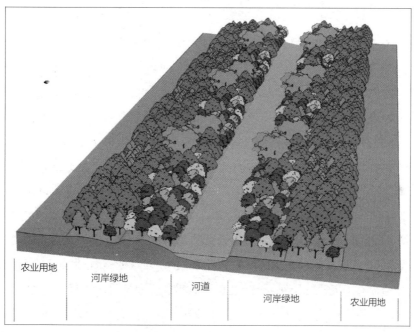

图 9-2　河岸绿地

图片由肖恩·诺瑟普 / 詹姆斯·塞吉迪提供。

第三步是确定最适合绿地的区域。城镇和农村往往沿着街道和公路发展。利用绿地本身不会阻止这种带状发展，但公路沿线的绿地可通过控制开发和紧邻公路的分散标志，来帮助分隔已建成社区，保持优美景色，并保护公共安全。绿地可促使新建筑物和标志等退后道路几百英尺。绿地内的树木与植物景观可以吸收来自交通的声音与噪声，以及汽车与卡车的尾气。

绿地也常用于限制在划定的洪泛区进行开发。在几乎没有洪水危险的气候温暖季节，沿洪泛区的步道以及野餐区和娱乐区利用起来非常方便。

绿地对于保护湖泊和水库的岸线特别有用。由于污水可经由土壤渗入高水位，就地化粪池系统通常与湖滨开发不相容。岸边绿地可以通过在未来开发和湖泊之间建立缓冲区来保护水质。水库周围的绿地可以限制开发，减少土壤扰动，从而保护重要的饮用水供应。

绿地规划的最后一步是实施。分区条例以及土地细分与土地开发条例均应详细说明绿地内的开发标准。标准可能包括：叠加区域的利用，缓冲区或退界区的要求，允许用途，对开发与基础设施的限制，景观绿化要求，以及对土壤扰动的最佳管理做法。地方监管标准可以伴随着购买公园土地计划，从而形成公共绿地。可鼓励非营利性土地保护组织来保护用于绿地的土地。

特殊区域保护

许多社区包含一个或多个对当地或区域环境有特殊意义的区域。重要的是，社区必须决定哪些土地应被视为特殊区域。这些信息可以部分来自社区需求评估调查，部分来自自然资源调查。

自然与文化资源应按下列原则评定优先保护顺序：

· **资源是可再生还是不可替代的**：不可替代性资源更有价值。

· **场址稀缺性**：场址越不常见，资源越有价值，尤其是在有受威胁或濒危的植物和野生动物物种的情况下。

· **场址规模**：一般来说，场址规模越大越重要。

· **植物、野生动物、风景和其他自然特征的多样性**：越具有多样性，场址越重要。

· **场址脆弱性，包括未受干扰场址的质量和人类对场址的威胁**：例如，在高海拔地区，土壤可能较为稀薄，更容易受到侵蚀，也就更容易受到人类活动的影响。

特殊区域像绿地一样，可以划定为由公众或非营利保护组织予以保护和/或最终收购。在城镇规划这一部分中，要确定特殊场址，描述其特点，并论证保持这些区域的自然状态可能获得的益处。

保护或保留某些自然遗址的决定必须是城镇的官方行为。例如，堪萨斯州的一些社区已经将俄勒冈州或圣达菲步道曾经经过的某些地方划定为开放空间场地。其他社区已将湿地、草地甚至风景优美之处确定为特殊区域。但是，除非土地仍有合理的经济用途，否则美国规划法不允许政府因某一区域具有吸引力或独具特色而限制私有财产开发。法庭对合理经济用途解释为包括农业、林业和其他类似用途。管理机构和土地所有者之间可以通过谈判达成某种形式的协议，无论是通过保护地役权还是直接购买，作为分区规划的替代办法。一些社区发现，与私人土地信托机构进行合作对保护自然区或劳作景观非常有用。美国共有 1500 多家私人土地信托机构。土地所有者可自愿将保护地役权出售或捐赠给土地信托或地方政府。保护地役权可限制土地用于开放空间和农业用途，或只容许进行有限的开发。

历史保护

关于城镇规划的这一部分，请联系当地、县和州的历史学会以及州历史保护办公室，以获取社区中重要遗址和建筑物的信息。美国建筑师学会（American Institute of Architects）的当地分会和当地大学的建筑系也可能有帮助。在 GIS 数据库绘图程序中整理历史资源数据，并绘制一幅地图，注明这些遗址的位置，特别是与当前开发有关的场址位置。叙述应该解释每个遗址或建筑的重要性与历史。要包括对未来行动的建议，如用于公共展览、博物馆、文化中心、画廊或商业与住宅用途等。

在可能的情况下，应按照历史重要性和对社区的益处对遗址和建筑物进行排序。建议考虑以下优先级排序：

- **临界等级排序**（Critical ranking），表明一个重要历史遗址或建筑物有被毁坏的危险。
- **必要等级排序**（Essential ranking），反映一个重要历史遗址或建筑物如果立即得到保护，将使社区受益。
- **意愿性排序**（Desirable ranking），表示一个场址或建筑物的历史意义和价值已经记录在案，并应在时间和财政资源允许的情况下受到保护。
- **未来行动排序**（Future action ranking），意味着一个特定场址或建筑物正处于被研究过程中。

美国各地法院早就认识到，有必要保持我们与过去的联系。在大多数州，规划委员会或民选管理机构在历史街区或个别场址建立分区规划标准是合法的。这些标准可以排除某些往往会对区域或场址产生破坏作用的商业与工业用途。这些标准还可禁止拆除结构完好的历史建筑，并可要求对拟议的重大外部改造或建筑物拆除进行审查。许多社区已设立地方历史保护审查委员会，以帮助作出这些决定。

历史保护对于维护小城镇商业区和翻新店面非常重要。美国各地的小型城镇都制定了**主街计划**（Main Street programs），以帮助当地商家将其商业区打造成更具吸引力的购物场所。联邦税收免政策可用于翻新具有历史意义或列入《国家历史遗迹名录》（National Register of Historic Places）的商业建筑。许多社区已成立地方设计审查委员会，根据设计审查标准或指导方针来审查拟议的新开发项目，并确保新开发项目与现有的历史性主街区域相协调。

有关更多详细信息，请联系你所在州的历史保护办公室，或位于华盛顿特区的国家历史保护信托基金（National Trust for Historic Preservation）。第 20 章"实现推动小城镇经济发展"将详细论述历史保护的手段与技术。

文化资源

从简单的习俗到大型节日，小城镇的文化资源可能各不相同。当地居民的常见活动是光顾本地咖啡店或小餐馆。通常值得注意的是，在这些地方以非正式形式进行的城镇商业活动何其多！失去这样的聚会场所将对社区造成严重打击。另外，大型活动可使一个小城镇名声大振，产生非常可观的经济效益。例如，俄勒冈州章克申城（Junction City）以其斯堪的纳维亚节（Scandinavian Festival）闻名遐迩；爱荷华州佩拉（Pella）一年一度的郁金香节（Tulip Festival）远近皆知；每年 9 月，世界上最古老的世界博览会都会在佛蒙特州塔布里奇（Tunbridge）举行。

通常，文化资源与历史建筑和遗址都紧密相连。保持文化习俗和活动可以赋予小城镇以地方感和意义感，并培养社区自豪感。城镇规划的文化资源分项也可以为更详细的历史保护规划提供依据。编制缜密的文化资源分项将为开发那些不复存在的历史保护项目奠定基础，加强现有的保护计划，或有助于解决现存和未来的土地利用目的之间的相互冲突。

以下为各社区在规划文化资源时应提出的问题清单：

- 哪些文化资源对社区最重要？
- 社区文化资源目前面临哪些威胁？
- 社区以前为保护和推广文化资源做过哪些工作？
- 社区目前为保护和推广文化资源在做哪些工作？
- 社区未来应采取哪些行动来保护和推广文化资源？何时采取行动？

自然环境与社区保护的目的与目标

城镇自然环境与建筑之间的相互作用，决定了城镇作为居住、工作或游览场所的外观和形象。每个城镇都会有不同的地理环境，以及不同的建筑条件和文化背景与风俗习惯。例如，一些新英格兰城镇已任命了保护委员会，就拟议开发项目和法令对自然环境的影响向管理机构提供建议。有些城镇设立了设计审查委员会，就新建筑的设计提供建议。

根据每个城镇的需求和愿望，以下建议可作为指导方针：

- 目的：保持城镇的乡村特色。
- 目的：将农业用途与划定的增长区域分开。
- 目的：保护生命和财产免受洪灾侵袭。
- 目的：保护历史建筑与遗址。
- 目标：在城镇边缘创建绿地，以保持开放空间。
- 目标：将农业用地划为农业用途。
- 目标：划定洪泛区，以便洪泛区内不建造新住宅。
- 目标：设立一项基金，用于改造城镇中心的建筑立面。
- 目标：划定历史街区，以防止拆除尚具功能的老旧建筑，指导重要的外部改造。

小　结

　　保护自然环境和历史文化资源的规划政策和目标可以给小型社区带来极大的回报。城镇规划这一分项所呈现的研究通常都非常引人注目，反映了社区深切关注的问题。尽管如此，谨慎行事还是适宜的。很多时候，一个小型社区开展了综合规划，却只是发现人们对历史保护、美化或植树项目如此兴趣盎然，以至于几乎没有时间处理其他规划议题。这些项目虽然值得称赞，但只是社区规划的一部分，应被视为从属于整个城镇规划的宗旨、目的与目标。一个高质量的城镇环境，拥有洁净的水质、引人入胜的建筑物以及维护良好的农场、森林和开阔土地，将有助于经济活动，为今天和未来提供高质量的生活。

第 10 章

住房

引 言

住房是每个社区的首要需求。适足的住所包括维护现有住房和建造新住房。对社区而言,提供可负担性住房日益成为一个重要问题。人们需要能够居住在其工作、购物、上学和娱乐的地方附近。几乎所有社区都有特殊的住房需求,传统的独户住宅不一定能满足这些需求。满足不同人生阶段和不同环境的居民的住房需求,有助于振兴农村社区,留住居民。社区可以通过规划和分区规划鼓励住房类型和规模混合搭配,从而满足大部分需求。

混合用途邻里街区(mixed-use neighborhoods)是一种新的规划趋势,可以将住宅与邻里街区的商业用途相结合,从而促进步行,增强社区意识。许多小城镇早就有这种混合用途的悠久传统,被认为是良好发展的典范。面对经济衰退和人口减少,保持住房条件是一些小城镇面临的挑战。

这一章将阐述社区如何收集重要的住房数据,调查当前住房存量,评估现有住房条件,确定住房负担能力,并预测未来的住房需求。

评估住房需求

《1990 年国家可负担性住房法》(1990 National Affordable Housing Act),以及一些州的经济发展计划和土地利用规划计划等,均要求社区编制住房需求评估报告,用以说明现有住房存量和未来的住房需求。住房评估对于制定或更新综合规划始终大有裨益。

对于人口在 2500 人或以上的社区,可以从美国人口普查局获得很好的数据。2000 年的人口普查包含所有社区和县的住房概况,无论规模大小。这些信息可从你所在地区图书馆的美国人口普查局数据用户处的光盘上获取,也可从美国人口普查局网站的"美国实况调查"栏目获取,只要输入社区名称即可检索数据。进入"一般特征"和"住房特征",点击"显示更多",可以查看详细的住房数据。在"一般特征"项下,你能查询到以下各项数据:

- 平均家庭规模。

- 使用与空置的住房套数。

- 季节性、娱乐性或偶尔使用的空置住房套数。

- 自有住房与出租住房空置率。

- 自有住房套数。

- 出租住房套数。

在"住房特征"项下，你可以查找到以下数据：

- 住房的类型与数量、建成年份和房间数量。

- 户主入住年份，管道设施缺失情况。

- 每个房间的居住人数。

- 自有住房价值与住房价值中位数。

- 抵押价值与抵押价值中位数。

- 租金价值与租金价值中位数。

- 抵押贷款与租金价值占家庭收入的百分比。

这些描述性信息将帮助你了解社区中的住房与房主特征。县规划部门、区域规划机构或州数据中心还可提供其他数据。

现存住房与房主特征

住房调查的目的是确定社区中居住单元的总数、类型和特征。居住单元的概念不应与"家""房子"或"结构"等词相混淆。一人或多人的家庭所居住的每一套住房，均归类为一个**居住单元**（dwelling unit）。这意味着，私人住宅中的每一套公寓、复式住宅中的每一套住宅，以及综合体中的每一套公寓，均记为一个独立的居住单元。

这一基本定义有几种例外情况：

- 一间未提供厕所和烹饪设施的单人卧室。

- 医院。

- 老年人护理机构或患者治疗与护理机构。

- 学院、大学或宗教机构。

- 监狱。

第一项任务是构建一个表格，显示社区内现有居住单元类型细目的数量（表 10-1）。表 10-1 所示为社区内不同住房类型的组合情况。应编制一个类似表格，显示 20 年前社区的住房组合情况，并将两个表格进行比较，以显示不同住房类型的近期趋势。你还可以将社区中的住房类型与附近社区的住房类型进行比较，从而了解所在地区典型的住房组合情况。

2000 年纽约州日耳曼敦镇（Germantown，New York）的现有住宅类型		表 10-1
住宅类型	套数	占总套数百分比（%）
独户	732	74.4
复式	80	8.1
多户型	109	11.1
活动房屋	63	6.4
总数	984	100

资料来源：美国人口普查局，2000 年人口普查（www.census.gov），美国实况调查。

在过去几十年里，新住房的增长速度一直快于总人口的增长速度。这是因为普通家庭中居住的人数，即**平均家庭规模**（average household size），一直在下降。有关你所在社区平均家庭规模的信息，可从人口普查中获得。

住房调查的另一部分是**住房保有权**（housing tenure），即居住在自有住房中的家庭数量和居住在租赁住房中的家庭数量。住房保有权还包括自有住房和租用住房的空置率。空置率是指上次人口普查时空置的那些住房。

空置信息很重要，因为它显示了对特定住房类型的相对需求情况。自有住房入住率低于 2% 或 3% 表明市场紧张，对新增住房的需求未得到满足；而租用住房入住率低于 5% 则表示租赁市场面临压力，需要有更多的租赁单元。租用住房入住率低会使社区在吸引新家庭方面处于不利地位，这些家庭在工作稳定并与社区建立起联系之前，可能更愿意住在租赁住房中。对于希望吸引年轻家庭或老年退休夫妇的社区，必须提供某种形式的租赁住房，以确保有可用的居住单元。

对于某些社区而言，季节性或娱乐性住房是一个重要问题。人口普查将此类住房数量归入"空置"住房类别下。如果季节性或娱乐性住房在空置住房存量中所占比例很高，比如 50% 或更多，则规划委员会应考虑是否存在与此类住房相关的特殊问题。

例如，许多季节性居住单元依赖于就地化粪池系统和水井，这在社区的某些区域可能合适，也可能不合适。这样的住房还往往处于农村和风景区，可能会对那里的农业或森林用途或是景区价值造成冲突；它们还可能对地方和区域性娱乐场所提出额外要求。虽然一些季节性或娱乐性住房可能很简朴，但这类住房往往是高档的。尽管昂贵、高档的住房可以为社区带来额外的税收收入，但足够多的高档住房也会导致地价和房价上涨，使长期居民及其下一代买不到负担得起的住房。

住房条件

在美国，质量最差的住房大部分位于农村地区和农村社区。2006 年，大约四分之一的美国人居住在农村地区，占据了全国约一半的不合标准住房。造成农村住房条件差的原因有以下几点：

- 大部分农村住房都是 60 年或更久以前建造的老房子，而且往往没有得到很好的修缮。

- 农村地区很少采用并强制执行住房、建筑、管道、电气和防火等规范。

- 一些农村家庭，特别是在南方，仍然没有室内管道系统。

- 贷款机构一般更愿意贷款给大城镇的购房者和开发公司，而不是小城镇。

- 地方经济状况不佳，就业机会有限，意味着家庭收入较低。许多家庭负担不起高质量的住房。

- 在偏远、衰退的小城镇，很难找到合格的建筑商和工匠。

对社区现有住房条件进行调查是一个好主意。人口普查中关于住房条件的数据非常有限，只包括建造年份和管道可用性的数据。

表 10-2 所示为纽约州日耳曼敦镇存量住房的建造年份，数据来自 2000 年人口普查。你可从当地财产评估或估价师那里获得更多的数据。请与当地评估师联系并讨论你的需求。要说明你的目的是获得对社区住房条件的评估。在要求其提供任何信息之前，你应该明白，评估师的职责是为征收房产税而厘定房产价值，不是针对个别建筑物的最终状况。

评估表可能会显示有关居住单元状况的以下三个因素：

1. 等级。

2. 物理状况。

3. 条件 - 期望 - 效用（Condition-desirability-usefulness，CDU）评级。

纽约州日耳曼敦镇居住单元建造年份　　　　　　　　　　　　　　　表 10-2

建造年份	住房套数	占总套数百分比（%）
1999 ~ 2000 年 3 月	8	0.8
1995 ~ 1998 年	67	6.8
1990 ~ 1994 年	43	4.4
1980 ~ 1989 年	87	8.8
1970 ~ 1979 年	107	10.9
1960 ~ 1969 年	60	6.1
1940 ~ 1959 年	143	14.5
1939 年或更早	469	47.7
总数	984	100

资料来源：美国人口普查局，2000 年人口普查（www.census.gov），美国实况调查。

住房质量的条件－期望－效用评级示例　　　　　　　　　　　　表 10-3

评价	等级
最佳	A
很好	B+
好	B
普通	C
一般	C-
差	D
破旧	F

这些因素取决于房产检查人员的判断。表 10-3 所示为获取不同因素的标准和尺度。

建筑物的等级因素基于施工和设计的质量。较低等级（C 和 D）的住房可能具有较好的可负担性。条件－期望－效用评级是根据一套特定住房的物理条件、等级和对当地房地产市场的判断综合而成的。条件－期望－效用评级可能是确定社区住房可负担性和住房条件的最重要信息。如果你所在地区的住房有很大一部分处于较低的条件－期望－效用评级等级，那么改善住房基础应该是规划中的最优先事项之一。

对现有住房进行目视检查可有助于澄清评估数据，也可将其作为信息收集过程中的替代步骤。请记住，城镇规划的其他几项研究（特别是土地利用分项）需要进行这种社区范围的目视检查。如果行程安排得当，并且可以在一次或两次出行中收集到必要的数据，则无需进行多次回访。

在进行调查之前，你必须获取社区的"街区与地块图"。请记住，许多商业建筑和一些独户住宅都包含公寓。对当地住房条件进行调查的最简单方法，是使用补充材料 10-1 中所描述的常规方法。这种方法记录每套居住单元是否为标准住房、轻微不合标准住房、严重不合标准住房或危房。每个类别均可添加加号（＋）或减号（－），以表示建筑物处于过渡阶段。

在城镇规划中列明住房条件

在提出有关住房条件的数据时，要指出社区中危房或不合标准住房比例较高的区域，并避免提及任何具体地址。作为替代方案，可将社区划分为网格或象限，并根据住房条件的平均质量，以不同颜色或阴影对网格或象限进行处理。利用从估价师或目视调查图上收集的信息构建一个表格，显示不同类别住房条件下的居住单元套数和百分比。

如果住房条件数据显示住宅恶化的比例很高，则应如实加以说明。如果社区在房屋维修和更换方面做得很好，这一点也应该提到。一个稳定的新住宅建设和现有住房维护计划高度体现了社区的关怀态度，这可以转化为对新企业的吸引力。

补充材料 10-1　住房条件评级

标准（Standard）住房没有明显的外部缺陷，结构坚固，检查员可以明显看出，其建造的目的是提供安全、健康的生活。

轻微不合标准（Substandard minor）住房有轻微的缺陷，通常可通过定期维修加以修复，但需要随时注意。缺陷可能包括：油漆（裂纹、剥落、缺失），门廊（轻微损坏，如木板朽烂或混凝土有裂缝）；台阶（轻微损坏，如垮塌或木板、混凝土破损），窗户（玻璃有裂缝或破碎），外墙（木制：有裂缝或有少量朽烂；砖及砌体：砖、砌体或灰浆有裂缝或轻微损坏），屋顶（少量瓦片缺失或其他轻微损坏），以及活动房屋（以上大部分标准均适用，还要注意查看锈迹和有裂纹的凹痕）。

这些缺陷应不危及健康或安全。若建筑物有上述三项或更多项缺陷，则应慎重考虑是否将此居住单元列为严重不合标准住房。

严重不合标准（Substandard major）住房不仅仅需要日常维护。最基本的需求不是使居住单元达到完美状态，而是使结构对其居住者而言是安全、健康的。缺陷可能包括：门廊（严重损坏，如栏杆和支柱损坏或缺失），台阶（严重损坏，如缺少踏板或有大裂缝和可能使人摔倒的孔洞），窗户（玻璃缺少，以木板遮盖，以及窗框和窗格腐烂或严重损坏），外墙（木制：大面积裂缝，且木板朽烂；砖及砌体：缺砖少石；或木质和砖、砌块有长度不超过 1 英尺的孔洞，且破损尚未延伸至内墙——否则应归类为危房），屋顶（瓦片缺失很多，孔洞长度不超过 1/2 英尺，且未延伸至屋顶表面），烟囱（缺砖），大型公寓楼（较高楼层无太平梯），以及活动房屋（大面积生锈，外表面有孔洞，连接处或转角处有缝隙）。

严重不合标准的居住单元可以进行修复，以符合标准住房要求，但修复应在经济上可行。如果居住单元有上述三项或更多项缺陷，则应慎重考虑是否将其归类为危房。

危房（Dilapidated）结构无法提供安全或适足的住所。建筑原本可能是坚固的，但现在已不再如此。所有临时性构筑物或包含临时附加设施的建筑物，均应自动归类为危房。危房可能具有以下特征：房屋倾斜，基础下沉，门廊倒塌，烟囱坍塌，以及受过火灾破坏。

危房或附属设施应予以拆除，一般来说，对普通居住单元进行修复在经济上是不可行的。请注意，每个危房结构都会减少社区财富。为了公共安全，改善社区外观，以及作为社区经济发展活动的一部分，应拆除这些结构。

住房可负担性

可负担性住房对良好的生活质量和健康的社区至关重要。可负担性住房也被称为**劳动力住房**（workforce housing），包括低收入住房和中等收入住房。可负担性住房是处于不同生活阶段的社区成员的居所，其中包括单身人士、年轻夫妇与家庭、大学生、蓝领工人、空巢父母和老年人等。提供可负担性住房可使几代人能够在同一个社区生活和工作，并减少通勤需求。

人们普遍接受的**可负担性住房**（affordable housing）的定义，是指家庭支付不超过其年收入 30% 的住房。这 30% 包括抵押贷款或租金以及其他相关费用，比如家庭保险等。

2000 年纽约州日耳曼敦镇的住房成本占家庭收入百分比　　　　表 10-4

住房支出占收入百分比	自有住房者		租房者	
	数量	百分比（%）	数量	百分比（%）
少于 15%	157	46.8	21	10.4
15% ~ 19%	70	16.4	39	19.3
20% ~ 24%	65	15.2	40	19.8
25% ~ 29%	38	8.9	22	10.9
30% ~ 34%	32	7.5	13	6.4
35% 或更多	65	15.2	44	21.8
未计入	0	0.0	23	11.4
总数	427	100	202	100

资料来源：美国人口普查局，2000 年人口普查（www.census.gov），美国实况调查。

许多社区鼓励在大地块上建造独户住宅，并劝阻或禁止多户型住宅和活动房屋的开发。这种做法使社区因没有提供各种所需的住房类型而面临法律风险。有些州要求社区提供其"区域公平份额"的一系列住房类型，不管怎样，这样做是一种良好的规划做法。规划的目的不是将某些住房类型或阶层的人排除在一个社区之外。

尽管许多人认为可负担性住房仅指公寓或联排住宅，但它实际上意味着各种各样的其他可能的住房类型和配置，包括复式住宅、附属的独户住宅、较小地块上的农舍式小屋、预制房屋、附属公寓以及老人房等。在缺少公共排水和供水服务的城镇，这些其他住房类型往往比公寓和联排住宅更可行。

关于社区房屋和租金价格有很好的人口普查数据可用。这些数据可以与社区的历史住房价值以及这一地区其他社区的住房成本中位数进行比较。人口普查提供的一组特别有价值的数据是抵押贷款和租金成本占家庭收入的百分比，因为这一信息是社区是否提供可负担性住房的指标。利用人口普查数据，社区可以了解当地家庭中，有多大比例被认为是"支付困难"，并且可能难以负担食物、衣物、交通和医疗等必需品。

表 10-4 显示了一个社区的住房负担能力。在给出的示例中，近 23% 的自有住房对于居住在其中的家庭来说是负担不起的；至少有 28% 的租赁住房对于居住在其中的人来说是负担不起的。这些数字在许多社区是很典型的，在这些社区，近几十年来住房成本的增长速度远远高于收入中位数。有关可负担性的数据有助于确定社区对新住房类型的需求。

城镇规划应包括一份说明，阐述社区住房的相对可负担性，以及社区中承担沉重住房费用（超过收入的 30%）的所有特定群体。

未来的住房需求

通过比较预测的未来人口增长（或下降）与现有的可用住房存量，然后通过估算需要建造多少新住宅来容纳新家庭，可以估算出未来住房需求。首先，用预测的未来人口除以社区的平均家庭规模，然后减去目前的住宅套数，得到未来新需要的住房数量。其次，确定新需要住宅的组合配比，即考虑近期的住房趋势、可负担性住房的需求和空置率。这一步没有正确答案，因为每个社区都会有所不同，但你可能会发现，与独户住宅相比，对其他类型住房的需求更大，如老年住房、多户型住宅和活动房屋等。可附上表格和说明，为社区推荐一个具体的未来新住宅组合。请记住，规划的目的不是要将某些住房类型或人群排除在社区之外。

你还必须考虑所在社区是否提供公共排水和供水服务。拥有这些服务的社区更有能力提供广泛的住房类型。然而，没有公共排水和供水服务的社区也仍然可以提供可负担性住房类型，如农舍式小屋、复式住宅、预制房屋和附属公寓等。如果土壤条件允许，其他类型的可负担性住房可以使用替代性社区污水系统。

社区要满足其未来住房需求，不是通过自己提供住房，而是要确保为所需住房类型提供足够的规划土地和分区土地（参见城镇规划土地利用分项）。同样，如果社区发现住房质量下降是个问题，他们可以通过激励措施与当地法规相结合来促进住房维护与改善，而不是自行改造。

一个社区的预期未来人口和现有住房存量让人们对未来住房供应情况有了深入了解。如果目前的住房不足以满足未来需求，则必须建造更多的住房，否则需求增加往往会推高房价。适足的住房对支持经济增长至关重要。为了吸引新的企业或行业，社区应该能够容纳进入社区的新工人。住房需求也与未来土地利用密切相关。如果需要建造新的住房，那么应该建在哪里，每英亩建多少套呢？

振兴小型社区的住房没有单一的途径。诸如人类家园（Habitat For Humanity，www. habitat.org）和国家与社区服务公司（Corporation for National & Community Service，www. cns.gov）等自助计划都获得了成功，志愿者社区改善企业也取得了成功，这些企业本质上是一群相关的利益集团，如礼拜场所、商会、当地银行、宗教组织、建筑商和地方政府等。

专业规划师或知识渊博的志愿者应协助评估未来的住房需求。过度简化住房需求存在许多隐患。如果你所在社区计划申请住房补贴资金，数据的准确性尤为重要。

住房目的与目标

一个社区的人口无论是在增长、衰退还是很少变化，都必须关注现有的住房数量与质量。一个城镇是拥有了有效的城镇规划，还是只有经济发展梦想的静态社区之间的区别，可能取决于是否有适足的住房。住房的目的与目标将取决于每个城镇的需求与愿望，这反映在住房调查与分析以及所有的公共调查中。

以下建议可作为未来住房发展的指导方针：

- **目的**：为所有收入水平的全体居民提供完善、健康和可负担的住房。
- **目标**：鼓励增加城镇中心区多户型住房套数。
- **目标**：在城镇北端划定足够的土地用于建造新的独户住宅。

改善或调整社区现存住房的替代方案有很多。例如，社区可能需要对以下方面进行研究：

- 用于修复现有房屋或公寓的激励措施。
- 建造或推广老年住房。
- 允许在地方分区规划中有更多种住宅类型和地块规模。
- 为中低收入家庭建造住房提供联邦、州或地方资金。所需具体工作应反映在具体目标中。

小　结

住房以及经济活动和生活质量是社区的基本要素。住房是社区的主要财富。如果社区和私营部门不能或不愿扩大住房机会，那么经济发展战略就会失败。小型社区很多时候并不理解提供适当住房以吸引新家庭的必要性。把新公司招募到区域里，然后转身告诉雇主他们的员工必须在其他社区寻找住处，这种做法有失诚恳。

维护良好、可用、可负担且安全的住房，是决定一个社区的生活质量、外观和适应增长能力的关键因素。城镇规划的住房分项在城镇人口目标与经济发展和土地利用分项之间提供了重要联系。如果一个城镇想要容纳或鼓励更多的人口和经济增长，那么就需要为不同收入水平的居民提供住房，需要提供独户和多户型住宅，需要提供可购买和可租赁的住房。住房分项提供了一幅有用的图景，说明了城镇当前的住房容量，需要多少住房和什么类型住房，以及应该在何处建造新住房。

第11章

社区资源与公共设施

引　言

社区设施是公共拥有的建筑物、土地和基础设施（如排水和供水设备与管道、道路、学校、公园以及警察局和消防站等），为公众服务。有些城镇拥有并经营市政天然气或发电厂、供水公司，甚至地方医院。规划委员会对治安与消防等一些社区资源没有决策权。民选管理机构负责在不同公共设施和人员之间分配城镇收入。

对社区设施的需求

对社区设施的需求取决于许多因素，包括规划区域的大小、人口数量与密度、预期增长、经济基础和现有设施的容量等。许多家庭和企业将社区设施的可用性和质量视为决定在何处选址的重要因素。由于私人开发往往追随公共服务的位置、容量和质量，社区会希望将社区设施规划与经济发展、住房、交通、开放空间和土地利用目标相协调。这样的努力将有助于评估社区现在和将来对设施的需求，确定项目的优先次序和时间表，协助为具体项目提供资金，并确定设施的理想位置。这些信息对于社区制定一个现实且在经济上可行的基本建设改善计划至关重要（见第17章"基本建设改善计划"）。

教　育

教育是地方社区最大的公共支出。地方学校预算由学校董事会控制，而不是由民选管理机构控制。同样，学校董事会在社区规划过程之外为新学校、学校扩建和学校合并制定规划。新学校选址和关闭旧学校会对地方的土地利用模式产生重大影响。协调地方学校董事会和城镇政府之间的各种规划对于有效管理增长、预算和提供教育服务至关重要。

请注意，在教育领域，规模越大并不总是越好。例如，有些社区一直反对建造地区性高中，因为他们重视规模较小的本地高中，尽管这样做对每个学生来说花费更多。

请当地学区的代表来协助城镇规划的教育分项。很可能学区已经整理了所需的大部分信息和估算值。请注意，在有些州，地方学区是独立的行政单位，其覆盖范围可能与城镇边界不同，在中西部和西部各州尤其如此。

城镇规划教育分项至少应包含以下信息：

- 公立与私立学校的名单及其所在位置，目前的招生人数和每所学校的最大招生量。
- 所有建筑物和设施的物理状况和使用寿命。
- 估算社区和学区在未来十年的学龄人口入学人数（如果二者不同的话）。
- 估算为容纳未来学龄人口而需要进行的学校未来扩建或翻修情况。

简而言之，学区代表应评估校舍与内部物理设施、总体教学计划的优缺点，以及行政管理人员与教学人员相对于目前学龄人口是否充足。

学区代表还应解释与学区未来预计人口相关的未来设施规划。对未来设施和未来人口的估计可能会反映出未来每名学生的成本是增加还是下降。例如，社区中增加 100 名学龄儿童并不一定意味着要使这一学区达到地区或州标准，每名学生的费用将高于目前的平均费用。对教育资源和需求的所有估算均应基于地区或州标准。你所在州的教育部应该能够为你提供这些标准。

城镇规划的这一分项还应讨论当地的中学后教育机构如何在社区生活中发挥作用，比如高等院校、社区学院和职业教育中心等。具有前瞻性的教育规划还应解决计算机和电信设施等技术需求。

固体废物处理

固体废物处理通常是社区预算中的第三大支出，仅次于教育和道路。请阐明社区目前用于固体废物处理的设施情况。区域垃圾填埋场和私营垃圾运输商现在是主要的固体废物处理提供者。

固体废物处理设施的说明应包括以下内容：

- 显示垃圾填埋场位置的地图。
- 当前垃圾填埋场的预期寿命。
- 处理区在场地开放时和现在的面积（以英亩为单位）。
- 处理场的条件和曾经遇到的所有问题。

要探索形成或扩大对玻璃、纸张、塑料和铝制品的回收利用。请询问公众他们愿意支持什么样的回收利用。在有些州，如宾夕法尼亚州，回收是强制性的。回收往往会延长垃圾填埋场的使用寿命，还可能带来一些新的商机。

要确定社区内的所有危险废物场址。这些场址均被列入国家优先事项清单，被称为超级基金（Superfund）场址，或是被列入了州清单。美国环境保护署的地区办事处或你所在州的环境部门应有关于这些场址的位置、规模、内容和潜在危险的信息。危险废物场址不允许在场地及其附近进行任何类型的开发。危险废物会渗入地下水，并污染邻近的地下水供应。

确定所有已知的棕地。棕色地带至少存在一定的污染，但通常有清理和再利用的潜力。大多数州都有自愿计划，开发商可以与州环境局就棕地的修复和再开发进行协商。棕地再开发可以成为一项重要的经济发展战略，也是改善地方环境质量的有效途径。

供水与污水处理

许多小城镇已经认识到，安全、可靠的供水与排水系统对于维持高质量的环境以及保留和吸引企业都是必要的。联邦法律，如《清洁水法》（Clean Water Act）和《安全饮用水法》，要求水供应商提供良好的水质，并要求污染者支付罚款。没有任何个人或企业希望被指控污染水源，也没有任何社区希望危害其公民的健康。

公共供水系统是一个由储水、过滤系统、泵送设施和配水管网组成的网络。污水处理系统包括污水收集管道、雨水管道和污水处理设施等。美国一半以上的小城镇有公共供水服务，但只有不到三分之一的社区有污水处理设施。人口不足 2500 人的城镇往往没有公共污水处理设施，因为公共污水处理系统的每户成本非常高。

污水处理

小城镇居民一般使用化粪池和渗滤池，而不是市政排水管道系统。最近，一些小社区建造了污水氧化塘来处理废物。这些氧化塘是浅水池塘，可以容纳废物，使其自然分解。氧化塘必须有不透水的土壤，这样污水不会大量渗漏出去，导致地下水污染。液体废物偶尔会被抽出并喷洒在附近土地上，氧化塘底部的污泥必须被挖出来，撒在地面上。有关污水氧化塘的更多信息，请与县工程师、县卫生部门或州社区事务部联系。

一个安全的经验法则是，每个现场化粪池系统应占地 2 英亩左右。在系统的使用寿命期间，有必要挖掘渗滤池并将其移至备用地点。此外，应至少每隔几年将化粪池系统抽空一次。有的城镇甚至通过了要求定期抽吸化粪池系统的法令。

供水规划

供水规划涉及确保可靠、长期的供水和管理用水需求。你可以通过联系州地质学家、州水资源部或州立大学地质学系等，找到有关地下水和地表水供应的位置、规模和质量的信息。社区可以编制水资源预算，以确定现有和未来的供水能力。供水服务区的所有重大新开发或扩建项目，均应根据预计的未来供水情况进行审查。在有些州，如亚利桑那州和加利福尼亚州，在重大开发项目被批准前，开发商必须证明有长期可用的供水。

水的定价非常重要。传统上，用户用水量越大，水务公司收取的每加仑水费就越低。对于商业和工业用户来说尤其如此。现在，水务公司正在调整定价，使用户用水量越大，每加仑收费越高，这被称为"**区间定价**"（rising block rate pricing），鼓励节约用水。

历史上，许多小城镇的家庭和企业从水井和蓄水池中取水。清洁水短缺将阻碍经济发展，甚至影响社区的生存！在许多农村社区，地下水污染是一个严重且日益突出的问题。地下水一旦遭到污染，就很难清理干净。

可能造成地下水污染的原因如下：

* 化粪池系统维护不善。
* 草坪和农田过度施用杀虫剂、除草剂和化肥。
* 向水井中倾倒废物。
* 来自垃圾填埋场和地下储油罐的泄漏。
* 来自饲养场的径流。
* 从路面冲刷下来的盐、油和汽油。

1974 年的联邦《安全饮用水法》和 1996 年的修正案旨在减少公共饮用水供应中的污染物。法案使美国环境保护署能够做到以下几项：

* 制定国家饮用水质量标准。
* 要求对饮用水系统中的污染物进行水质监测、水处理和公开报告。
* 为源水保护计划提供资金，以保护流域、含水层和井源免受潜在污染。
* 禁止将危险废物注入地下。

环境保护署有权监管公共供水系统，这些系统负责提供充足的饮用水供应，以满足其所服务社区目前和预计的未来需求。公共供水系统还包括**非社区供水系统**（noncommunity water systems），每天至少为 25 人提供服务，持续 6 个月或更长时间，主要是在大型企业、娱乐区、公共场所和建筑物中。服务少于 25 人的私人供水系统不受美国环境保护署监管。拥有个人水井的房主和小企业主需要自行测试水井。

根据《安全饮用水法》，美国环境保护署已为 90 种饮用水污染物设定了最高允许值。美国环境保护署还对重金属、颜色、腐蚀性和浑浊度等设定了二级标准。如果发现污染物超过最高允许值，则必须在将水输送给客户之前对水进行处理，以达到标准。对于二级标准，也需要监测和处理。

1996 年，美国环境保护署通过了《加强地表水处理条例》（Enhanced Surface Water Treatment Rule），要求依赖地表水或受地表影响的地下水的社区，要对水进行过滤和消毒才能进行分配。这些新标准迫使许多较小的社区放弃其地表水或受地表水影响的水源，寻找新的地下水源，以避免建造过滤厂的高昂费用。

如果某一社区或地区的唯一或主要饮用水来源是地下水，环境保护署可将这一地下水供应指定为唯一水源含水层。如果联邦政府资助的项目有可能污染唯一水源含水层，则必须对项目进行严格审查。

现在，每个州都有一个经由美国环境保护署批准的井源保护计划，作为地方政府禁止污染社区水井的土地用途的指南（见第 18 章 "其他地方性土地利用条例" 中的 "井源保护"，关于建立井源保护计划的内容）。大多数井的钻探深度为 150 ~ 200 英尺。一些新的开发项目，如洗车场和饲料场等，不应位于水井附近，也不应允许使用注入井来处理工业和商业废物。

城镇规划土地利用分项中有关于土壤的信息，这些信息将有助于确定不同土地在不造成严重水污染的情况下从不同类型和密度的开发中吸收废物的能力。最重要的是，你所在社区应该为城镇供水的定期检测制定目标，并鼓励对私人水井进行检测。

排水与供水系统管理

如果你所在社区有市政排水和供水系统，你应该确定以下各项内容：

- 污水与水处理厂、社区供水与配水系统的容量。
- 社区中污水处理和供水成本的当前使用水平和近期趋势。城镇规划的社区设施分项必须包括相关政策，来讨论你所在服务区域中新增部分的成本公平分摊办法。
- 排水与供水管线的位置，并确定社区中哪些区域比较容易或较难提供服务。
- 社区的水处理和配水系统的年限、状况和使用寿命等。这些信息将有助于评估现有系统支持未来发展的能力，并有助于估算扩大系统以服务新增长的成本。

安排与市、县或供水 / 排水区官员的工作会议，以评估你所在社区的供水和污水处理及分配系统的现状与未来容量。

如果供水面临严重不足的危险，或者污水处理厂已接近满负荷，那些正在快速增长的城镇应谨慎允许新的供水或排水管道接入。城镇可以限制一年内允许连接的数量，甚至可以暂停新的连接。通常，可以合法地暂停不超过 18 个月。

一个城镇可以利用水补偿来实现不增加净用水量的目标，也就是说，一项新开发提案必须与现有用户用水量减少相结合。住宅和商业用户的中水可以回收给工业用户，从而减少对清洁淡水的需求。

防旱很重要，而且不仅是在干旱的西部各州。社区可能希望对用水施加限制（例如，上午 8 点至下午 6 点之间不准浇灌草坪），并对采用节水技术（如低流量淋浴喷头）的消费者给予补贴。地方自来水公司可开展节水调查以及家庭与企业改造项目，以记录用水量，检查漏水情况，并安装节水设备。

如果你所在社区没有市政排水和供水系统，请利用城镇规划住房分项的信息来确定没有足够管道的居住单元。你可能还想要探索创建替代的社区废水系统，如喷雾灌溉或氧化塘等。

居民超过 2500 人的城镇可能希望与联邦机构联系，探讨市政排水和供水系统的可能性，这些机构包括住房与城市发展部、环境保护署和农村发展管理局（Rural Development Administration）。环境保护署有用于安全饮用水供应建设的拨款计划，以帮助社区满足《清洁水法》和《安全饮用水法》的规定；农村发展管理局为居民少于10000 人的农村社区提供供水和废水处理的贷款与赠款。确定这些资金来源将有助于为城镇制定基本建设改善计划（见第 17 章"基本建设改善计划"）。你的社区也可能希望探索与附近城镇建立区域水务局的问题。

治安保护

警察局应收集和提供有关社区治安保护的信息，以纳入城镇规划（参见补充材料11–1）。

城镇规划还可能包括：

- 每年请求警方协助的电话总数。
- 过去三年中每年进行的刑事调查总数。
- 上述两项增加或减少的百分比。
- 过去一年按类型和数量分列的详细犯罪统计数据。
- 描述警察大楼和设备的现状。
- 受雇于执法部门的全职人员人数。
- 受雇于执法部门的兼职人员人数。

补充材料 11–1　治安保护说明示例

斯凯威镇在很大程度上依赖一名常驻州警察，由夜间警员增援。这位常驻州警察 24 小时待命。社区由希尔市"C 部队"的州警察负责，在镇政府设有办公室。随着社区的发展，斯凯威镇可以要求再派遣一名州警察来满足其需求。作为另一种选择，社区可雇用一名全职警长来指挥警员。这两种安排都能充分保护社区，除非人口超过 3500 人。超过这个人口数量，社区就会发现有必要向社区警察队过渡。

斯凯威镇与希尔市和希尔县一起提供 911 服务。

消　防

社区规划必须始终讨论消防问题，因为随着城镇的发展和消防设备的耗损，对优质消防服务的需求也在增长。城镇规划应包括有关消防问题的讨论，并提供下列信息，以及社区供水系统服务区域图。

消防资料说明

- 消防公司和所有变电站的位置。

- 列出并描述每个消防站的所有消防设备。

- 讨论目前或未来所有关于更换旧消防设备或购置新设备的计划。

- 讨论社区供水和消火栓系统的所有缺陷。

- 讨论发展社区供水和消火栓系统的替代方案，以满足当前或未来的需求。

- 全职、兼职或志愿消防员人数。

- 消防部门服务的区域。

美国国家保险委员会（National Board of Underwriters）建议消防区的最大半径为4英里，但也存在不同的标准。你还可以评估社区的消防服务（根据表11-1中给出的标准），并确定消防公司每年对呼叫的响应数量。

当住宅建筑之间的平均距离小于100英尺时，此区域被视为密集建造住宅区；当大部分平均距离超过100英尺时，此区域被视为分散布局住宅区。请注意，在有铁路穿过城镇时，如果火车定期阻塞交叉路口，并在主消防站对面的轨道一侧发生增长，则可能需要一个消防分站。请查找你所在社区的火灾保险等级，并探讨降低社区居民支付火灾保险费率的方法。

利用上面提供的标准和信息，通过讨论城镇规划土地利用分项中指出的未来潜在增长区域的消防需求，以及审视社区建成区目前消防需求，你应该能够完成城镇规划的这一分项。

防火区建议标准　　　　　　　　　　　　　　　　　　　　　　　　表 11-1

土地用途类型	建议服务半径	
	消防队或消防公司	云梯消防队
商业 / 工业	0.75 ~ 1 英里	1 英里
中高密度住宅	2 英里	2 英里
分散布局住宅	3 ~ 4 英里	3 英里
农村低密度住宅	4 ~ 6 英里	—

公园与娱乐设施

公园与娱乐区是重要的社区资产。公园为居民和游客提供开放空间，并普遍改善了城镇的外观。各城镇所需或期望的公园用地数量差异很大。请确定公园用地的英亩数，并在土地利用底图（参见图 5-1 "社区底图"）上表示出公园。请阐述公园和公立学校可提供的娱乐设施的类型和条件。这些设施可能包括：运动场、秋千、网球场、自行车道、游泳池、棒球和垒球场、篮球场、野餐区以及自然步道等。最后，要估算公园的使用频率和使用人数，这将在一定程度上说明是否需要新的公园用地和相关设施。

图书馆设施

图书馆资源是社区生活质量的重要组成部分。由于公民的需求和愿望千差万别，没有确切的标准可以适用于所有社区。此外，除了传统的城镇图书馆之外，现在还存在着各种各样的选择，如图书车、带有地方图书站的区域存书处、学区和当地社区的联合资源图书馆等。

地方图书馆员应汇编以下方面的统计数据：

- 可用图书总册数。
- 可参考图书总册数。
- 过去三年采购图书总数量。
- 上一年度儿童、年轻人和成人类别的图书借阅数量。
- 当地居民可用和常用的所有地区的图书馆资源。

你可以利用表 11-2 作为社区图书馆系统分类标准的范本。

图书馆馆藏及规模评估示范　　　　　　　　　　　　　　　　　　表 11-2

图书馆馆藏规模				
服务区人口（人）	城镇或县人口（人）	人均推荐册数（册）	现有册数（册）	偏离标准程度
100 ~ 499	450	5		
500 ~ 1499	800	6		
1500 ~ 2499	1000	6		
2500 ~ 5000	2500	7		

图书馆建筑规模				
服务区域的人口 （人）	城镇或县人口 （人）	人均推荐建筑面积 （平方英尺）	现有面积 （平方英尺）	偏离标准程度
100 ~ 499	450	1.00		
500 ~ 1499	800	0.85		
1500 ~ 2499	1000	0.90		
2500 ~ 5000	2500	0.90		

资料来源：罗尼·科尔曼（Ronny J. Coleman）、约翰·格拉尼托（John A. Granito），《消防服务管理》（*Managing Fire Services*，华盛顿特区：国际城市管理协会，1988 年），第 155 页。

卫生保健设施

获得优质卫生保健服务对于小城镇的发展或生存至关重要。缺乏卫生保健设施会阻碍新企业迁入社区，还可能迫使一些现有企业离开。对许多小社区而言，主要问题是缺乏训练有素的医务人员。此外，许多农村医院也很难盈利。

卫生保健设施说明

城镇规划中的卫生保健设施分项应包括关于下列各类信息的讨论，并辅以表格和图片。

医务人员

- 每千名社区居民的执业医师人数。
- 每千名县居民的执业医师人数。
- 每千名社区居民的执业牙医人数。
- 每千名县居民的执业牙医人数。
- 县与社区的注册或持证护士人数。

医疗设施

- 医疗或牙科专科诊所的数量。
- 社区病床数量。
- 全县病床数量。
- 基于建筑物、设备和人员的充足程度来说明社区和县两方面的现有医疗设施情况。
- 救护车服务。
- 说明大型区域医疗中心情况，其服务能力与服务区域。

农村卫生保健人员

有 1300 多个农村县缺少医生。医疗服务匮乏可能会威胁到小城镇的生活质量和经济增长。由于许多城镇都有大量的老年人口，医疗服务短缺尤其会危及老年人。此外，如果没有充足的医疗服务，新企业可能不会来到社区，现有企业也可能会搬走。

一个社区如何吸引医务人员？城镇规划能帮助实现这一目标吗？其他相同规模的社区以前也这样尝试过吗？这三个问题的答案肯定都是"是"！在研究美国各地小型社区的规划时，我们发现，大多数小型社区都在其规划中占用了大量篇幅，来说明其对医生的需求和渴望，并且大多数社区认为城镇规划是表达其公民医疗保健需求的好机会。

为了吸引医务人员，许多规划者建议社区考虑采取下列行动：

- 与美国医学协会（American Medical Association）、美国牙科协会（American Dental Association）以及其他医生、牙医和护士组织等机构在当地、县、地区和州的分会联系，并开展合作。

- 联系州与地区医学院，熟悉聘用医生、牙医和护士的程序与步骤。索取一份专业期刊和出版物清单，许多城镇都在这些期刊和出版物中刊登招聘医生的广告。

- 如果你的医疗保健需求特别紧迫，请让地方官员联系州代表和州议员，请求他们协助寻找。例如，美国国家卫生服务队（National Health Services Corps）已在医疗服务不足的地区安排卫生专业人员，由联邦政府支付报酬。

- 探索向医学院或牙科学校的学生提供经济援助的可能性，以换取他们在毕业后在你所在社区服务指定的时间。有些社区向当地优秀大学生提供助学金，让他们得以在医学院继续深造。如果学生继续医学学习并表现令人满意，可增加津贴支付所有费用，以换取毕业后在当地社区提供至多五年的医疗服务。

- 有些社区正在寻找替代性的卫生保健提供者，如执业护士，以解决其当前的医疗保健需求和问题。执业护士通常与医生一起工作，可以帮助建立一个初级卫生保健系统，足以满足许多较小社区的需求。

- 有些社区在其城镇范围内设置了措辞巧妙的大型标志牌，宣传对医疗人员的需求。

- 有些社区建造了办公室或诊所来吸引医务人员。

你可以利用城镇规划来发布消息，宣传招募医务人员。规划应包括：

- 社区现有可供医生和牙医使用的医疗设施。社区还可以对其公民进行调查，以确定受过培训的医疗技术人员和护士的大致数量。

- 说明对医疗专业人员的现金或福利奖励、现有的区域医疗设施以及规划中或正在考虑的区域设施等。

- 普遍需要的执业类型（例如，全科、老年科、妇产科或牙科等）。

- 如果医务人员在社区执业，将提供服务的区域范围。

- 本地或基于区域可提供的紧急医疗服务。

- 社区执业护士的数量。聘用执业护士是一种受欢迎的方式，可满足许多小城镇的医疗需求，特别是老年人的医疗需求。

社区资源与公共设施的目的与目标

要为本章讨论的每种社区设施制定具体的目的与目标。这些目的与目标将与人口预测和预期的经济增长密切相关。城镇居民的数量将影响对社区设施的需求，而经济增长将有助于支付成本。

以下关于目的与目标的建议仅供参考。个别社区的需求与愿望会有很大不同。

- 目的：提供优质公共教育。

- 目的：增加医务人员数量。

- 目的：提供固体废物的卫生处理。

- 目的：提供可靠的消防与治安保护。

- 目的：提供安全的饮用水供应。

- 目标：考量学龄儿童的预期增长，扩大当地高中招生规模。

- 目标：通过当地筹款购买公园空间。

- 目标：寻求在联邦拨款帮助下建设市政供水系统。

- 目标：扩大当地的回收利用工作。

- 目标：制定井源保护计划，并定期检测水井。

小　结

在城镇规划这一分项所做的努力可能会带来远远超出时间与成本投入的收益。对现有社区设施和未来需求进行诚实而清晰的书面评估，可以促进社区合作，带来社区生活的显著改善。当前和潜在的工业、商业和居民对社区服务的质量与数量都有浓厚兴趣。

一个社区的生活质量及其吸引和保持经济增长的能力，往往取决于社区服务的质量和数量。人们通常不会仅因为高效的交通网络或不断扩大的人口基数而被一个社区所吸引。个人和家庭之所以被吸引到一个社区（只要有最低数量的工作机会），是因为他们希望子女接受优质教育，因为他们渴望有安全保障，因为他们喜欢享受公园与娱乐区的清新简单与开阔，因为他们可以获得医疗服务和其他设施，使生活充满安全感和幸福感。

第 12 章

运输与交通

引 言

城镇规划的交通与运输分项讨论的是地方道路与街道网络的状况和交通类型，前者将社区内部联系在一起，后者则将社区与外部世界联系起来。地方道路、街巷和人行道等应为工作场所、学校、购物场所、公园和住宅提供安全、可靠的通道。对外交通网络对社区的经济增长至关重要。这些网络提供了进入市场和获得社区中没有的商品和服务的机会。一个社区的生计也取决于进出口货物与服务的运输成本。

可能存在六种交通方式，分别如下：

- 汽车、卡车与公共汽车。
- 火车。
- 飞机。
- 船。
- 自行车。
- 步行。

应对每种交通方式进行调查，并在城镇规划中作出概述。社区的位置和规模通常会影响长途出行可用的交通方式。例如，在过去40年里，邻近州际公路给许多农村地区带来了增长。同样，远离主要公路也意味着人口增长和发展绕过了某些城镇。缺乏区域机场设施日益成为偏远小城镇生存的障碍。有机会使用的区域机场将是一项重要经济资产。

汽车和卡车是几乎所有农村地区的主要交通工具。主要公路的状况是影响社区福祉的重要因素。许多州政府已经意识到维护州际公路需要巨大的开支。州际公路和桥梁往往没有受到重点关注。如果当地的州际公路状况不佳，社区应联系州际公路主管部门及其在州议会的代表。有些道路归县、乡或镇管理，这些道路的状况也应进行评估。

对公共汽车和卡车运输公司放松管制已导致许多小城镇放弃了公共汽车和卡车运输服务。铁路放松管制和支线运营废弃也使许多农村城镇没有火车服务。要根据抵达和离开的频率以及到达几个目的地的货运和客运价格，评估公共汽车、卡车和火车服务的稳定性。

对航空业的放松管制导致小型支线航空公司扩张，为更多农村地区提供服务。应注明到最近公共机场的距离及机场规模。城镇范围内的所有公共机场均应在地图上标明，相邻土地应按照联邦航空管理局（Federal Aviation Administration）的规定规划为兼容用途。

水运几乎完全用于运输货物。应说明公共码头的可用性、服务频率和运价。

由于对美国人健康的担忧以及汽油价格不断上涨，自行车和行人的机动性越来越受到关注。城镇可以提供自行车道和人行道，以鼓励自行车和步行交通方式。

街巷与道路

适足的街巷与道路系统为社区各部分提供可达性。首先，要汇编街巷与道路详细清单。其次，在制定城镇规划交通分项的目的与目标时，请牢记交通规划中街巷与道路的基本目的如下：

- 运送人员与货物要尽量减少对当地居民和商业活动造成干扰。
- 确保居民能够安全方便地从社区的一个地方去往另一个地方。
- 形成与区域公路系统相连的街道系统。
- 形成鼓励过境交通与本地交通分离的街道系统。
- 尽量减少行人与机动车之间的冲突点。

街巷与道路分为三种类型，分别有不同的功能（图 12-1）：

地方街道（Local streets）提供进入物业的通道。

集散道路（Collectors）将交通从地方道路引至干道。

干道（Arterials）承载出入城镇的交通。

除了一条进出城镇的主干道外，地方街道和集散道路通常构成小型社区的整个道路交通系统。地方街道提供通往物业的通道，作为公用设施的通行地役权，提供临时停车位，分隔建筑单体以提供光线和空气，并作为防止火势蔓延的边界。在住宅区，地方街道的道路红线宽度可为 40 ~ 65 英尺，路面宽度为 26 ~ 48 英尺。商业区域的道路红线宽度会更大一些，通常为 60 ~ 100 英尺，视停车要求和人行道宽度而定。

集散街道汇集来自地方街道的交通，并将其引导至社区的主要区域。大多数小型社区可能只有几条集散街道，大部分街道被归类为地方街道。集散街道的次要功能是通往单体物业。集散道路的红线宽度为 60 ~ 80 英尺，路面宽度为 30 ~ 80 英尺。

干道是承载高速交通的主要公路。干道通常是通往社区的门户，干道沿线的开发在很大程度上反映了社区的外观和优先事项。我们建议尽可能在社区和周边乡村之间建立一个整齐的边界，但我们也认识到，干道会吸引进出城镇的商业化、以汽车为导向的开发。

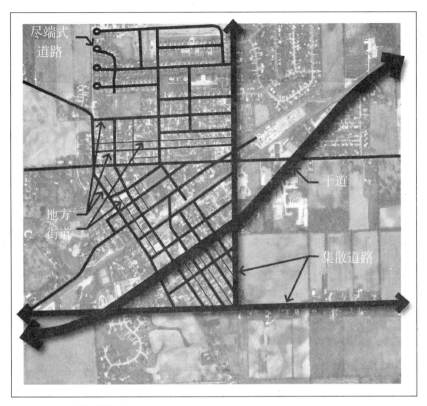

图 12-1　三种街道类型

图片由詹姆斯·塞吉迪提供。

补充材料 12-1　社区街巷与道路系统说明示例

斯凯威镇（City of Skyway）非常小，没有任何集散街道。堪萨斯州 14 号公路（Kansas Highway 14）和美国 58 号公路（U.S. 58）均可被视为斯凯威镇的干道，而社区内所有其他街巷与道路则可被视为地方街道。

所有交通都汇流到城镇中心，车流必须在那里绕过法院广场。除大型卡车外，这一交通系统目前看来是足够的。州公路部门已将穿越城镇的堪萨斯州 14 号公路拓宽项目列为非紧急项目，这意味着至少 10 年内不会拓宽道路。

除干道以外，社区的大部分路街均需维修。大多数街巷与道路上都有大坑，排水也有问题。已就排水问题与县工程师取得联系。州公路部门从斯凯威镇收取机动车费用。公路委员会从这笔资金中拨一部分给斯凯威镇，用于其维护地方公路。这意味着修复和维护地方街巷与道路是城镇的职责。

堪萨斯州14号公路的大部分路段有人行道,社区的主要地方街道——雪街(Snow Street)也只有一小段人行道。镇上其他地方没有人行道。最终,希望通过特种赋税收入在全镇修建人行道。这对上下学的孩子们来说尤其重要。

如果要在斯凯威镇北部的空地上建造新的住宅或企业,社区就需要修建新的路街。这些区域现在没有内部街道。

补充材料 12-2　关于绕行通道的说明

许多小城镇正在探索在其社区周围修建绕行通道。最近卡车和通勤交通的增加带来了相当大的噪声、污染和交通堵塞。绕行通道通常是为了在早晚高峰时段通行相对较少的过路车辆而建造的。绕行通道的修建会将大片农村土地开辟为低密度住宅开发区和商业带。这不利于形成紧凑型社区,会增加人们对开车出行的依赖,也会损害城镇中心的企业。通常,还有其他简单的解决方案,比如,协调穿越城镇的交通信号灯配时等。

然而,沿着干道的开发往往与"美国任何地方"的做法类似,有一长串的加油站、快餐店和连锁店。这种商业带开发不仅看起来令人不愉快,而且可能造成严重的交通问题。通常有多个路缘坡或车道提供从单体物业到干道的出入交通。车辆在快速行驶的车流中进进出出,并且没有足够的视线距离,这些都非常危险。有些社区甚至限制了干道沿线的路缘坡数量。以共用车道为两个或多个物业提供服务可使交通更安全。如果干道同时也是主要街道,小社区就会时常面临挑战。如何让过境交通速度慢下来是一个常见问题。

可利用上述分类编制社区街巷与道路系统说明。你可以将补充材料12-1中的说明示例作为参考。

作为交通说明的一部分,请用以下信息对街巷与道路进行调查:

- 街巷与道路的总长度。
- 街巷与道路的路面铺装情况(以英里为单位),按照土路、岩石和砾石路面、混合沥青路面和混凝土路面分列。
- 将社区所有街巷与道路列表,并附有关于道路状况的报告:
  - **较差**:需要大规模重修。
  - **一般**:旧路面需要进行大面积修复。

- **良好**：只需要正常的维护。

要收集社区某些区域每天的交通流量和出行信息。至少，要计算出进出城镇的主要道路上的交通流量。不过，在进行任何统计之前，你应该先咨询州公路部门，因为该部门通常拥有大多数社区的最新信息。你必须对交通流量最明显的街巷与道路（例如，集散街道和干道）进行交通统计。在一周的不同日子（通常最好是星期一和星期五），在同一条街巷或道路上至少要统计 2 次，并估算每天的平均出行次数。

你可能希望确定近年来发生交通事故的地点。警察部门可能有这些信息。确定危险交叉路口或延伸路段是解决这些问题的第一步。

接下来，你可能希望进行**交通需求研究**（traffic demand study），这是一项由社区居民填写的出行行为调查，目的是了解哪些人在哪里出行，以及出行的目的是什么，特别是通勤上班和购物目的。

志愿者可以邮寄调查问卷，也可挨家挨户进行调查。无论哪种情况，都要提前在媒体上宣传有关调查，并附上调查问卷副本。表 12-1 是关于通勤和购物模式的调查问卷示例。

针对通勤者的调查问卷示例		表 12-1	
说明：此问卷调查的目的是确定我们社区的通勤模式。如果你在史密斯维尔镇（Smithville）以外工作，或每天前往其他社区，请说明每位驾驶者的每日平均行车里程			
汽车行驶里程	——————		
摩托车行驶里程	——————		
家庭中驾驶者人数	——————		
说明：以下问题由开车到史密斯维尔镇以外的主要工作地点的每位家庭成员回答。请勾选适当选项，以表示工作或购物的主要地点是在亚当斯县还是在其他县		亚当斯县	其他县
司机 1：我工作日的平均行车里程是：		☐	☐
司机 2：我工作日的平均行车里程是：		☐	☐
司机 3：我工作日的平均行车里程是：		☐	☐
司机 4：我工作日的平均行车里程是：		☐	☐

作为最后一项任务，请准备一张显示路街网络的社区底图。请把所有集散街道与干道从地方街道中明确区分开。此外，你可能希望确定出行量较大的街道，以及可能分别处于较差状态、一般状态和良好状态的街道。此外，在底图上标出所有拟建街道的轮廓也是一个很好的做法。社区可能希望采纳一份关于未来街巷与道路的官方地图。官方路街图迫使未来开发要遵循社区希望的路街布局。一般来说，官方路街图应保留直线型路街网格系统。这将避免形成环形街道和死胡同，它们会使过境交通变得困难。

大都市地区小城镇的交通规划

各大都市县内的小城镇必须按照区域大都市规划组织（Metropolitan Planning Organization，简称 MPO）的要求进行交通规划。1991 年《多式联运地面运输效率法》（Intermodal Surface Transportation Efficiency Act，简称 ISTEA，发音为 "Ice Tea"，即 "冰茶"）要求每个大都市区设立一个大都市规划组织，以便有资格获得联邦交通基金。《多式联运地面运输效率法》建立了一个交通规划系统，使各州和大都市地区在联邦政府资助的新交通项目中拥有很大的发言权，并赋予州和地方对这些投资决策更大的控制权。《多式联运地面运输效率法》还旨在改善不同交通模式之间的联系（如为通勤者提供汽车和公共汽车等），并减少空气污染。

在美国，有 340 多家大都市规划组织，从小型都市区到跨州政府都有。大都市规划组织的成员由区域内的地方和县级政府任命。大都市规划组织接受公众对交通问题的意见，设定短期和长期的区域交通优先事项，编制交通规划，并厘定具体的交通投资项目。大都市规划组织就未来土地利用、交通需求和交通系统性能等进行预测。大都市规划组织编制一份 20 年区域交通规划和一份 3 ~ 5 年的交通改善规划，其中的具体公路项目也反映了空气质量方面的考虑。大都市规划组织要估算建立理想交通系统和改善措施所需的资金需求，并确定如何获得必要的财政资源。

小城镇应与大都市规划组织一起参与编制交通规划。大型公路或公共交通项目可能会对某些城镇产生重大影响（见补充材料 12–2）。

大都市规划组织将其规划提交给州交通部，后者编制州交通改善规划，其中包含建议获得联邦政府资助的交通项目清单。然后，由州长批准州交通改善规划，并将其提交至联邦公路管理局和联邦交通管理局审批。这两个联邦机构随后向州政府支付交通资金。

交通与运输的目的

以下建议可作为指导方针，但每个城镇的具体目的与目标将会有所不同：

- 目的：提供城镇范围内安全可靠的交通服务。
- 目的：改善与外界的交通联系。
- 目标：修复城镇北端的那座桥。
- 目标：在主街与榆树大街（Elm Streets）的转角处增设一处交通信号灯。
- 目标：增加往返城镇的公共汽车服务。
- 目标：升级当地的简易机场。

- 目标：设置更多的人行道，鼓励步行和骑自行车。

小　结

安全、高效的交通系统对于社区的顺利运作至关重要。地方路街系统的位置和质量将对未来可能发生增长的地方产生重大影响。与外界的交通联系极大地影响着经济增长潜力。对于现有企业和正在寻找新位置的企业而言，运输成本是一个重要因素。本节的交通研究评估了在城镇内部以及往返城镇外部运送人员与货物的难易程度。这些研究将表明，对公路、机场和水路等进行公共投资是必要的，对铁路、航空服务、卡车运输和公共汽车服务等方面进行私人投资也是可取的。

第13章

现状及未来土地利用

引　言

城镇规划的土地利用分项由两个独立但相关的部分组成。现状土地利用部分用于社区研究和评估其现有的土地用途和开发模式组合的利弊。然后，在未来土地利用部分，社区规划出其应该如何随时间变化的愿景。

规划委员会或规划顾问要编制一份社区现状土地利用模式的清单，建议未来发展的目的与目标，并绘制社区未来所需的土地利用模式图。清单应确定具有良好开发潜力的区域，如平整、排水良好的土地以及有公共排水和供水系统的地方。此外，清单还应指出开发受到限制的区域（例如，陡坡、洪泛区和土壤稀薄处等）。

规划不会使一个社区完全避免关于土地利用的争议，但土地用途清单和关于未来可能的土地利用模式的讨论，有助于集中论证社区目前如何利用土地以及未来又应如何利用土地。理想情况下，这种论证应产生明确的目的与目标，形成关于应该或不应该在某处进行开发的决策，并决定社区想要的开发类型。

土地利用分项用途

城镇规划的土地利用分项显示了城镇土地用途如何融合在一起，以及未来土地利用模式应如何变化。第一项任务是在土地利用现状图上描绘出社区现有土地利用模式（图 13-1）。我们强烈建议你使用 GIS 数据库绘图程序来编制土地利用清单和制作土地利用现状图。

接下来，对社区进行实地考察，并在社区条件勘查图（图 13-2）上记录现有的土地利用问题：

- 哪里存在土地利用冲突问题？
- 哪里有交通问题？
- 是否有排水和供水服务较差的区域？
- 哪里有重要的开放空间、历史建筑和遗址？

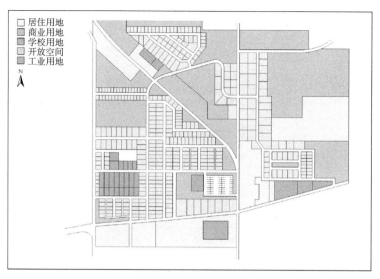

图 13-1　土地利用现状图
图片由肖恩·诺瑟普提供。

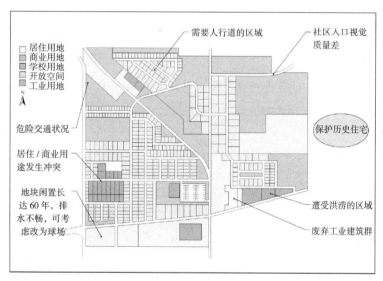

图 13-2　社区条件勘查图
图片由肖恩·诺瑟普提供。

- 由于陡坡、土壤潮湿或稀薄，或是洪泛区而存在开发限制的土地在哪里？

请在底图上标记你在踏勘调查期间观察到的明显且严重的冲突。在规划委员论证土地利用目的与目标时，这张附有说明的草图将非常有用。常见的冲突实例有：

- 危险或拥堵的交叉路口。
- 标识不够清晰的街道或铁路道口。
- 缺少人行道，迫使行人走上街道。

137

- 对不美观的外部存储空间没有进行遮蔽。

- 废弃车辆。

- 需要为学龄儿童设置人行道。

- 建筑物维护不善，明显与邻里街区格格不入。

- 人行道与街道管理不善。

接着，要研究人口预测、住房需求、经济基础和社区设施等，并决定符合社区总体特征的未来发展土地利用模式。要在未来土地利用图上显示出这种期望的土地利用模式。同样，强烈建议使用 GIS 数据库绘图程序来制作未来土地利用图。你可以利用 GIS 程序显示许多不同的未来土地利用模式，并可以从中确定最佳模式。

未来土地利用图可作为规划委员会和民选管理机构审查私人开发提案并就公共设施位置作出决定的指南。未来土地利用图还为分区规划和土地细分法规以及基本建设改善计划奠定了基础，这将使土地利用分项目的与目标付诸实施。例如，分区规划图以未来土地利用图上显示的土地利用模式为依据，并应该能够实现那些期望的模式。此外，社区应进行规划，以便在划定为未来增长的区域建设公共设施。

如果城镇居民无法想象他们想要的城镇是什么样子，或者无法想象城镇将如何成为一个居住、工作和娱乐的地方，往往就会出现糟糕的规划。例如，城镇居民是希望看到商业开发出现在城镇中心，还是出现在城镇外沿带状发展呢？决定选择传统的城镇中心位置可以为当地居民提供更好的可达性，并形成更具凝聚力的社区。一个切实可行的愿景可以为社区提供整体的土地利用模式，使其朝着这个方向努力。基于这一愿景的土地利用决策会对未来数年的社区设计形式产生影响（并有望保持或改善）。

去参观那些对如何发展和维持自己的城镇有明确愿景的小型社区往往是有帮助的。城镇内的各个地方都要很方便到达。老年住房设施要位于中心位置，而不是布置在只有开车才能到达城镇中心的公路沿线。要有公园和其他公共场所供人们聚会。城镇新建住宅要符合现有模式，而不是隐藏起来。

许多州的规划和分区授权立法要求城镇在编制分区规划和土地细分条例之前，必须编写并通过适当的土地利用规划或综合规划。此外，分区规划和土地细分条例应与已通过的土地利用规划或含有未来土地利用图的综合规划相"一致"。这意味着，在任何有关特定分区规划或土地细分法规、程序或决定的法律纠纷中，土地利用图将是一个重要因素。

社区现状土地利用模式

城镇规划这一部分的任务包括：

- 收集数据。

- 解读数据。
- 为未来开发的类型与位置设定目的与目标。
- 绘制土地利用图，标明现状土地利用的类型与位置。

收集与解读数据

一些当地志愿人员可帮助收集关于社区土地利用模式的数据，但必须由专业规划人员对这些数据及其对未来发展的影响进行解读。州规划授权法要求，如果社区希望颁布土地利用法规或将土地并入城镇边界，则社区要采纳土地利用规划或含有土地利用图的综合规划。由于这一法律要求，由精通社区规划的人来撰写城镇规划土地利用分项就变得十分重要。社区分区条例极有可能最终在法庭上受到质疑，如果土地利用分项和土地利用图存在技术性错误，社区可能会面临代价高昂的麻烦。

绘制土地利用现状图

我们强烈建议你使用 GIS 数据库绘图程序来整理土地利用现状图的数据。你将需要显示出城镇边界和边界外最多 1/2 英里的区域、街区、地块与地块上的建筑，以及公共街道等。城镇、县或咨询工程师将能够协助绘制和更新这张图；当地税务评估师应该能够提供准确的税务地图。你还应获取整个城镇的最新航拍照片。

请利用带有街道、街区、地块和建筑物的地图进行踏勘调查。住房条件调查应与土地利用现状图同时完成，以避免重复走访同一区域。请查看每个街区、地块和建筑物，并在地图上进行标记，注明每个物业的土地利用类型。较大社区通常采用标准行业分类（Standard Industrial Classification）编号系统对土地利用进行分类。不过，就小城镇调查而言，以下类别应该是足够的：

- 住宅用地。
- 独户住宅用地。
- 复式住宅（两户、三户、四户）用地。
- 多户型住宅（四户以上）用地。
- 活动房屋用地。
- 商业用地。
- 仓库、运输或仓储（重型商业）用地。
- 工业、制造业、加工业、装配业用地。
- 机构（学校、教堂或医院）用地。
- 公共/政府（市政厅或公园）用地。
- 农田与活跃林地。

- 空置土地。

- 混合用地（商业与住宅位于同一地块或同一建筑内）。

地图上的每种土地利用分类均应根据配色方案进行编码。这将有助于将数据录入计算机，以制作现状土地利用的 GIS 地图。如有必要，你可以设计特殊分类来处理不属于上述所列功能区范围的土地用途。例如，有些建筑物可能既有商业用途，也有制造业用途。

所有土地利用类型及其位置均应显示在土地利用现状图上（图 13-1）。然后返回底图，利用 GIS 数据库绘图程序计算每个土地利用类别的面积。接下来，根据表 13-1 中给出的示例整理数据。

在绘制土地利用图时，另一个需要考虑的重要因素是土地对于不同类型用途的适宜性。作为自然资源调查的一部分（如第 9 章"自然环境与文化资源"中所讨论的），要收集社区内所有大片空地和毗邻社区边界的地块的土壤类型和地形信息。包括等高线、斜坡、坡度和排水系统等在内的地形信息，将有助于确定场地的类型：易于开发的场地，需要进行适度或大幅改善才能确保安全建设的场地，以及不能安全支撑建筑物的场地等。

土地利用分类与面积（以英亩为单位）示例　　　　　　　　　　　　　　表 13-1

土地利用分类	英亩
居住用地	45.5
商业用地	11.5
工业用地	8.7
公共用地	15.0
建筑用地	3.0
公园用地	10.0
其他用地	2.0
机构用地	14.0
私人用地	1.2
学校用地	12.8
闲置的	12.0
总开发用地	135.7
空置土地	12.0
建制镇面积	147.7

土壤类型将为土地利用规划提供广泛的信息。有些土壤类型可能会严重限制化粪池的性能，从而表明在开发前需要社区敷设排水管道。有些土壤类型可能因腐蚀性而禁止

使用金属水管。对建筑和住宅有严重限制的土壤类型可以划定为适合特定条件的用途，如公园、野生动物栖息地、农业生产、林业或采石场等。要查明联邦、州或县政府施加的所有环境限制条件，如湿地、重要野生动物栖息地和沿海沙丘等。

下一项任务是在土地利用图上添加洪泛区数据层。联邦应急管理局会在洪水保险费率图上以数字化形式提供关于实际洪水区以及 100 年和 500 年一遇的洪泛区信息。你可以从最近的联邦应急管理局办公室获得洪水保险费率图信息，用以核对。

你可以从县保护区办公室或自然资源保护署的州办事处获取有关土壤和地形的信息。自然资源保护署已将美国几乎每个县的土壤数据进行了数字化处理。

供水与排水设施是影响许多小城镇未来发展的两个最重要因素。在土地利用现状图上要显示现有的排水管线、供水管线和污水处理厂。要标明流向或地面等高线，以说明城镇哪些区域可以与污水处理厂或城镇供水系统相连。

请联系联邦、州和县机构，了解可能影响社区土地利用的所有已规划项目。例如，州公路部门可能正计划在你的社区修建或拓宽道路，县政府可能正在考虑批准在毗邻社区的非建制区域建设一个大型住宅开发项目，或者联邦政府可能有兴趣在流经社区的河流上修建水坝等。简而言之，你能收集到的关于其他可能影响社区规划的信息越多，你自己的土地利用规划就越现实可行。

绘制未来土地利用图所需的信息

要开始绘制未来土地利用图，请获取城镇的 GIS 底图，并包括城镇边界外约 1/2 英里的区域。如果你的城镇拥有合并权，并期望在未来 5 ~ 10 年内合并更多的土地，明智的做法是编制城镇边界外 2 英里以内的土地用途清单。这将有助于确定城镇可能想要合并哪些土地，这些土地能够支持哪些用途，以及新增土地将如何与城镇土地利用和公共服务的总体模式保持一致。

未来土地需求

要利用城镇规划的人口、经济基础和住房等分项的数据和预测，来估计未来 10 ~ 20 年的土地需求。即使对于专业规划人员来说，这也是一项艰巨任务。例如，未来对住房和公共设施的需求是以过去趋势、人口预测和经济增长为依据的。你必须确定未来 10 ~ 20 年可以合理预期的人口增减情况。

将预测的未来人口总数除以平均家庭规模。平均家庭规模一般为每户 2.5 ~ 3.8 人。每户 3.5 人是一个很好的基准。所得结果即为整个规划周期内所需住房总套数。请记住：城镇规划应每 3 ~ 5 年更新一次，以便有足够的机会调整这一计算结果。

补充材料 13-1　现状及未来土地利用图上要显示的环境特征

自然特征

洪泛区、溪流、绿化带。

含水层补给区。

土壤。

斜坡。

植被（树木覆盖或草原）。

人工特征

供水系统。

排水系统。

雨水排放系统。

交通系统（公路、铁路、机场和码头）。

商业用地。

工业用地。

居住用地。

空置的可开发土地。

农业用地。

林业用地。

公园与娱乐区。

历史遗址。

学校和学区边界。

垃圾填埋场。

公共建筑与用地。

政府限制区。

接下来,要估算需要从现有住房存量中更换掉的住宅套数。此估算仅是一种合理猜测。住房条件调查和美国人口普查局的《美国人口与住房普查》会提供有用的信息。将那些被评定为"非常差"或"危房"的住宅,计为城镇规划期内必须替换的住宅。

新增长所需的新住宅总套数,加上必须更换的新住宅套数,即为城镇规划期间的住房需求总数。将总数与 2000 年或 2010 年美国人口普查与住房数据进行比较。人口普查中的信息会显示居住单元的使用年限，使你能够了解过去 25 年建造的住宅数量。

下一项任务是将住房需求转化为未来建设所需的土地。一个简单方法是：假设一栋房子连同必要的地役权和通行权，将需要大约四分之一英亩的土地。请注意，一套新住宅所需的平均土地面积可能差异很大。全美国的趋势是地块越来越小，地役权越来越少，街道越来越窄，以及多户型住房越来越多，不过，这一趋势尚未影响较为偏远的农村地区。

农村地区的地块价格和土地整备成本远低于城市与郊区。公共排水和供水系统的缺乏以及对更大空间的需求，意味着农村住房地块往往从每套住房占地四分之一英亩（约合 0.54 公顷）上升到多达几英亩。即使曾经是小城镇快速增长的郊区社区，通常也允许在没有公共排水系统的情况下开发一些住宅区。考虑到化粪池系统使用期间可能需要移动渗滤池，一个合理的假设是，处理单个地块污水所需的最小空间为每栋房屋 2 英亩。此外，如果使用现场水井供水，则水井与化粪池系统的距离越远越好。不过，你要与当地、县和州官员就现场污水处理所需的最小地块大小进行核实，这一点很重要。

未来土地利用需求估算　　　　　　　　　　　　　　　　　　　表 13-2

土地利用分类	现有面积（英亩）	到 2020 年需要增加的土地面积（英亩）	到 2030 年需要增加的土地面积（英亩）	需要增加的土地总面积（英亩）
居住用地	45.5	6	8	14
商业用地	11.5	4	5	9
中心商业用地	7	2	3	5
配套商业用地	4.5	2	2	4
工业用地	8.7	4	8	12
轻工业用地	5.7	2	3	5
常规工业用地	3	2	5	7
公共用地	15	4	9	13
建筑物用地	3	1	3	4
公园用地	10	3	6	9
其他用地	2	–	–	–
机构用地	15	6	7	13
私人用地	1.2	–	1	1
学校用地	13.8	6	6	12
未分类	14	–	3	3
总计	109.7	24	40	64

接下来，要增加公共场所（如公园和操场等）、政府大楼、学校或扩建公共设施（包括卫生填埋场等）所需的土地。大多数此类信息的最佳来源主要是你的政府官员以及设

计与规划公共设施的当地工程师或咨询工程师。学区官员利用国家和州标准，将能提供未来扩建和改善所需的总用地估算值。你可以在大多数基本土木工程、规划和景观设计手册中找到美国娱乐设施标准，以估算公园、操场和体育设施所需的空间。

将未来土地利用需求的估算数值汇总成类似于表 13-2 所示的表格。

未来对商业与工业用地的需求

大都市区附近的城镇在估算未来商业与工业增长所需的土地数量方面具有明显优势。就业预测和市场扩张估算通常可从区域规划委员会、政府委员会（COG）或县规划办公室获得，这些也是未来土地需求的合理指标。

农村地区的大多数小型社区变化相当缓慢，对新商业空间的需求也较低。增长率可观的城镇有时可以通过计算过去 5 ~ 10 年总人口变化与新增商业面积之比，来估算未来对商业空间的需求。通常，你需要作出常识性估算，但要注意到农村地区的一些全国性总体趋势：

- 小城镇中的零售企业或办事处通常对新建或改建空间的需求不大，但小城镇的商业机会不断发展或发生变化，而且可能不依赖于人口增长的增加。快餐店和便利店如今在农村社区也开展了新业务，而在过去，只有人口 5 万及以上的社区才会成为其目标。在与州际公路有很好衔接的农村社区，仓库、工厂商店和直销店都很常见。

- 大型零售商店和散装杂货店在农村地区现在很常见，尤其是在小城镇的边缘区域。这些企业之所以蓬勃发展，不是因为当地人口增长，而是因为它们可以从稳定或缓慢下降的人口中获得巨大的市场份额。即使是中等规模的连锁店也会吸引更多的企业，以期利用购物者的聚集效应。新的餐馆、快餐加盟店和直销店会紧随连锁店之后出现。

- 许多新企业继续避开原有中心商务区（Central Business District，简称 CBD），转而选择公路场地或更便宜的位置。

- 由于消费者对"住宿 + 早餐"模式旅馆、工艺品、古董和二手物品的需求，将老房子改造为商业用途非常受欢迎。

- 许多大城市的专业人员（如医生和律师等）供过于求，这意味着小城镇的职业机会正变得越来越有吸引力。由于许多专业人士希望避开高昂的启动成本，将小城镇的老建筑改造为办公场所的需求仍将继续存在。

- 数十年来，小城镇制造业的本地就业率一直在下降。新的产业机会确实存在，但不如 20 ~ 40 年前那么多。

这些趋势不一定意味着小城镇经济在复苏，却表明许多小城镇将需要规划更多的商业甚至工业空间。

下面举例说明估算未来商业与办公空间的常识性方法。土地利用需求的估算必须包括停车场和个别地块的剩余开放空间，还有建筑物的占地面积。

- **示例 1**：估算目前社区中非工业企业使用的空间量（按平方英尺计）。计算现状人口与现状商业空间面积之比，即，计算人均商业空间面积。假设未来人均新商业空间需求将以相同的比例增加。如果目前的人均商业空间面积为 480 平方英尺，而到 2020 年预计增加的居民总数是 1000 人，则需要的新商业空间将是 1000×480=48000 平方英尺，即大约 11 英亩。

- **示例 2**：估算过去 20 ~ 30 年间在中心商务区之外新建或改建的新商业空间面积。假定在未来 10 ~ 20 年内必须提供大致相同面积的空间。

- **示例 3**：请咨询专家——你所在社区中经营企业的人员！要利用地方商会或地方经济发展公司，或调查所有的企业在未来 5 年、10 年、15 年和 20 年内的扩张计划。

- **示例 4**：如果社区有关于商业和工业建筑许可证和面积的准确记录，你可以填写表 13-3。然后，构建一条趋势线或一个柱状图，来显示过去 20 年新增的商业和工业空间面积。

在一个典型的小城镇，商业用地占社区土地的 15% ~ 18%。这一范围适用于人口基数约为 2500 人、处于稳定状态的小城镇，但小城镇在商业空间方面差异很大。许多小型社区是大区域的贸易区，需要大量的商业和专业空间。另一方面，许多小城镇有着低密度的住房模式和紧凑的城镇中心，商业用地占城镇总面积的比例很小。如果社区没有位于主要公路沿线上，也不是区域中心的卧室社区，则尤其如此。

商业与工业用地面积　　　　　　　　　　　　　表 13-3

年度	千平方英尺	
	商业用地	工业用地
1990 ~ 1992 年		
1993 年		
1994 年		
1995 年		
1996 年		
1997 年		
1998 年		
1999 年		
2000 年		
2001 年		
2002 年		
2003 年		
2004 年		

年度	千平方英尺	
	商业用地	工业用地
2005 年		
2006 年		

利用当前人口与工业用地面积之比来估算工业用地需求，以预测随着人口增长而产生的未来需求。如果你的社区尚未建立工业园区，请参阅第 20 章"实现小城镇经济发展"，并仔细考虑你的选择。如果你没有预留出一个区域来吸引新的制造企业或使现有工厂扩张，你会发现对工业用地的需求很少。

工业企业不会愿意搬迁或扩张，除非社区能够提供交通方便、价格合理的土地，并提供公共排水和供水服务。工业发展规划需要有长远眼光。我们建议社区划定至少 20 英亩的毗连土地作为工业扩张区。在进行规划时，要牢记四个因素：

1. 交通便捷非常重要，没有良好的道路会导致失败。

2. 公共排水与供水系统以及充足的治安与消防服务对于工业园区的长期成功至关重要。

3. 小型社区的新公司依靠低成本的建筑和低廉的筹备成本而蓬勃发展。一个场址即使只需要少量的整备工作，也可能会挫败你的大部分工业发展努力。

4. 在最终确定创建工业园区的规划之前，请考虑一下你的选择。美国有大量的小城镇和农村工业园区。请向你的区域规划委员会、政府委员会或州商务部等寻求帮助，并参观一些小型社区的工业园区。

估算未来工业用地需求没有万全之策，请再次咨询专家。与当地的工厂经理和业主们讨论扩张计划，哪怕这些计划很遥远且不尽完善。

数据解读

需要规划专业人员和知识渊博的志愿者帮助规划委员会完成解读未来土地利用图数据的任务。必须完成的步骤如下：

● 创建土壤、地形和洪泛区的地图，以确定哪些空地最能支持新开发项目。

● 根据人口增长以及道路、新住房、商业与工业开发、社区设施和机构需要等所需的土地，预测未来的土地需求（以英亩为单位）。

● 分析社区在未来期望的开发类型与密度方面的目标。例如，目标必须表明未来的商业开发应该位于中心商务区，还是应该位于社区边缘。

● 绘制未来土地利用图。这幅图应保持清晰易懂的图幅和比例，以便与城镇规划相适应。

土地利用目的与目标

社区的土地利用模式对交通、能源消耗、财产税、与相邻土地用途的兼容或冲突以及未来增长的可能性具有重大影响。社区现状土地利用模式以及对未来土地利用模式的后续愿景，是城镇规划土地利用分项的主要内容。规划委员会应认识到现状土地利用模式的优缺点。然后，规划委员会应编制土地利用目的与目标，这些目的与目标将反映在未来土地利用图上。

虽然每个社区都必须确定自己的目的与目标，但以下建议可作为未来发展的指导方针：

- **目的：**制定与社区为现有及新开发项目提供服务的能力相一致的土地利用规划。
- **目标：**仅提供社区能负担得起的工业与商业用地，以提供道路、排水和供水系统等。换言之，要为合理的需求而非不切实际的期望进行规划。许多社区把土地划分为工业和商业用地，却没有提供必要的服务，结果这些场址大多仍处于空置状态。
- **目的：**保持紧凑型社区模式，提高交通与公共服务的效率。
- **目标：**采用村庄增长边界，来限制排水和供水管线的延伸以及社区向农村的发展。紧凑型开发服务起来更方便，服务成本更低，能源效率更高，也有助于保护开放空间，更能促进社区意识。
- **目的：**培养土地利用规划的区域思维态度。
- **目标：**制定与村庄增长边界相一致的合并政策。如果社区预计在非建制区合并土地或开发项目，这些土地或开发项目应紧邻城镇边界。合并距离城镇边界 1 英里或更远的土地和开发项目，会导致开发分散，服务难度大且成本高。
- **目的：**减少土地利用冲突。
- **目标：**所有的土地所有者都有不同的期望。和平与安宁是人们对住宅区的共同期望，然而，在农业用地上，机械装置、噪声和长时间劳作都很常见。一般来说，农场和住宅区无法很好地结合在一起。要利用分区规划将相互冲突的土地用途分开，如将住宅用地与农业用地分开。在土地细分和土地开发过程中，要采用有效的场地规划，利用植被缓冲区和退界区来减少冲突。
- **目的：**一致性。
- **目标：**土地利用目的与目标必须与城镇规划其他分项的目的与目标一致。务必要查看有关人口、经济基础、住房、社区设施、自然环境和交通等分项内容。

未来土地利用图

城镇规划的土地利用分项必须包含一幅图，叫作**未来土地利用图**（future land-use

map，图 13-3)。这幅图既是社区对未来期望的说明，也是土地利用变化的精确指南。

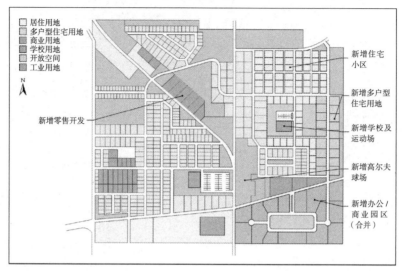

图 13-3　未来土地利用图

图片由肖恩·诺瑟普提供。

一致性

分区规划图与分区条例（如第 15 章"分区条例"中所讨论的）必须与土地利用分项中的未来土地利用图及土地利用目的与目标保持一致。分区规划图上显示的不同分区应与未来土地利用图上的土地用途类别保持一致。

变更

土地利用分项和未来土地利用图为规划委员会审查拟议开发项目提供指导。通过这种方式，规划委员会利用区划区以及土地细分和土地开发标准，来实施城镇规划。对分区规划图作出的任何变更（即重新分区）也必须在未来土地利用图上进行相应的变更，以保持两幅图的一致性。因此，拥有数字化的未来土地利用图是有意义的，如果土地重新分区获得批准，更改土地利用图就很容易。未来土地利用规划也应用于通过基本建设改善计划来指导公共设施改善。总之，土地利用目的与目标以及未来土地利用图为土地利用法规和合理有序的行动措施奠定了基础，对作好社区规划十分重要。

对于较大的规划区域，如一个乡镇或一个县，未来土地利用分类更广泛，也更不确定。面积越小，如在一个小自治市的边界内，土地利用分类应更具体。比如，划定为住房的区域应同时标明住宅用地用途与密度。未来土地利用图必须区分传统的独户住宅、多户型住宅，或许还有活动房屋园地。图上还必须标明轻型或中型制造业与重型工业活动之间的区别。商业企业的土地利用强度差异很大。由独户住宅改造而成的小古董店和农具经销店之间有很大区别。

148

　　县土地利用图往往会显示大片且无显著特点的区域，在这些区域，居住、商业和工业等用途可能均可接受。这样的图通常包括大量的资源数据（如洪泛区、基本农田和陡坡等），可用于指导哪些土地不应被改为住房开发项目、工厂、商店或办公空间等。你可以利用以下土地利用分类，为有权规划邻近土地的小城镇以及像县、教区或乡镇这样的较大规划区完成未来土地利用图。

大区域规划

大区域规划包括县、教区或乡镇规划：

RP（Resource Protection，资源保护用地）表示用于林业、采矿业或农业的土地，需要采取特殊保护措施。

RLD（Residential Low Density，低密度住宅用地）表示适合就地化粪池系统和水井的区域。RLD 指的是适合在大块土地上建造单体住宅的区域，特别是符合每 20 英亩或更大土地上有一个住宅的农业或林业用地分区。

RMD（Residential Moderate Density，中密度住宅用地）表示城镇未来扩张的区域，提供公共排水和供水服务。RMD 包括适合多户型住宅、住房开发项目以及地块面积小于 12000 平方英尺的独户住宅场地。中密度区域通常位于社区的排水与供水系统服务区内或附近。

L（local，地方商业区）表示地方服务性商业和特色公司，其主要功能是销售和 / 或储存商品，以及提供个人或专业服务。地方商业企业只需要很少的员工，大多数商业活动都在建筑物内进行。

G（General，综合商业区）表示涵盖大规模活动的综合服务性商业用途，包括折扣连锁店和仓储式商场等，需要与住宅区保持一定距离。

LA（Low Activity，低活跃度工业）表示低活跃度的工业企业，其全部或几乎全部活动都在封闭建筑物内进行。

GA（General Activity，一般活跃度工业）表示一般活跃度的工业企业。公司在建筑物外进行合理比例的活动，并产生超出其地块界线的眩光、噪声和气味，可被视为一般活跃度工业用途。农村地区经常吸引那些寻找偏僻地点的公司和加工自然资源的行业。典型例子有危险废物储存、发电或天然气压缩与输送、养牛场、汽车赛道、沥青或混凝土搅拌站等。

P（Public，公共用地）表示各级政府拥有的公共土地。

FP（Flood Protection，防洪保护区）表示根据你所在地区的洪水保险费率图，100 年一遇或 500 年一遇标准的防洪分区。

XO（General Overlay，一般叠加区）表示特定的叠加区域。土地利用图上的叠加区表示，在最终分区规划和土地开发过程中需要考虑额外的资源或注意事项。叠加区需要命名，并可表明要对以下方面予以特别关注和保护：历史建筑或区域，湖泊或海岸线防护，湿地，井源保护区，主要农业用地甚至容易发生土地沉降危险的区域等。防洪保护区也可以叠加区表示。

小城镇或合并村庄

RS（Residential Single，独户住宅用地）表示独户住宅。

RM（Residential Multifamily，多户型住宅用地）表示多户型住宅，通常包括有三个或更多个独立居住单元的建筑。

MH（Manufactured Housing，预制房屋用地）表示某些类型的预制房屋。长期以来，小型社区一直预留土地用于建造独立式住宅。有些城镇将其限制为独户住宅，但通常此名称还包括两户型独立式住宅（复式或一套住宅内有一套独立的出租单元）。另一个名称用于多户型住宅。用途范围从小型公寓楼到老年辅助生活综合体都有。此外，几乎所有的小社区都包含一个大型和老式住宅的区域，这些房屋已被改造为三个或更多的出租单元。

CB（Central Business，中心商务用地）表示中心商务区中的商业用途。小城镇至少需要三种商业土地用途名称：中心商业用地、邻里街区服务用地和配套服务用地。大多数城镇都是围绕中心商务区发展起来的。虽然零售业和金融服务业在过去 20 年发生了重大变化，但维持协调一致、组织良好的中心商务区仍然是大多数社区规划议程的重中之重。应劝阻嘈杂且占地分散的行业，以及任何与现有商业、政府和专业服务模式过于不同的土地用途。

NS（Neighborhood Service，邻里街区服务用地）指那些在住宅区内或附近可以接受的商业用途（如小型商店和办公空间等）。邻里街区服务基于这样一种理念，即有限的商业、办公空间和专业服务可以设在中心商务区之外，为邻近居民区提供服务。邻里街区服务区建筑小、活跃度低、密度低、设计整体化。

G（General，综合服务商业区）表示对于中心商务区或邻里街区来说都过于密集的商业土地用途。例如，汽车经销店和交通拥挤的大型商场。综合服务商业区通常位于主要公路沿线，划定为密集的商业活动和轻工业活动。

I1 或 M1（Light Industrial 或 Manufacturing，轻工业用地或制造业用地）表示在建筑物内开展制造活动的企业，I2 或 M2（General Industrial 或 Manufacturing，一般工业或制造业用地）表示在建筑物外开展活动的企业；二者均产生噪声，均引发过度的眩光、光线或气味，或者可能会延长营业时间。制造业或工业活动范围差异很大。你同样可能在一座新金属建筑里遇到一家小型装配公司，比如一个老旧拖车制造企业，有各种各样的噪声、焊接眩光和强烈的油漆蒸汽。农村社区至少需要两个不同的工业用地分区。第一种用地分区允许企业将其全部或大部分不良影响控制在建筑物内；第二种用地分区将允许那些无法控制其活动副作用的企业。

P（Public Use，Parks，and Recreation，公共用途、公园和娱乐用地）表示公共开放空间或娱乐区，或各级政府拥有的开放土地。

FP（Floodplain Protection，防洪保护区）表示 100 年或 500 年一遇的洪水保护区，根据你所在区域的洪水保险费率图而定。

XO（General Overlays，一般叠加区）表示特定的叠加区。土地利用图上的叠加区表示，在最终分区规划和土地开发过程中，需要考虑额外的资源或注意事项。叠加区需要命名，并要对以下方面予以特别关注和保护：历史建筑或区域，中心商务区的特殊标志或设计控制区，甚至是表明社区中适合高密度开发或混合用途开发位置的规划单元开发叠加区等。防洪保护区也可以叠加区来表示。

小　结

城镇规划的土地利用分项对于指导社区未来的公共和私营开发非常重要。政府官员、土地所有者和开发商在决定开发的类型、密度和位置时，应参考本节内容。土地利用分项将是城镇规划中最后完成的任务之一，因为它将所有部分联系在一起，并描绘出社区现状及未来的整体情况。

土地利用的目的与目标以及现状与未来发展的土地利用图，是编制分区规划和土地细分法规所必需的，这些法规将城镇规划的土地利用分项付诸实施。城镇规划的土地利用分项还将有助于制定基本建设改善计划，确定道路、学校、排水与供水设施、公园、治安和消防服务等在未来的格局、扩建和升级。基本建设改善的时间、地点和方式将对私营开发、公共财政和社区土地利用的整体模式产生重大影响。

第14章

城镇规划的印刷与出版

引　言

本章就如何发布城镇规划提出建议。阅读完本章后，请与当地资源联系以了解印刷规划的备选方案与成本。在规划委员会和管理机构批准之前，城镇规划可能要经过多次草案。将城镇规划草案公布于众、广泛传播，是保持公众知情和征询公众意见的有效途径。理想情况下，规划草案应表明，公众对社区的愿望得到了考虑并纳入了规划。简而言之，城镇规划就是他们的规划！

在新闻报纸上采用文摘形式发布城镇规划草案是一种省钱的方法。请向当地报纸、商业印刷商甚至当地大学等咨询印刷服务。

一旦规划委员会和地方管理机构批准了城镇规划，城镇政府将需要印发多份规划文本，以供参考和公众使用。

印刷与发布

发布最终规划最便宜、最有效的方法是影印。请与最近的商业印刷商或复印服务机构联系。在询问报价时，一定要说明你需要印刷的册数和需要复制的总页数，因为单册成本会随着所要求册数的增加而降低。商业影印成本约为单面印制每页 0.05 美元，双面印制每页 0.08 美元。彩色影印收费价格每页 1.00 ~ 1.50 美元不等，视乎印刷数量而定。

可以采用胶印，但胶印比影印更贵。虽然胶印出版物通常比影印质量更好，但质量差异通常不足以证明超出的费用是合理的。如果要胶印，请与最近的报纸出版商洽谈，然后与其他渠道进行价格比较，如最近的大学或商业印刷机构等。商业印刷商的收费通常几乎是大学和报社的 2 倍，但印刷质量往往更好。

你可以直接从个人电脑上打印城镇规划，而且可能想要多打印几册。请至少保留 1 册作为城镇的官方副本。

本手册的主要目标之一是将编制城镇规划的成本控制在最低水平。请用大而清晰的字体打印页面；照片与插图应为黑白；地图通常应为彩色，特别是现状和未来土地利用图。

彩色复本提高了规划的视觉效果，额外的费用是值得的。

　　决定印制册数至关重要。城镇或县书记员或分区管理员等都必须有副本可向公众分发或出售。每位民选官员、规划专员和经济发展委员会成员也都需要一份副本。许多州的法律规定，城镇必须向同一县的相邻社区发送一份正式核准的副本。没有理由制作过多的城镇规划副本。第一次可以只印制 30 ~ 40 册，你可以随时根据需要印制更多副本。不要犯很多城镇都会犯的错误：最终印制了多达数百册的 20 年期规划。请记住，城镇规划应每 3 ~ 5 年更新一次，因此，最好不要持有大量副本。

　　用活页夹装订城镇规划副本，供规划委员会和管理机构使用，这是一个好主意。这将使更新和修订规划更容易，还可以用新材料替换几页，而不必重新整册打印。

　　请记住，城镇规划除了作为规划委员会成员和民选官员的指南外，还有多种用途。城镇规划对于社区教育、经济推广和公共关系也是一份有价值的文件。因此，城镇规划的外观很重要。例如，可以在封面上放一张当地地标的彩色照片。一册结构清晰、展示精美的规划，既能反映社区的自豪感，也能鼓励公众和民选官员阅读规划。

第二部分

实施城镇规划

第 15 章

分区条例

引 言

本章为地方官员、土地所有者、开发商和关注社区的公民提供指导，让他们了解什么是分区规划，学习如何编制分区条例，并认识如何利用分区条例来评估各项开发提案。分区条例以及其他土地利用条例和城镇支出计划均有助于将城镇规划付诸实施。本章内容基于以下假设：你所在城镇已通过了城镇规划，这部规划为分区条例提供法律依据。

分区条例由两部分组成：文本与图则。图则显示不同分区和区域的位置。分区表示一般允许的物业用途（如住宅），区域则规定了建筑物的具体允许用途、密度和选址标准等，如 R-1（独户住宅）。每个区划区的标准均包含在分区条例文本中。

如果一个城镇有分区条例但没有城镇规划，则分区条例与有关开发提案的决策将会不协调，还可能会被法庭宣布无效。虽然本章和第 16 章"土地细分与土地开发法规"就如何避免严重法律质疑提供了一些指导原则，**但我们无意提供具体的法律建议**。请随时咨询具有市政和土地利用法律经验的律师，了解有关分区程序、法规和法律问题。

分区条例的中心目的之一是塑造社区的土地利用和密度模式。分区图是根据城镇规划中的未来土地利用图绘制的。这使分区图与城镇规划保持一致。二者共同旨在保持或改善土地利用模式，实现有序、可持续的增长。

例如，分区规划可以有以下作用：

- 鼓励城镇旧区重建。

- 鼓励商店、办公空间和住宅等混合搭配，促进步行出行。

- 引导和管理待开发场地上的新开发项目。

- 保护供水等自然资源不受蔓延式开发的影响。

分区条例的其他益处还包括：

- 避免不相容的土地使用导致邻居之间的冲突（例如，将学校与"成人"商业设置在彼此附近）。

- 节省公共设施（特别是排水和供水系统）的扩建。

- 保持社区具有吸引力，使新开发与现有建筑相适应。

- 鼓励在有公共服务和交通便利的区域发展经济。

我们建议城镇通过并实施适合其特定需求的分区条例。很多时候，一个城镇会从另一个社区或县复制分区条例的文本。现有的发展模式、基础设施可用性以及土地性能和限制因素等都因地而异。另外，一个城镇的目的与目标可能与邻近城镇大不相同，因此需要不同的分区法规。

社区在通过分区条例的形式与内容时必须谨慎。授权地方政府使用分区规划的州规划与分区规划授权法因州而异。一些农村政府，尤其是东北部各州的县，无权通过分区法规。除此之外，大多数农村和小城镇政府如果选择这样做，可以制定分区规划；像佛罗里达州、新泽西州和俄勒冈州等一些州，则要求地方政府通过分区条例。

什么是分区规划？

分区规划是地方政府管理土地利用的最常见方式。分区规划在 20 世纪 20 年代广受欢迎，当时许多州通过了规划和分区规划授权立法，允许城市、城镇和一些县采纳土地利用规划，颁布分区法规。

分区规划基于政府的**治安权**（police power）。联邦政府通过美国宪法第十修正案赋予各州这一权力，以颁布法律，保护和促进人民的健康、安全和福利。治安权的代价是限制了个人自由和财产使用。这是我们生活在文明社会所付出的代价。

分区规划应体现土地所有者使用土地的权利与公众享有健康、安全、有序生活环境的权利之间的平衡。公众限制私有财产使用的权利必须基于合理的社区规划，从而实现未来的增长与发展。

因此，分区条例必须与城镇规划中表达的社区目的与目标密切联系，保持一致。

分区规划有四个主要目的：

1. 将相似而又兼容的土地用途安排在相邻位置，将互相冲突的土地用途分开，如工业用地和居住用地。

2. 控制建筑物的高度、体积和规模以及后退物业界址线的距离。

3. 在整个区划区内实施一致的法规。

4. 为解决产权纠纷和地区法规执行争议提供公平途径。分区规划如应用得当，还会带来公共和私人利益。一个好处是分区规划能够稳定和保护财产价值。对大多数人而言，房子和土地是他们最大的单项投资。

分区结构

分区条例的文本解释了不同的土地利用分区与区域，包括：允许用途、特殊例外、有条件允许用途、建筑物与不同用途的最低地块要求、高度限制、建筑物后退地界线距离、地块覆盖率，以及如何管理分区规划过程等。分区规划图显示不同类型土地用途（例如农业用地、居住用地、商业用地、工业用地和公共用地等）的分区和区域的确切位置。

分区规划涉及将城镇划分为土地利用分区（如居住用地、商业用地和工业用地等）和区域。土地利用分区通常划分为特定的土地区，如 R-1（独户住宅）和 R-2（独户住宅、复式住宅和小型公寓）。虽然没有标准的命名和编号方案，但一般做法是编配一个数字来表示区内土地利用强度。因此，R-1 区可能只允许每英亩建 4 个单户型独立式住宅，而 R-2 区可能允许每英亩建 10 个居住单元的中高层公寓。

在每个区划区，某些土地用途是完全允许的，也可能允许作为特殊例外（特殊用途），或可能允许作为有条件用途。**允许土地用途**（Permitted land uses）符合区域目的，在任何情况下均应准许。**特殊例外用途**（Special exception uses）通常是兼容的，但可能并非在所有情况下或在区域内的每个位置都如此。**有条件用途**（Conditional uses）与区域目的可能相符，也可能不相符。分区条例必须阐明具体标准，以指导审查特殊例外（由分区规划调整委员会负责，zoning board of adjustment，简称 ZBA）和有条件允许用途（由民选管理机构负责）。如果某一特定的土地用途没有列入区划区内，则大多数社区认为这一用途在此区划区内是不允许的。

例如，在 R-1 区，独户住宅将被完全允许；开设在住宅内的日托中心，如果其儿童数量有限，可被允许作为特殊例外用途；或者，一座教堂如果与周围发展没有不协调，则可准许作为有条件允许用途。但是，在独户住宅区内，建造汽车销售和维修企业则很可能被禁止（未被列入）。

分区条例不是妨害条例清单。**妨害**（nuisance）是一种活动，如巨大的噪声，会对邻近业主或公众普遍造成伤害，或破坏邻居对其财产的享用。分区规划是为了在此类土地利用冲突发生之前予以制止或避免，而一旦冲突发生，分区规划在改善妨害方面的能力非常有限。妨害条例可以减少噪声，帮助消除私人物业上的垃圾杂物，还可以包括一些有助于确保财产得到维护的标准，比如，打理空置地块和建筑物以避免损坏。这些标准的常见例子包括：禁止在院子里堆放不能使用的车辆；要求建筑物要保持结构稳固，否则拆除等。

不合规土地用途（nonconforming land use），又称为**先前合法用途**（previously legally conforming use），是指在新分区条例通过或更新之前合法存在的活动或建筑。不合规用途通常允许继续使用，但如果根据新的或更新的分区条例建议将其作为新用途，则原用途将不允许继续使用。例如，设想一家 1994 年开业的汽车修理店，其周围均为独户住宅。2006 年修订了分区条例，这家修理店所在区域已划为独户住宅分区。由于此区划区不允许开设汽车修理店，这家店就变成不合规用途。修理店可以继续经营，但如果有人提议在独户住宅区的其他地方新开一家汽车修理店，则是不允许的。

分区规划在美国农村地区长期以来备受争议，因为这种做法直接影响房产的使用和出售房产的潜在利润。对许多美国人而言，房子、商业大楼或土地是他们一生中最大、最重要的投资。因此，房产的未来预期价值对所有者来说非常重要。因为分区规划允许某些用途在某些土地上进行，而不允许在其他土地上进行，所以分区规划可以给有些业主带来经济利益，而对其他业主则施加了经济限制。例如，工业分区的土地所有者可以出售土地建造新工厂，并获得可观利润。而在城镇的另一边，住宅分区的另一个土地所有者则不可以出售土地建新工厂，只能出售土地建新住宅，因此无法像第一个土地所有者那样获得那么多的利润。

法律问题

根据美国宪法第十修正案，美国法庭承认分区规划是政府治安权的有效使用。在联邦政府体系中，每个州都制定自己的授权法律，允许地方政府制定分区条例，以保护公共卫生、安全、福利和道德。然而，这并不意味着每个特定的分区规定都能经得起法律质疑。城镇规划委员会应参加研讨会和培训课程，讨论分区规划的法律质疑以及基本分区程序。

任何采用分区规划的社区均应注意以下四个主要法律问题：

1. 必须谨慎编写控制美观和规范标识的分区规划规定。广告宣传与外观是言论自由的形式。社区限制标识的大小或高度、每个机构的标识数量和标识类型等是合法的，但不能限制标识的内容。如果分区规定为获得一致的社区外观标准而超出合理或必要的范围，也会出现质疑。例如，一个社区可能会尝试规范商业或路边标识的高度、大小和位置，但对政治、宗教或民众抗议的标识等则应宽容对待。

2. 美国宪法第五修正案禁止政府"征用"私人财产，除非是出于公共目的，而且政府要向财产所有者支付"公正补偿"（通常称为"**征用问题**"）。通常，我们假设，地方政府出于公共目的而征用私有土地时，比如修建道路或公园，土地所有者将会得到公平的土地价格。然而，土地利用法规可能会导致征用发生，从而使财产所有者的财产几乎失去所有经济用途，一文不值。1922 年，美国最高法院对**宾夕法尼亚州煤炭公司诉马洪案**（*Pennsylvania Coal Company v. Mahon*，260U.S.393，43S.Ct.158，67L.Ed.322）进行裁决，法官小奥利弗·温德尔·霍姆斯（Oliver Wendell Homes）在裁决中写道，一项法规可能过于限制了财产使用。

3. 有些土地利用法规的影响限制或降低了财产的用途和价值。只要财产的合理经济用途仍然存在，这就是合法的。因此，分区条例不必赋予所有土地所有者获得其财产"最高和最佳利用"的机会。1926 年，在**俄亥俄州欧几里得村诉安布勒房地产公司一案**（*Village of Euclid Ohio v. Ambler Realty Co.*，272U.S.365）中，关于财产价值的争论推动了美国最高法院的最初案件审理，确立了分区规划的合宪性。最高法院裁定，财产价值降低不能作为主张无偿征用的有效依据。从那时起，这一标准一直在法庭上得到支持。

4.财产价值因分区规划和征用权（eminent domain）的使用（见补充材料 15-1）而产生下降（无论是真实的还是感觉上的），会造成土地所有者与地方政府之间关系紧张。截至 2006 年，已有超过 25 个州颁布了所谓的"补偿法"，规定如果发现某项政府新规定使私有财产的价值下降超过一定比例，则政府应向土地所有者支付补偿。请核查你所在的州是否有补偿法，以及地方政府和法院如何对待补偿法。

还有两个法律问题源于美国宪法第十四修正案：

1.**正当程序**（Due process）要求政府公平合理地对待人民。规划委员会必须举行公正的听证会。未能发出适当的听证会通知，或未能遵守州的规划和分区规划授权法规中规定的程序，均为违反正当程序的例子。

2.第十四修正案的**平等保护条款**（equal protection clause）禁止政府区别对待类似情况的人，除非有令人信服的区别对待目的。侵犯平等保护的行为通常是由于种族、信仰、肤色、残疾、国籍或性别等方面的歧视。在土地利用案件中，平等保护通常适用于规划委员会或管理机构关于类似土地用途或财产作出的不同决定。这样的决定被称为"专断而反复无常"，违反了平等保护。

在尤尔奇诉**黄石县案**（*Yurczyk v. Yellowstone County*，2004MT302-062）中，黄石县排除了除"现场建造房屋"以外的所有住房形式，试图排除预制房屋。尤尔奇夫妇购买了一套"预制模件住宅（modular home）"，并将其安置在他们自己 40 英亩土地的地基上。在黄石县试图强制执行"现场建造"标准时，尤尔奇克夫妇提起诉讼，以阻止强制执行罚款和拆除房屋。法庭裁定,黄石县不能说明排除这种形式住房的任何理由。因此，这种排除对公众健康、安全和福利没有实质性影响，却侵犯了尤尔奇家的平等保护权利。

制定分区条例

城镇管理机构启动制定分区条例的过程，就像管理机构启动制定城镇规划工作一样（图 15-1）。管理机构通常在规划顾问的帮助下，首先指派规划委员会或委任分区规划咨询委员会,以监督分区条例的编制工作。制定城镇规划与分区条例的主要区别在于，非专业人士可以做大量有关城镇规划的研究和编写工作，而编制分区条例则需要专业规划师的协助。如果社区没有聘用专业规划人员来编制分区条例，规划委员会应委托律师或其他具有分区规划经验的人对最终草案进行审查和订正，然后提交管理机构获得正式批准。

补充材料 15-1　关于征用权使用的说明

征用权是指政府为公共目的而"征用"私有财产并向所有者支付"公正补偿"的权力。在克莱奥诉新伦敦案〔*Kelo v. New London*，545U.S.469（2005）〕中，美国最高法院裁定，地方政府可以使用土地征用权来征用私有财产，然后将其用于私人目的，以刺激经济发展。

新伦敦（New London）位于康涅狄格州东南部的长岛湾海岸。这座城市的历史与渔业、航运贸易有关，后来又与海军联系在一起。2005 年，新伦敦还是一个只有2.4 万人口的贫困小城。人口在下降，财产税和销售税收入也在逐年减少。当地政府一直在寻找经济振兴项目来创造就业机会和重建财富，并吸引辉瑞制药公司（Pfizer Pharmaceutical Company）在新伦敦特朗布尔堡（Fort Trumbull）地区建立研究机构。为了提升项目，还规划了滨水区开发、海岸警卫队博物馆、公园、公寓和酒店等。

市政府提出为辉瑞公司收购土地；然而，项目所在地的一些房主拒绝出售，于是城市再开发机构开始行使征用权程序。新伦敦地区法院只批准了其中的部分征用请求，但康涅狄格州最高法院推翻了这一决定，并裁定支持新伦敦再开发机构征用所有地块。

这是一个简单而直接的法律问题：当被征用的财产最终被用于私人目的时，政府机构能否行使征用权？换句话说，创造新财富、新就业机会以及振兴社区和基础设施，是否符合第五修正案的要求，即政府只能将私有财产用于公共用途？

美国最高法院使用了一种"合理必要测试"法，根据经济困境和实际需要来确定征用是否必要。法院裁定，征用是一项经过深思熟虑的规划的结果，规划所依据的数据表明，社区振兴成功将使全体公众受益。总而言之，如果有据可查并基于坚实可靠的社区规划，即使部分或大部分财产被归还为私人使用，一项促进社区经济目标实现的征用也可以确认为具有公共使用效益。

在克莱奥案作出裁定之后，一些州的立法机构开始考虑限制或完全禁止地方政府为经济发展行使征用权。

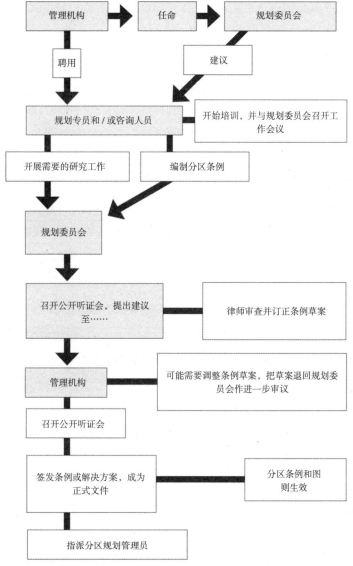

图 15-1　分区条例制定程序
图片由乔安妮·施伟德提供。

咨询顾问

如果管理机构聘请规划顾问来撰写整个分区条例，费用可能从数千美元到数万美元不等，具体取决于城镇的规模与人口、分区与区域的数量与复杂性，以及所聘用咨询公司的规模（例如，大公司往往有较大的间接成本）。

聘请顾问来审查和修订分区条例的费用应少于编制一份完整的新条例的费用，具体费用视需要作出的改动而定（见补充材料 15-3）。请注意，顾问可能想为你的城镇提供曾反复用于不同客户的"样板式"分区规划语言。虽然与其他分区条例有一定程度的相

补充材料 15-2 律师

规划委员应与律师进行至少几次非正式工作会议，并将从中受益。业务熟练的律师可以解释州授权立法，为编制分区条例制作清单，并帮助委员会成员了解财产权和公民权利的基础知识。在选择律师时要谨慎，因为大多数律师在土地利用和分区法规方面几乎没有什么专业知识。事实上，许多律师对编制分区法规所知甚少，甚至还不如一位具有几年经验的优秀规划专员。然而，经验丰富的律师在编制和解释特定用语时会非常有帮助。例如，许多州的规划和分区规划授权法规都语焉不详，需要加以解释。要获得全国公认的规划律师关于分区规划的有趣观点，我们推荐德怀特·梅里安（Dwight Merriam）的著作《分区规划完整指南》（*The Complete Guide to Zoning*），由麦格劳·希尔集团（McGraw Hill）于 2005 年出版。

补充材料 15-3 关于利用规划顾问的说明

规划顾问可以帮助城镇编制规划和条例，并拟备拨款申请和技术文件。规划顾问通常与建筑或工程公司有关。不过，每个州均有小型规划公司，专门从事小城镇和农村地区的规划。

目前还没有针对规划顾问的国家标准，但新泽西州等一些州确实对规划人员有注册要求。美国规划协会（APA）对提供规划学位的大学课程有认证标准。毕业后，规划师可以通过考试成为美国注册规划师协会（American Institute of Certified Planners，简称 AICP）的成员，但通过美国注册规划师协会考试并不一定意味着规划师有能力处理农村和小城镇规划问题。美国规划协会的成员资格也并不意味着规划师已获得美国规划协会的认可，而只是意味着一个人已缴纳会费而已。在美国规划协会的网站（www.planning.org/consultant/choose.htm）上有非常好的选择规划顾问指南。

在积极寻找顾问之前，社区应准备一份征求建议书（request for proposals，简称 RFP）。建议书要包括项目说明，并邀请合格人员提交对提案的回应、一般服务范围和公司资质等。通常州政府负责社区规划的部门会有合格规划师名单，可用来邮寄征求建议书。另一种办法是，有些小型社区更愿意同一个规划公司建立关系，多年来只使用一家公司；有的社区则联系其他小城市、县或区域规划委员会，寻求有能力并可靠的公司的建议。

补充材料 15-3　关于利用规划顾问的说明（续）

在聘用规划顾问时，你所在城镇应仔细查看顾问的教育背景和经验。虽然获取美国注册规划师协会的成员资格并不重要，但从经认证的大学规划专业毕业很重要。最重要的是，最好聘请一位在小城镇和农村县有成功工作记录的规划师。请顾问提供以前在小城镇和农村地区工作的范例，并与其工作过的社区联系。

一旦你决定聘用顾问，请让你的法律顾问起草一份合同，具体说明顾问要完成的工作、工作截止日期以及付费金额和时间表。顾问应在工作进行期间分批向城镇收费，最后一笔款项（20% 或更多）应在提交最终规划方案后支付。要确定是按工作时间还是完成的工作量来支付报酬。建议采用完成工作量支付报酬的方式，因为这样可以提供确定的总成本。

规划顾问的费用将根据城镇规模和所需的工作量而有所不同。如果不了解你的社区需要的服务以及当地的专业服务历史，就不可能估算出成本范围。分区条例的编制费用可能在 8000 ~ 40000 美元或更多，视城镇的规模以及条例是需要更新还是从零开始编制而定。虽然最低成本可能最吸引人，但请确保你了解你能从所付价格中得到什么。请考虑要求顾问对规划和土地分区委员会进行培训，以确保他们了解如何使用新的分区条例。

同之处是可以接受的，但要避免使用只更改了社区名称的样板条例。理想情况下，顾问应根据当地需求量身定制分区条例。通常，一部好的分区条例包括已在其他地方检验过的被广泛接受的用语和标准，同时还要包括专门为你所在社区制定的用语和标准。

规划委员会可以向管理机构推荐聘用规划人员或专业顾问，但管理机构对聘用谁和聘用薪酬拥有最终决定权。城镇越小，拥有城镇专职规划人员的可能性就越小。一般来说，人口不足 2500 人的城镇没有全职或兼职的规划人员；而在需要时，它们依靠政府机构的规划顾问或规划人员。

城镇获得专职规划师的最好办法，是与一个或多个其他城镇或县共同分担规划师的费用。然后，规划师根据每个城镇政府的费用比例分配时间。共享规划师参加各管辖区的规划委员会会议，协助编制土地利用条例和修正案，并为各规划委员会撰写报告和建议。

专职规划人员、分区规划咨询委员会或顾问编制分区条例，并提交至规划委员会，供公众审阅和提出意见。规划委员会根据工作会议与公开听证会、研究小组或座谈小组的讨论，对条例草案作出修改。然后，规划委员会建议管理机构批准或否决该条例。管理机构研究建议的条例，并可自行作出修改，或将条例退回规划委员会作进一步审议，或完全否决条例，或依提交的条例予以通过。对管理机构而言，最好是将分区条例草案交回规划委员会进行修订，而不是全盘否决条例。最后，管理机构正式通过分区规划文本和分区规划图则，并发布正式通过的通知，于是分区条例便成为法律。

编制分区条例所需的资源

规划委员会将在未来几年利用分区法规进行工作，并应该了解这些法规是如何制定、管理和维护的。规划委员会帮助编制城镇规划，并主要通过分区法规来实施规划。

制定分区条例需要三种资源：

1. 正确的法定权限。

2. 分区条例的优秀实例。

3. 发布条例以供审查、分发和修订的方法。

首先，获取你所在州的规划和土地分区授权法律的完整副本，包括关于土地分区、土地细分、道路、地籍、合并、域外控制、增长管理和强制性规划要求的法规。切勿忘记你所在州的司法部长发表过的意见，这些意见通常涉及与当地土地分区相关的程序性问题。请记住,法律经常被修订，所以请务必查看州法规的"补编"或"袖珍部分"版本，了解是否有最近的更改或增补。你通常可以在镇政厅、县法院或地区公共图书馆等处找到一套州法规。几乎所有州都已将其州法规、上诉法院案件以及来自规则制定委员会的意见和文件进行了数字化处理。

从来没有人认为州法律易于阅读，因此最好获得一份经过重新组织的、附有注释的州土地分区授权法副本。50个州的每个州均有此类副本，大多来自各州法规的校订者、市政联盟、州商会或国家县政府协会的州分会等。州土地分区授权立法的其他来源包括：合作推广服务办公室、州立法研究部、区域规划委员会或政府委员会、最近的城市规划与土地分区部门、美国规划协会在你所在州的分会，以及美国规划协会的国家办公室（www.planning.org）。

请为规划委员会的每位成员及参与编制分区条例的所有其他人士，提供所有规划及土地分区授权法律的影印本。接下来，分区条例的工作人员应阅读授权法律。这些法律通常为社区划定他们认为合适的土地分区提供了广泛的权力。但是，在程序问题上，法律通常几乎没有解释的余地，应予以严格遵守。

州授权立法还将包含以下内容的一些变化：

权利（Entitlement）：州分区授权立法规定了哪些地方政府有权颁布分区法规。几乎所有城市、城镇、村庄和许多乡镇（包括市镇和教区）等均可颁布分区条例。大多

补充材料 15-4　地方自治州与狄龙法则州

地方政府是"州政府的创造物"。各州可以授予地方政府某些权力，也可以不授予某些权力。一般来说，根据权力转移给地方政府的方式，有两种类型的州：地方自治州（Home Rule states）和狄龙法则州（Dillon's Rule states）。

在**地方自治州**，只要州法律或州宪法不禁止，城市、城镇或县就可以实施一项规定或支出计划。美国有 45 个自治州，不过授予地方政府的实际权力可能因州而异。

狄龙法则是以 1868 年法官约翰·狄龙（John Dillon）的裁决而命名的。**狄龙法则州**只赋予地方政府三种权力：

1. 以书面形式表达的权力；

2. 隐含的权力；

3. 对地方政府的目的至关重要的权力，如借款。

如果对某项权力有任何疑问，那么规则是该权力尚未授予地方政府。狄龙法则州有五个，最著名的是弗吉尼亚州。例如，弗吉尼亚州不允许地方政府使用开发权转让计划来保护开放空间，因为立法机构没有明确授予地方政府这一权力。

数县（东北部各州除外）可能采纳分区条例。有些州要求社区采纳分区规划，而有些州则不要求。

研究（Studies）：州分区授权立法通常要求地方政府在编制分区条例之前，要完成并通过土地利用研究或综合规划。许多州要求所有已通过的土地分区必须与已通过的综合规划保持一致或相符。在一些州，如佛罗里达州、新泽西州和俄勒冈州等，规划必须与州制定的规划目标保持一致。要确保你所在城镇完成并正式采纳了必要的土地利用研究或规划。没有一个正式通过的规划或研究将使整个土地分区过程处于危险之中。此外，还必须有证据证明城镇规划委员会成立得当。在几乎所有州，规划委员会成员均由管理机构任命，任期为一段时间，对规划委员会成员人数也有限制。通常，规划委员会成员必须居住在颁布分区法规的管辖范围内。

有些州规划办公室有示范分区条例，州市政联盟也可能提供帮助。规划委员会应尝试从附近的城镇或县获得现行分区条例，作为开展工作的范本。要避免使用超过 10 年的条例，并尝试从与你所在城镇规模大致相同的城镇获得分区条例。要收集多部分区条例，并比较条例的不同部分。互联网是土地利用法规的丰富来源。请使用你所在地区的社区列表，找到当地政府的官方网站，然后查阅门户网站的"站点地图"，查看分区条例是否已在线发布。

获取这些示范性分区条例有双重目的：

1. 如果没有看过一部真正的编制完善的分区条例，那么制定分区条例即使可能，也是极其困难的。

2. 一个好例子会告诉你如何组织和说明分区条例。

构建分区法规通常涉及许多草案和修改。需要把工作副本发送给你的律师、管理机构和其他公共委员会与机构。此外，分区条例是一份实时文件，即使在城镇管理机构正式通过后，也仍需要频繁更改和修正。

许多地方政府都有一些案头参考资料，或订阅了土地分区期刊（详见参考书目）。有三本关于分区的优秀参考书，分别是：

1.《地方政府规划实践》（*The Practice of Local Government Planning*）第 3 版（霍克、道尔顿和索著，第 14 章尤为精彩）。

2.《城市分区规划的战略与战术》（*Strategy and Tactics in Municipal Zoning*，克劳福德著）。

3.《分区委员会手册》（*Zoning Board Manual*，贝尔著）。

《分区实践》（*Zoning Practice*）是美国规划协会提供的最新分区技术月度报告。克拉克·博德曼公司（Clark Boardman Company）出版的《分区与规划法报告》（*Zoning and Planning Law Report*），是有关最新分区案例和技术的极佳资料来源。该报告每月出版一份时事通讯，每年出版一份活动摘要。许多主题直接涉及小城镇规划和分区问题。

县规划部门经常向社区提供技术援助，并可能帮助编制地方分区条例或为条例的部分条文提供示范性用语。如果附近的大学有社区、城市或区域规划系，请致电并询问是否可以帮助编制分区条例。社区规划系通常要求学生编制城镇规划、土地利用研究和分区条例（在教师指导下），作为其学位课程的一部分。

另一个可能的援助来源是美国规划协会的州分会。有些州分会将帮助小型社区作为其服务计划的一部分。在西部各州，西部规划师协会（Western Planners Association）非常积极地向小城镇提供规划援助。许多州也有分区和建筑管理协会，可以提供有价值的技术建议。有些州如纽约州等，有非营利性规划联盟，为地方规划和分区委员会提供支持和技术援助。这些协会中的任何一个均可通过联系最近的城市或县规划部门找到。

从事分区条例工作的人还应与负责社区规划和发展的州机构联系，了解是否可以帮助编制分区条例。区域规划委员会或政府委员会也可能会有帮助。

最后，在编制分区条例时，应参考城镇规划土地利用分项及未来土地利用图。土地利用分项提供了城镇规划和分区法规之间的关键联系。未来土地利用图指出了未来新开发区域应位于何处，是土地分区图和文本的基础。因此，城镇规划连同分区条例共同向社区指明，应如何随时间的推移而改变土地利用模式，如何尽量减少土地利用冲突，以及如何充分利用未来的增长机会等。

分区用语

分区条例使用许多标准化的术语、定义和概念，其中大部分我们在术语表中给出了定义。小城镇规划人员经常使用的一个资源是迈克尔·梅森伯格（Michael Meshenberg）的《分区规划语言》（*The Language of Zoning*），可从美国规划协会的规划咨询服务处获得。

分区规划涉及对用地分区和区域进行描述。用地分区是一个笼统的土地利用分类，如商业用地分区或住宅用地分区等。**用地分区**（zone）确定用于相似土地用途的特定土地区域。**用地区域**（district）包含在较大的用地分区内，并指定允许的密度水平和用途组合。例如，小城镇的居住用地分区通常包括三个用地区域：独户住宅区、两户和三户住宅区以及多户型住宅区。每个用地区域具体规定了每英亩允许建多少套住宅（1 英亩为 43560 平方英尺，或每边接近 209 英尺的正方形）。

小城镇与农村地区的常用分区名称及用地区域　表 15-1

用地分区	名称	区域 1	区域 2	区域 3	区域 4
R	居住用地分区	独户住宅区	两户和三户型住宅区	四至六户型住宅区	多户型住宅区
C 或 B	商业用地分区	中心商务区	商业服务区	密集商业区	公路用地区
MCR	商住混合用地分区				
M 或 I	制造业或工业用地分区	轻工业区	常规工业区	重工业区	专用工业区
I	机构用地分区	私立学校 / 教堂区			
P	公共用地分区				
FP	洪泛区叠加分区	泄洪区	500 年一遇区	未命名区	
PO	保护叠加分区				
A	农业用地分区	耕地区	乡村用地区	乡村中心 / 村庄	资源开采区
AB	农业—商业用地分区	零售	资源 / 存储区	加工区	
AM	农业—制造业用地分区	轻加工区	中等加工区	重加工区	
MH	预制房屋用地				
PUD	规划单元开发分区				
PURD	规划单元农村开发分区				
O	叠加区分区	历史保护区			

用地分区和用地区域以字母和数字组成的体系来命名（表 15-1）。要保持命名系统简单而有逻辑：

R（居住用地分区）。

C（商业用地分区）。

M（制造业用地分区）。

I（工业用地分区）。

A（农业用地分区）。

MCR（商住混合用地分区）。

P（公共用地分区）。

用地区域名称通常是在用地分区字母后面加上一个数字，如 R-1、A-1 和 C-1 等。这些数字说明了该用地区域范围内的密度和允许用途组合。数字越大，允许的建筑密度就越大，或土地利用强度越高。例如，R-1 表示居住用地分区且是独户住宅用地区域；R-3 则是多户型住宅用地区域。R-1 用地区域可能要求每套住宅至少占地 1/4 英亩，而 R-3 用地区域（例如花园公寓）可能允许每英亩建造 10 或 12 套住宅。M-1 是轻工业用地区域，M-2 则是重工业用地区域。

用途（use）的概念是土地分区的核心。一个区划区（zoning district）只允许土地和建筑物的某些用途。例如，小城镇的 R-1 区可能只允许独户住宅，也可能允许其他一些邻里用途，如公园或小型家庭企业。这些分别被称为"**允许用途**""**权利用途**"或"**完全允许用途**"，因为这些用途在分区条例中是允许的，除了开发申请、核查洪泛区或其他环境因素或许还有总平面方案外，没有附加任何条件。

R-1 区可能允许某些其他用途，如学校、教堂、小型便利店或日托中心等，但前提是这些用途必须满足区划区标准中列出的特殊条件。这些最常被称为**特殊例外**（special exceptions）或**特殊用途**（special uses），术语因州而异。特殊例外标准应当明确、客观。申请人向分区委员会（又称分区听证委员会，或 ZBA）或规划委员会申请特殊例外许可证。

有条件用途（conditional use）是指有可能影响整个社区的土地用途或活动。有条件用途的一个例子是农业用地分区中的垃圾填埋场。申请人要向规划委员会申请有条件用途许可证。有条件用途比特殊例外更具争议性。一些律师避免在分区条例中列出有条件用途，以保护民选官员不必作出有争议的决定。这不是一个好主意。有条件用途可以是一个正常合理的过程，让社区讨论潜在的重大土地利用变化。

不合规土地用途是指在分区条例通过或修订前已经存在、但不再符合现行土地利用条例的合法产生的土地用途、地块或建筑物。导致土地用途或场址不合规的原因可能有很多。例如，许多位于中西部社区的城镇原始地块都是以正面宽度 40 英尺形成的。正面 40 英尺宽的地块对于城市邻里街区来说或许没问题，或者适合与相邻住宅共用一面墙的两层无电梯公寓；然而，对于许多大型现代住宅来说，这个宽度是不够的。将地块最小宽度增加至 60 英尺或 80 英尺，实际上会导致所有现有 40 英尺宽地块均不合规。

另一个例子是对分区条例的修改，取消区划区中的某些用途。许多早期的小城镇分区条例允许在中心商务区（CBD）开设加油站。这样做通常都有很好的理由，比如，当时有主要公路直接穿过城镇中心。而几十年后，许多社区都修订分区规划，以便将城镇中心保留用于娱乐、零售、金融和专业办公等。在这些地方，加油站有时是不受欢迎的，可能不再作为允许用途出现在中心商务区 C-1 区划区内。

典型的分区条例将不合规用途、地块或建筑物视为**不受新法规约束的权利**（grandfathered），或更正确地说，视为一种"与土地而非财产所有者同在的"既得权利。同时，财产所有者必须遵守一定的限制，以保留不合规使用权。一般情况下，财产所有者不得扩大不合规的土地用途或建筑物，不得变更为其他不合规用途，也不得将不合规用途转移至同一区划区内的其他地点。如果不合规用地或者建筑物被损毁，通常不允许重建。有些社区还附加了一项限制，即如果不合规用途停止运营 6 ~ 12 个月，则该财产将失去不合规使用权。

补充材料 15-5　关于不合规用途的说明

在小型社区中，不合规用途可能会带来非常实际的问题。一个真实的案例发生在一个人口为 1800 人的小镇上，当时一家制造公司搬进了一家汽车经销商以前使用过的大楼。新业主生产了一批货运拖车。生产过程涉及切割、焊接、组装、喷漆、储存，产生了相当大的噪声。这家公司一开始只有五名员工，是在一栋旧楼里创办的。建筑两侧都紧邻单户型住宅，一边是中心商务区，另一边是老年护理中心。随着公司规模越来越大，在经济上对社区越来越重要，这家制造公司也越来越成为附近邻里的麻烦。

在城镇通过分区条例时，这个邻里街区被划分为独户住宅区。制造公司变成了不合规用途。当公司想要稍微扩大存储区和新的油漆区时，邻里居民适时指出，分区规定不允许不合规用途扩大。规划委员会和管理机构必须在遵守或无视自己的法规之间作出选择。这种情况在小城镇屡见不鲜。

改变分区规定不是处理此类情况的方法。相反，社区首先修订了其综合规划，列入了关于解决不合规用途限制的必要论证。接下来，修订了分区条例，允许在不增加场地活动水平的情况下可以扩大某些不合规用途。在这个特定案例中，喷漆建筑和新存储区是对社区的改善。后来，镇政府官员与县经济发展主管合作，在五年内把公司搬迁到城镇边缘的一个小工业区内。

有些社区允许不合规用途在特定情况下按照分区条例的规定进行一定程度的扩展。例如，如果满足某些标准，使用量可以扩大 50%。

分区条例可以防止不合规用途或建筑物在被毁后重建，或改作其他不合规用途。例如，如果一家不合规的杂货店被烧毁，而店主提议在同一地点新建一个店铺，根据分区条例，镇政府可以拒绝店主重建杂货店的请求。然而，在许多社区，如果不合规用途在灾难发生后至少有一半仍然存在，则允许其进行重建。如果新用途导致"较少不合规"用途，一些社区还允许将不合规用途替换为其他不合规用途。

很容易看出，关于不合规用途的争议在小社区是如何逐步升级的。许多金融机构在涉及不合规用途时，都不确定或不愿意发放贷款。最大限度地减少不合规用途所引发的紧张关系的一个方法是使用**祖母条款**（granny clause），即对不合规住宅给予例外，并允许在居住者变得贫困或无家可归时对其进行置换。

分区条例包括的内容

分区条例是一套关于土地和建筑物利用的规则。分区条例的目的是描述不同的区域，解释每个区域适用的法规，并制定管理和更改分区条例的程序。分区条例有助于将城镇规划付诸实施，因此，其中包含了法律定义、标准、政策声明和程序等，以指导地方官员和财产所有者开发和发展城镇。表 15-2 为分区条例应包括内容示例。条例用语应清晰扼要。

小城镇分区条例的组成与内容   表 15-2

1. 导言、目的与宗旨	3.11 可分割性
2. 定义	4. 一般规定
3. 标题、权限与采用	4.1 分区管理员职责
3.1 标题	4.2 建筑许可证
3.2 法定权限	4.3 取得建筑许可证
3.3 解释	4.4 非法行为
3.4 叠加与冲突条例	4.5 豁免
3.5 违规、罚款与处罚	4.6 附属用途与建筑物
3.6 收费明细表	4.7 以前符合法律规定的用途
3.7 条例通过公告书	5. 组织、上诉与宗旨
3.8 建立区划区	5.1 规划委员会职责
3.9 通过土地分区图	5.2 会议、执行与取消资格
3.10 条例管辖权	5.3 举行公开听证会

法律体系

分区条例的导言部分要解释条例的目的与宗旨。值得一提的是，条例旨在保障公众的健康、安全和福利，促进社区有序发展。接下来，列出分区条例中使用术语的定义。这些术语对于规划委员会、民选官员和公众理解条例很重要。条例中具有特殊法律意义的所有词语均须准确界定。随着时间的推移，可能会出现新的土地用途，规划委员会应更新定义。请查阅"分区用语"一节中提到的定义。

分区条例要解释如何颁布分区条例、如何解释分区条例，以及条例的法律限制。**颁布条款**（enactment clause）要援引授权城镇制定分区条例的州授权立法，包括公开听证会的次数与日期，以及地方管理机构正式通过分区条例的决议。

管辖权条款（jurisdiction clause）要界定条例的适用范围。分区条例的管辖权范围可能因社区而异，这取决于社区是否具有域外权力；也可能仅限于西部或中西部县内的某些乡镇。州授权法令可以授予这些权力，允许城镇进行土地分区，或者与县一起对其边界之外的土地进行分区（通常多达 2 或 3 英里）。通过这种方式，城镇可以控制城镇边界之外的蔓延式扩张或拟议开发项目，这些扩张或开发项目可能会导致冲突或对城镇服务造成负担。许多城镇没有域外权力，分区条例仅适用于建制城镇边界内的土地。

最后，条例应包含**可分割性条款**（severability clause），表明如分区条例的一个或多个部分被法庭裁定为无效，整部条例不会被视为无效。

土地分区图

土地分区图显示不同土地利用分区与区域的确切位置与边界。分区条例中列出的每个用地分区和区域（表 15–2）均须在分区图上注明，包括所有"叠加"分区，如规划单元开发分区（PUD）、洪泛分区或其他保护分区等。分区图最好使用 GIS 数据库制图程序的特定格式来绘制。当地的高中、技术中心、大专院校或县规划部门等可能会提供帮助。

你当地的税务评估师或州交通部门可能已有你所在城镇或县的"数字化"底图。如果没有当地或区域性的底图资料，请与当地政府使用的工程公司联系，与其签订合同，制作一个底图，因为除了土地分区之外，还有许多任务要用到这张图。图 15-2 所示为一个小城镇土地分区图。

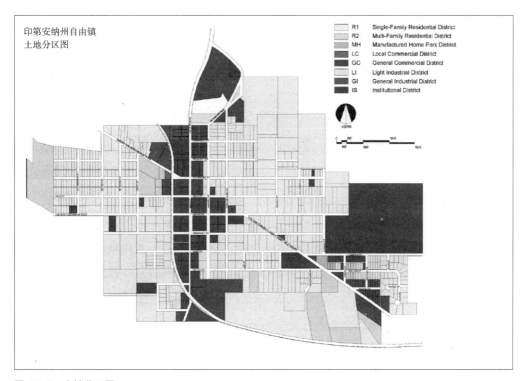

印第安纳州自由镇
土地分区图

	R1	Single-Family Residential District
	R2	Multi-Family Residential District
	MH	Manufactured Home Park District
	LC	Local Commercial District
	GC	General Commercial District
	LI	Light Industrial District
	GI	General Industrial District
	IS	Institutional District

图 15-2　土地分区图

图片由肖恩·诺瑟普 / 詹姆斯·塞迪提供。

土地分区图必须与城镇规划中的未来土地利用规划与图则保持一致，但可能包含更多细节。分区图必须清楚地显示各分区之间的确切边界。我们建议沿着物业界址线、街道、溪流和其他明确划定的边界划分各分区边线。我们还建议你考虑自己购买 GIS 数据库绘图软件，或与当地公司签订合同，以便可以随时更新分区图。

分区图应有标题，标明城镇名称、分区图正式通过的日期以及对分区图进行变更的所有日期。图上应有指北针、区划区颜色图例和市政边界。分区图应以易于阅读的比例绘制，并最终放在城镇网站上。

每个用地分区或区域的土地数量将取决于城镇性质以及城镇规划中确定的预期人口和经济增长。没有简单的公式可以计算出应分别为哪些土地用途划分出多大比例的管辖区域。理想情况下，各种土地用途所需面积应已在综合规划土地利用分项中计算出来。

请注意不要为某一特定用途划分过多土地。当一个城镇想要吸引工业，然后留出大量土地用于这一用途时，这种情况通常会发生。其他因素更重要，如位置适当、靠近公共排水和供水系统、交通网络可达性，以及场地的土壤性能与坡度对开发的支持能力等。

　　土地分区应保持一致，并保持邻里街区的完整性。图15–3中所示的商业物业是位于R-1居住用地分区中间的定点用地分区。如果在实施分区之前地块上存在商业用途，则该商业用途可被视为预先存在的不合规土地用途，并允许其继续使用。然而，如果地块上目前没有建筑物，则划定商业分区就会使商业用地所有者相对于邻近的R-1用地所有者享有不公平的优势。尽管商业用途可能是需要的（如一间小型杂货店），但正确程序应是划分更大的区域用于商住混合用途开发。

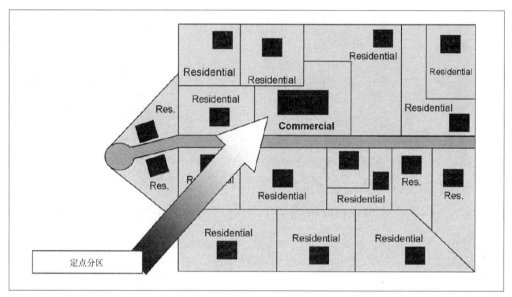

图15-3　定点分区示例
图片由克里斯托弗·伊顿提供。

　　没有正当理由限制大多数社区仅提供住房。20世纪20年代到20世纪60年代的社区通常都有商店和办公场所，提供一系列商品和服务。例如，内科医生、牙医、美容师、会计师和裁缝等经常在其房屋的一部分进行经营活动。邻里杂货店在地方生活中发挥着关键作用。公寓、寄宿公寓和独户住宅混杂在一起。这种土地利用的组合效果良好，因为形式、规模和密度都很相似。

　　混合用途区通常由**形式规范**（form-based codes）产生。传统的区划区在分隔相互冲突的土地用途和活动方面效果很好。形式规范主要侧重于我们希望看到的建筑和活动类型。尽管还有一系列规则，如高度和体积限制等，但形式规范可以帮助创建传统的邻里街区环境。如果你决定在综合规划和分区条例中纳入混合用途、基于形式的方法，互联网和规划师图书服务（Planners Book Service）都有大量可用资源，可通过美国规划协会网站（www.planning.org）访问。

农业区通常标记为 A-1，主要由以农业为目的或起辅助作用的建筑物和活动组成。农业用地分区是保护合法农业活动不受不兼容用途侵扰的主要手段。典型的不兼容用途是大地块（1～10 英亩）上的独户住宅，无论其位于农村小区还是在单独的地块上。有效的农业用地分区大小不等，从每 20 英亩不超过一栋房子，且住宅地块不超过 2 英亩（东部标准），到最小地块面积 80 英亩（中西部和西部标准）都有。

R-1 住宅区（R-1 residential district）通常被称为**独户住宅区**（single-family residential district），是几乎所有有分区条例的社区中最常见的区域。R-1 区通常仅允许非常有限的用途。在许多社区，完全允许用途非常少，仅划定"独立式"独户住宅，而且不允许复式或联排式住宅。通常，礼拜场所、一些小型日托设施和居家职业是允许的，但可能需要特殊例外许可证。我们建议各社区考虑在全部或部分 R-1 区内允许复式住宅，以提供合理的住房类型组合。R-1 区通常被划分为每英亩超过一套住房，因此通常需要公共排水和供水系统。

近来，许多社区都提倡将住宅和商业用途混合作为一种优越的邻里环境形式。这些混合区有利于多种多样风格和类型的住宅、一些零售店、在二层和三层设有生活区的办公场所，还有公共设施等。

混合用途区为独户住宅区中极为有限的允许用途提供了另一种选择。传统的小城镇邻里街区都是混合利用的，因此今天设计的混合用途邻里街区也被称为**新传统**（neotraditional）街区，可以令人回想起小城镇邻里街区的传统土地用途混合。

R-1 住宅区的特征是，只要独户独栋住宅符合最低地块标准（例如，最小地块面积为 8000 平方英尺），即为完全允许用途。建筑风格、土地的可用性与价格、邻里间的差异以及综合社会经济地位等，均在一定程度上决定了地块的大小，以及前后院和侧院的最小规模。

鲁斯·埃克迪什·科纳克（Ruth Eckdish Knack）指出：

> "根据美国人口普查局数据，去年建造的独户住宅平均占地面积为 2195 平方英尺，而 1971 年为 1520 平方英尺。与此同时，地块规模正在减小。1997 年的人口普查数据显示，地块面积中位数为 9000 平方英尺，比 1990 年减少 1000 平方英尺。"[1]

R-2 住宅区（R-2 residential district）通常为一户和两户型住宅（复式住宅）而设，也可能包括三户到五户型住宅。通常，小城镇有时会将社区 R-2 区的老城区部分划为出租单元或公寓分区。R-2 分区通常取决于公共排水和供水系统情况。混合用途开发可以成为 R-2 区的目标。

城镇可以将 R-3 住宅区（R-3 residential district）用于小型公寓综合体，如花园公寓或联排住宅风格的开发项目。小城镇经常利用这一区域作为公共住房、老年公寓和越来越受欢迎的退休养老综合体，其中独户农舍式小屋、复式住宅和护理设施等均整合在一个开发项目中。社区不应为 R-3 用途划定一个大区域，而应考虑划分同等面积的多个较小区域，从而使这些土地用途分散开，而不是集中于社区的一个区域。

规划师将住房分为三种基本类型：现场建造住宅、模块化住宅和预制住宅。现场建造住宅和模块化住宅要按照地方社区颁布的标准建造（通常没有任何标准）。所有类型的预制房屋都要符合美国国家建筑规范（见第 10 章"住房"）。

现场建造住宅的通用名称是**构件式**（stick built）住宅，直接表明住宅由从木材场或家居商店购买的单个构件建造而成。模块化住宅的公认名称是**预制式**（precut）、**组合式**（sectional）、**组件式**（component）或**镶板式**（panelized）住宅。模块化住宅是指在工厂车间内建造、然后运到最终目的地进行组装和装修的居住单元。两层和三层的住宅有多达 8 ~ 10 个模块和其他组件；较小的住宅则完全在现场组装。许多模块化住宅在设计和制作上与完全现场建造的住宅不相上下，甚至优于后者。

预制房屋也是工厂按照被称为美国住房与城市发展部规范的国家标准建造的。地方政府几乎总是把这种住宅单元称为**活动房屋**（mobile home），但制造商们多年来一直试图消除这种印象。预制房屋通常被称为单件式或多件式房屋。为了对预制房屋进行分类，一些州分为住宅设计形式和非住宅设计形式两类。如果房屋单元是住宅设计形式的，州分区授权法规不允许地方社区禁止在住宅区使用这种形式的住宅。住宅设计形式各不相同，但通常包括永久性基础、住宅风格的墙面、倾斜的屋顶以及每套的最小宽度，或许还有长度。如果预制房屋不符合这些标准，则可能会被限制在活动房屋园区内使用。

活动房屋园区的**预制房屋区**（MH district）通常为租赁社区，其中的居住者拥有活动住房，园区所有者提供许多常规性的服务和公用事业。到目前为止，这是大多数农村地区最具可负担性的住房类型。有些城镇利用预制房屋区来归类活动房屋细分土地，其中包括私人拥有的地块。这一区域允许建造模块化和活动房屋，偶尔也有装备精良的休旅车。在**阳光地带**（sunbelt）的越冬区，这是一个受欢迎的区划区。

小城镇规划人员通常划定两个或两个以上的区域用于商业土地用途。**C-1 中心商务区**（C-1 CBD）是以步行为主的商业和公共服务区域。中心商务区是小型社区传统的政府、金融和零售中心。金融机构和免下车银行服务的激增削弱了中心商务区作为金融中心的作用，而零售业则继续流向社区边缘。免下车食品店、汽车服务企业、仓库和二手车停车场等用途均不适宜设在 C-1 用地分区。

中心商务区经济健康是小城镇的主要问题。土地分区和土地利用政策可以在以下三个方面提供帮助：

1. 不要将政府办公场所和服务设施迁出中心商务区。像邮局等政府办公场所可以吸引民众，并有助于稳固地方企业。

2. 允许用途应包括住宅、零售商店和办公空间等混合设置。社区应允许在商业建筑上面设置公寓，作为促进混合用途的一种方式。

3. 如果住宅街区毗邻中心商务区，可考虑变更分区，以允许在现有住宅中提供办公场所和服务设施。这有助于防止这些房屋被拆除，代之以商业建筑，那样做可能会破坏历史悠久的城镇中心区。理想的情况是居住单元位于中心商务区主要入口两侧。

小型社区的 **C-2 区**（C-2 district）应包括所有类型的办公场所、个人服务设施、小型杂货店、餐馆、卫生保健服务、银行和小型零售商店等。C-2 区应尽量与附近的住宅街区相融合，并与住宅街区保持适当的退界区和缓冲区。C-2 区可用于将住宅区与工业用途或大型零售商店和商业带分开。区域法规可能会有设计审查标准和标志控制要求，以增强新开发项目与历史建筑的兼容性。

许多城镇都有第三种商业区，称为 **C-3 区**（C-3 district），用于在进出城镇的主要公路沿线进行开发。这些土地用途与汽车相关，也被称为**带状开发项目**（strip developments），包括快餐店、加油站、汽车与卡车经销店以及小型购物中心。带状开发与中心商务区形成竞争之势。城镇一般应尽量限制沿主要公路的开发规模和类型。C-3 区可能会有设计标准、景观标准等要求，并限制通往主要公路的接入点（车道）数量。

另一种商业区类型是商业园区，设有办公场所，可能还有教育和非营利组织。许多非都市区的商业园区被用来刺激经济发展。这是一种招募手段，可以吸引新公司或为需要扩张的现有公司提供增长空间。

小城镇通常有两种制造业或工业区。**M-1 区**（M-1 district）用于轻型制造与工业用途，其中所有或几乎所有活动都在建筑物内进行。轻型制造业不需要大量的装卸设备或大量的外部存储区。通常情况下，轻工业运营产生的噪声、灰尘和气味等影响都很小，不会超出物业边界。高科技工业是一种备受追捧的轻工业用途。许多轻工业是工业园区或商业园区的理想选择。

M-2 区（M-2 district）也被称为**一般到重型制造与工业区**，将包含社区的大部分制造、加工、存储和装配业务。这些用途涉及建筑物外的大量活动和存储空间；大门常常是敞开的；噪声、光、热、烟、灰尘和气味等可以在物业界址线外检测到。此外，工作时间可能也超出正常的朝九晚五惯例。

规划单元开发区（PUD）或**规划开发区**（PDD）使小城镇能够混合多种土地用途，这在常规分区中是无法实现的（图 15-4）。规划开发区可帮助最大限度地减少一种土地用途对另一种土地用途的不良影响；同时，还可以为社区带来更有效率和更理想的土地利用模式。规划开发区有两个主要特征：

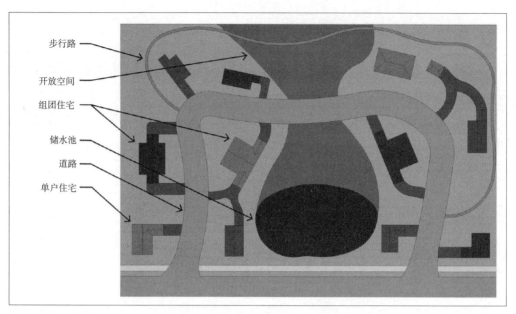

步行路

开放空间

组团住宅

储水池

道路

单户住宅

图 15-4　规划单元开发

图片由肖恩·诺瑟普提供。

1. 规划开发区是**浮动分区**（floating zones）或**叠加区**（overlay districts），通常不会提前出现在城镇的分区图上。此外，叠加区还包括多个常规区划区中没有的特殊规则。

2. 规划单元开发区或规划开发区是通过开发商与规划委员会之间的协商谈判，来促进混合用途开发的一种方式。在传统区划区下，谈判的空间即使有也微乎其微。如果一个独户住宅区要求每英亩不超过 4 套住宅，那么无论是规划委员会、管理机构还是开发商，几乎都无法实现每英亩建造更多套住宅的结果，除非将土地重新分区为更高的密度。但是，规划开发叠加区可以指定低密度、中密度和高密度的开发模式，留有每英亩 4 套、6 套或 8 套住宅的选择余地。从本质上说，城镇提供了开发密度红利（即允许每英亩建造更多套住宅），来换取开发商在建筑设计和选址方面的让步。

规划开发区将开发场地视为一个整体。举例来说，假设开发商提议建造护理设施、老年人租赁公寓、供老年夫妇租赁或购买的公寓、药房、医疗办公场所，或许还有一些礼品和工艺品零售设施等。通常，这需要几个不同的区划区。而在规划开发区模式下，开发商只要遵循普遍接受的场地布局、设计和用途兼容性等规则，就可以在一块土地上提出整个规划。

规划开发区可能会强制要求高标准设计，但对美观的回报是混合用途具有灵活性。规划开发区既规定了最低标准，也规定了最高标准，而不是只有最低标准。例如，条例明确规定可用于多户型住宅、办公空间和零售商业的最大占地面积或建筑面积（以平方英尺为单位）。

180

编写区划区法规

区域法规指导并实施土地分区标准。每个区划区均有不同的标准和要求，但有些区划区之间也有许多相似之处。这些法规均要求有明确、客观的标准。

区划区法规应包括以下内容：

- 宗旨说明。

- 允许用途。

- 附属用途（次要用途，如住宅后面的储物棚，住宅为基本或主要用途）。

- 特殊例外与标准。

- 有条件用途与标准。

- 地块最小面积。

- 院子最小退线距离（前院、侧院和后院退线距离）。

- 地块最大覆盖率（即建筑物、车道和人行道可以覆盖的地块面积）。

- 高度限制。

为了明确允许的用途，提到某些被排除在外的用途可能会有帮助，比如"餐馆，但不包括免下车餐馆"。要想到你可能希望排除掉的所有开发类型是很困难的。在有些州，社区在区域法规中没有列出被排除的用途；其理念是，某种类型开发如未明确列为允许用途、特殊例外或有条件用途，则在该区划区中是不允许的。

获得特殊例外许可证的土地用途除逐案审查其对邻里街区产生的影响外，还必须符合某些特殊标准。特殊例外更像是实施某种特定用途的许可，而不是适用于特定财产的权利。

有条件用途会影响整个社区。有条件用途实例之一可能是用于岩石开采和粉碎的采石场。采石活动声音很大，而且不断有大型卡车进出采石场。重型卡车不仅破坏了地方道路，还造成交通堵塞。规划委员会或管理机构将需要权衡利弊，决定是否签发有条件用途许可证允许采石场使用，因为这种用途会影响整个社区。

要批准采石场的有条件用途许可证，可以应用以下部分或全部规则：

- 运营时间为星期一至星期五上午 7 点至下午 6 点，紧急情况除外。

- 应要求采取粉尘控制手段，或从主要道路到采石场入口进行路面铺装。

- 所有卡车运行时都要用油布苫盖装载的砾石。

- 上午 10 点前或下午 3 点后不得爆破。

- 要有经过批准的雨水径流方案和土地修复详细说明。

- 定期检查运营情况，以确保符合规定。

关于居家职业的说明

居家职业在小城镇和农村地区非常普遍。**居家职业**（home occupation）指在住宅中从事的业务或职业。特殊规则适用于居家职业，以使其尽可能不被人注意，并在规模上加以限制。居家职业通常由住在家里的一两个人经营。适用于住宅区居家职业的典型标准包括：

- 居家职业通常仅限于个人或专业服务，包括会计师、簿记员、律师、保险与房地产代理以及手工艺品制作等。理发店、美容院和某些类型的修理工作可能包括在内，也可能不包括在内。涉及客户或送货卡车到访现场的用途通常被禁止或受到限制，涉及可能影响邻居的外部活动的用途也被禁止，比如汽车维修。

- 除邮寄外，通常禁止销售产品。另一方面，有些社区允许销售传统的家庭产品，如工艺品、化妆品、炊具和文具等。通常允许销售业余爱好类产品，如硬币、邮票、火车模型和收藏品等。

- 居家职业面积应限制在居住单元的一定比例内，通常约为住宅面积的 25%，从而使居家职业仍然居于次要地位或附属地位，住宅的主要用途仍然是居住。居家职业必须在住所内进行，而不能在单独的建筑物内。

如今，越来越多的人远程办公，或每周花一部分时间在家里用电脑工作。此类工作不会对邻居产生不利影响，事实上还可减少社区内的交通影响。这些活动不应被视为传统意义上的居家职业。因此，土地分区用语应谨慎地将基于计算机的远程办公工作排除在居家职业的定义之外。

分区管理

分区条例的管理部分阐明规划委员会在管理分区条例方面的作用。本节还将介绍对土地分区具有特殊意义的两个重要行政职位：分区管理员和分区调整或上诉委员会（ZBA）。在没有分区调整委员会的州，规划委员会可履行分区委员会的职责。

分区管理员

分区管理员由管理机构任命，帮助实施土地分区流程，并回答分区解释和执行中的所有问题。当土地所有者或开发商提出开发建议时，分区管理员（假设没有专职规划师或规划顾问）的工作是确定拟议开发是否符合管辖区的土地分区要求。首先，分区管理员检查物业所在的区划区是否允许拟议的土地用途。然后，分区管理员检查该区域的特殊要求，比如地块大小和建筑从物业边界后退的距离。

如拟议开发项目是允许用途且符合分区要求，则分区管理员将签发分区证书和建筑许可证，并收取费用。在签发任何许可证之前，应要求申请人与分区管理员会面，并审查城镇分区条例中所有相关的开发、建筑物和分区要求。

如果分区管理员否决申请，则必须向申请人发送书面回复。书面回复应列明拟议开发项目为何未能满足分区要求，以及申请人可采取什么措施（如果有的话）使拟议项目符合分区要求。

如果分区管理员发现存在违反区划区法规的情况，则必须以书面形式通知违规者。回复应引述申请人违反的分区条例部分，以及纠正违规行为的必要步骤。分区管理员可要求违规者停止运营，并停止违法使用土地、建筑物或构筑物，也可责令拆除违法建筑物、

补充材料 15-6　关于利益冲突的说明

分区管理员和规划委员会的建议，以及分区调整委员会和管理机构的裁定，均应依据分区条例、公开听证会的记录和案件事实公平客观地提出。小城镇的决策者往往难以做到公平和避免利益冲突。在小城镇，人们彼此认识，或者互相间接认识。家庭、友谊、仇恨和商业联系普遍存在。任何规划会议都可能引起争议，尤其是当人们彼此非常了解的时候。

许多州都有适用于地方政府的公开会议（阳光法案）和利益冲突法。要熟悉这些法律，并将其纳入分区程序。通过有关利益冲突的规则，或要求取消对开发或重新分区提案的投票和参与资格，这对于地方政府而言尤为重要。这些规则必须谨慎编制，并放在分区条例的单独条款中。

以下为规划专员或调整委员会成员必须申报利益冲突并取消自己资格的一些常见例子：

● 当规划专员或调整委员会成员与向城镇规划委员会提出开发审批或分区变更要求的申请人有关联时。请用理性和感性来建立此项规则。侄女是近亲，远房表亲的岳父则不是。

● 当规划专员或调整委员成员或其直系亲属或业务伙伴拥有变更请求所涉财产的所有权或财务权益时。

● 当规划专员或调整委员会成员是授权法规所界定的，因分区更改、有条件用途、变通或特殊例外等接受审查的财产周围（通常为200～1000英尺）"区域居民"时。

补充材料 15-6　关于利益冲突的说明（续）

- 如果规划专员或调整委员会成员是物业所有者的业务伙伴，或是反对此项变更的人。

- 如果规划专员或调整委员会成员是申请人的雇员或雇主。

- 如果由于过去或目前与申请人的社会关系而使规划专员或调整委员会成员的参与显得行为失当。

规划专员或调整委员会成员在失去资格时必须离开听证席，最好离开听证室。宣布取消资格，然后继续留在听证席或留在房间里都是错误的。

决策者应事先披露其对决策结果的所有利益。例如，道格（Doug）是规划委员会成员，其堂兄阿曼达（Amanda）申请将 11 英亩土地从 RR-1 农村住宅用地分区改划为 C-1 商业用地分区。如果重新分区获得批准，阿曼达的土地价值可能会增加数万美元。

在这种情况下，道格必须声明存在利益冲突并退出会议。他应该在规划委员会其他成员就阿曼达的重新分区申请进行投票表决之后，才能回到听证会上。听证会结束后，道格不应与民选官员讨论阿曼达的申请，因为民选官员会就土地重新分区作出最终、具有法律约束力的决定。如果道格建议进行重新分区，城镇居民们可能会理所当然地声称道格的判断有偏见，因为这块土地属于他的堂兄。如果他建议反对重新分区，他的堂兄又可能会说他是出于嫉妒。通过退出案件，道格避免了要么影响他人决策、要么持有偏见的两方面指责。

规划专员和分区委员会成员的经验法则是：如果你不得不问自己是否存在利益冲突，则你极有可能的确存在利益冲突，至少表面上是这样。另一条规则是，你应该征求同伴意见，并确定他们对事态的看法。

改建物和构筑物。分区管理员的各项权力必须以清晰的语言详细说明。执行土地分区的目的是合规而不是惩罚。因此，管理员必须能够根据具体情况运用自己的判断，同时遵循法律精神。在规定的纠正违规行为时间内，可采取宽大处理的形式，甚至在情况需要时还要作出妥协。

分区管理员应确定办公时间，以协助处理开发申请，并回复土地分区查询和涉嫌违反分区规定的投诉。许多小城镇和县都有一名分区管理员值班，每周工作两整天，其他时间实行预约。为方便起见，城镇管理机构经常任命镇书记员为分区管理员。由于分区执行中可能会出现特殊且可能引起争议的情况，因此这种做法并不总是很好。

作为规划委员会和分区调整委员会的助理，分区管理员接收所有有关开发、变通、有条件用途、特殊例外和土地重新分区的申请。分区管理员必须有适用于这些用途的申请表和许可证，以及建筑许可证和入住证。分区管理员将变通和通常的特殊例外申请提交至分区调整委员会，并将有条件用途申请和通常的重新分区申请提交至规划委员会。

我们这里说"通常"，是因为有些州允许分区调整委员会或规划委员会审议特殊例外情况，而有些州则将审查重新分区的职责交给管理机构。并非所有州均有有条件用途，有的州将其视为特殊例外或特殊用途。申请人与分区管理员之间就分区条例解释而产生的任何争议，均由分区调整委员会解决。

分区管理员应出席规划委员会和分区委员会的会议，以便在书面报告中解释其对拟议开发的审查，并回答所有相关问题。分区管理员还应确保在当地报纸上发布公开听证会的通知，并确保在被提议进行分区变更或开发的财产的指定距离范围内，邻近土地所有者均能知悉所有拟议变更。

分区调整或上诉委员会

分区调整委员会通常由管理机构任命的 3 ~ 7 名成员（视州而定）组成，负责处理需要认真审查的特殊分区情况。如果没有分区调整委员会，解决一些开发问题的唯一办法是频繁修订分区条例和分区图。这种小规模修订既耗费时间，也往往会削弱条例效力。

分区调整委员会主要行使三项职能：

1. 委员会审理对分区管理员所作决定的上诉。在这一角色中，委员会就分区管理员对分区条例或土地细分法规的解释是否正确作出裁定。

2. 委员会审查关于特殊例外的申请，并举行公开听证会（见"召开土地分区听证会和审批拟议开发项目"一节）。

3. 在公开听证会后，委员会有权通过应用州授权法规中要求的标准，批准对分区条例和分区图中的严格条款予以**变通**（variance）。

只有出于分区条例中规定的原因和标准，才能批准变通。**场地变通**（area variance）是指偏离控制地块上建筑物位置的正常规则。场地变通适用于院子退线、最小地块面积要求、高度、体量和其他尺寸标准方面的微小变化，这些都是场地特有物理环境的结果。例如，如果一条小溪以奇怪的角度穿过地块，使得地块很难满足建筑退线 25 英尺的要求，则可允许出现退线 20 英尺的变通。

用途变通（use variance）涉及在特定分区内不允许的土地用途许可。用途变通不涉及修改土地分区图。所需用途应与分区内允许的其他用途相似。获得用途变通的举证责任要高于场地变通的举证责任。社区在允许用途变通时应格外谨慎。在许多情况下，应拒绝用途变通提案，申请人应向规划委员会申请重新分区。许多社区在本应重新审查和更新分区条例，以确保每个分区的允许用途均详尽周密时，却准许了过多的变通。有些州允许分区管理员准许轻微例外，甚至在某些情况下批准用途变通。

每个州的法令均列出了签发变通所必需的条件和调查结果。虽然条件和调查结果通常因用途变通和场地变通而有所不同，但法令通常要求：

- 申请人没有引发变通的需要。

- 要求变通的必要条件是标的财产所独有的，而不是邻域的一般条件。

- 变通即使签发，也不会改变邻域的本质特征或降低相邻财产的价值。

- 申请人面临不必要的困难（通常是经济困难），而且，如果没有变通，就没有合理或有益的财产用途（用途变通）。

分区调整委员会和规划委员会一样，必须有一套明确的程序、标准和规则。分区调整委员会作为一个准司法委员会（即作出类似司法的裁决），对申请人及其对立方均应秉持高标准的客观性和公平性。这些程序可能包括有关委员会成员资格规则、关于何时和如何举行会议的决定、委员会将裁定的案件说明、审理个别案件的程序以及记录保存等。

对分区调整委员会的决定通常不能向地方管理机构提出上诉，但可以向法院提出上诉。这是因为分区调整委员会作出的是准司法裁决。

执行土地分区、土地细分及其他土地利用条例

通过法律和执行法律之间有很大的区别。在大多数社区，无论大小，土地分区、土地细分和其他土地利用条例往往都执行不力而且无效。其主要原因是法规执行依赖于投诉，而不是对社区的持续监督。换句话说，我们不去寻找问题。然而，执行不力反过来又会导致对土地利用条例的轻视，以及业主之间不可避免的平等对待问题。小城镇一般没有时间或人员来持续执法。法规执行人员 95% 的时间将完全用于少量的长期违规案件上，5% 的时间用于容易解决的违规或琐碎投诉上。

另一方面，城镇越小，越容易发现是否有人违反规定。地方官员往往不愿意起诉一些违规行为。违规者可能是老人，是某个重要人物的亲戚，或是社区中一位直言不讳又难以相处的成员。谁也不喜欢被抓到违法！此外，对违规进行定罪可能也很困难。条例措辞不当、分区管理员理解不当或地方检控律师缺乏关注等，都可能带来问题。法庭往往倾向于认为，违反分区规定的行为远不如酒后驾车这类更明显违背法律与秩序的案件重要。最后，违反分区条例的罚款与处罚尽管可能很重——每天可高达数百美元，但通常处罚很轻。

随着邻里街坊组织、利益团体和业主协会的发展与普及，私人对土地利用法规执行的关注，以及针对提出开发建议可能会使社区变得更糟的业主的质疑都在日益增多。

城镇和普通公民可以有多种方法来阻止违反土地分区的行为。方法之一是使用停工令来停止施工，直至规划委员会、管理机构或最终由法院审理案件。此外，普通公民或业主协会可通过其律师向法院提起强制执行诉讼，要求法院签发**执行令**（writ of mandamus），即要求城镇官员履行职责的命令；在这种情况下，即执行分区条例。

执行分区条例的行动应基于良好的判断力和对财产所有者利益、邻里间烦扰以及公众利益的平衡能力。调解通常是解决分区问题的好方法。你可能希望避免这类头条接踵而来的新闻之累，诸如："分区管理员责令拆除儿童游戏室"，或者"因超出允许高度限制，50 英尺高旗杆被责令拆除"等。

我们可以提供的最好建议是，分区条例的执行应依靠常识。要避免在轻微违规事项上花费大量精力，但要确保你维护了条例的完整性以及城镇规划的目的与目标。

修订分区条例

分区条例与城镇规划一样，需要随着社区需求的变化而改变，或因管理机构对个别业主的请求作出裁定而进行变更。分区条例必须说明如何修订条例和正式分区图。这被称为分区修订程序（图 15-5）。

修订分区条例可以通过以下两种方式之一开始：

规划委员会及管理机构可利用表 15-3 中的核查表，作为决定是否批准修订分区条例的指南。一般来说，对地方分区的任何更改均应证明，这样做将满足公众需求，而不仅是提供私人利益。

分区修订核查表　　　　　　　　　　表 15-3

	是	否
1. 城镇是否需要在所要求的区划区增加土地？	☐	☐
2. 社区中是否还有其他物业更适合这种用途？	☐	☐
3. 这项要求与城镇规划相符吗？	☐	☐
4. 这项要求是否会对交通运输、泊车位、排水与供水服务或其他公用设施产生严重影响？	☐	☐
5. 根据提议，这项要求是否很有可能对邻域的物业价值产生不利影响？	☐	☐
6. 根据提议，这项要求是否很有可能降低邻域物业的享有或使用？	☐	☐
7. 根据提议，这项要求是否会引致严重的噪声、气味、光线、活动或异常干扰？	☐	☐
8. 这项要求是否引发了关于场地分区、个人困难或违反先例的法律问题？	☐	☐
9. 是否有人记录了公众对这种变化的需求？	☐	☐
10. 规划人员或顾问有何建议（如有的话）吗？	☐	☐
11. 这项变更是否有（或应该有）附加条件？	☐	☐

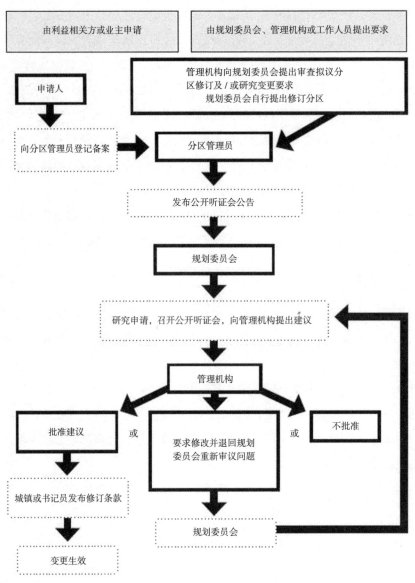

图 15-5 修订分区条例和官方分区图

图片由乔安妮·施伟德提供。

分区条例可作三类修订：

1. 修改分区条例（文本修订）。

2. 修改分区界线（分区图修订）。

3. 修改区划区名称（分区图修订）。

最后一种情况通常被称为**重新分区**（rezoning），例如，可能涉及将 R-1 低密度独户住宅的区域，更改为 R-2 住宅区，从而允许建造中等密度的住房。

分区修订过程可以通过三个方式开始：

1. 当土地所有者提出申请，要求对其全部或部分物业进行重新分区时。

2. 当规划委员会、管理机构（有时是规划专员）以及你所在州授权立法中提到的其他发起者提出修订要求时。

3. 当公众要求在规划委员会会议上安排议程项目，然后请求启动分区变更时。

应在官方报纸上发布关于拟修订文本的描述，或涉及分区图修订的财产描述。如果相关修订属重新分区，则应在一个或多个公共场所展示附有说明的地图。此外，还应在拟重新分区的物业上放置标志，写明公开听证会的日期及索取更多信息的电话号码。

规划委员会就有关请求举行公开听证会，并向管理机构提出建议。管理机构将审理公开听证会形成的记录，并就是否批准分区变更作出最终裁决。根据州法律，在管理机构作出最终分区修订决定时，可以举行公开听证会，也可以不举行。

举行分区听证会与审批拟议开发项目

土地分区变通、特殊例外、有条件用途和重新分区听证会常常会引发许多混乱，尤其是在小城镇和农村地区。混乱的部分原因在于多个步骤、多个审查委员会，甚至缺少一致的程序。分区听证会是一件严肃的事情，涉及财产权、公共福利和社会礼节。以下讨论涉及由规划委员会举行的公开听证会，但也适用于分区调整委员会和城镇管理机构的公开听证会。

一个训练有素的规划委员会，主管者经验丰富，工作人员又准备充分，还有精心编制的包含图纸和事实调查结果的工作报告，这些都能使公众评论发表意见之夜富有成效。一个公平的听证会始于策略，获益于良好的组织和管理。

以下是筹备公开听证会时应该做和不应该做的事项：

● 要求申请人准备一份清晰、真实的情况陈述，说明请求分区变更的原因、变更的必要性，以及申请人打算采取哪些措施来帮助减轻此项变更可能对邻域产生的影响。要为规划委员会拟备一份决议，规定在晚上 10 点（或其他合理时间）后不能继续进行公开听证会。这是基于人们在疲劳时不会作出正确决定的假设。

● 如果预计有数十人参加听证会，请务必制定备用空间计划。不要在只有有限站立空间的情况下举行听证会；将听证会推迟到另一个时间，在另一个更大的空间举行。当很多人希望发言时，你可以将每个人的发言时间限制为 3 分钟。这可利用提示音或计时器强制执行。除非每个人都有机会发言，否则不允许任何人再次发言。

● 要始终有一个讲台供发言者使用。不要让公众坐在椅子上发言。这会助长混乱。会议主席必须执行这项规则。

● 除了细微改动或没有公开评论或争议的听证会外，请考虑制定一条规则，规定在下一次会议上应就动议和辩论提出建议。这使规划委员会有机会进一步研究拟议分区变更。切勿因公众要求而被迫对某项建议采取行动。

公开听证会应该只谈论事实，而不应猜测可能发生的情况。在讨论、动议和决议的记录中产生事实。可以而且应该采取手写记录的形式，但需要有会议录音。所有发言、辩论和决定都在公众面前进行。根据几乎所有州的阳光法或公开会议法，会议不得秘密进行，也不得召开任何行政会议，即使不公开会议只进行辩论而不进行表决也不可以。如前所述，弃权是不适当的做法。

为了举行听证会，规划委员会应遵循以下准则：

• 在实际的公众评论开始之前，会议主席必须解释会议和发言规则。他或她应声明，所有公众评论均应向委员会而不是其他听众。主席应首先要求工作人员或其他规划委员会成员对修正案进行总结。

• 要允许提出变更请求的申请人首先发言。申请人必须准备某种形式的文件用于介绍，如正在审理的物业的草图、照片、测绘图或研究报告等。可以利用幻灯片或Microsoft PowerPoint® 演示文稿。

• 申请人有权请律师或其他专业人士协助陈述或代为陈述。

• 申请人陈述完毕后，主席应询问规划委员会对申请人是否有任何具体问题。主席还应询问公众是否对报告有任何疑问。此时不是辩论的适当时机，因此问题应仅限于澄清事实。

• 主席应询问现场是否有人希望就提案作公开发言。所有希望发言的人均应有机会发言，但应让得到提案邮件通知的人首先发言。

• 在所有希望就提案发表意见的人发言完毕后，主席应允许申请人对公众的任何指责或评论作出回应。

• 应让公众也有时间对申请人的二次意见作出回应。

• 主席必须在听证会的所有阶段维持秩序。在分区听证会上，出言不端、发表恶意言论或发出威胁都是不允许的，只会让人觉得这些行为会影响规划委员会。

• 此时，主席应询问委员会成员对申请人或所有听众是否还有具体问题。在所有问题都得到回答后，主席应确定委员会成员是否有足够的信息来作出决定，或者申请人是否需要收集更多信息并参加另一次会议。继续听证的，应公告继续公开听证的具体日期、时间和地点。规划委员会应以书面形式向申请人说明其应进一步收集或提供的信息。当申请人再回来继续听证时，只应讨论所要求的信息，除非在此期间有特别情况披露。如果看起来提案无须因缺乏信息而搁置，或无须收集新的信息，则规划委员会成员应提出动议，建议或不建议通过该项提案。

就分区提案而言，规划委员会应始终就一致性问题展开讨论。有关提案是否符合规划委员会的既定政策、已通过的城镇规划以及先前的决定？如果达成的共识是肯定的，委员会应该着手审查对邻里街区的影响。如果达成的共识是否定的，委员会应讨论土地利用变化的幅度，以及土地利用规划是否应该改变的问题。

影响

如果拟议开发符合现有的城镇规划和分区条例，规划委员会应接着审查项目建成后可能产生的任何影响。委员会应讨论下列问题：

- 该物业目前使用多久了？
- 周边邻里街区的特点是什么？
- 分区变更如获批准，是否与委员会先前建议的变更类型一致？
- 专业人士有何建议（如果有的话）？
- 在公开讨论期间提出了哪些相关问题？

如果规划委员会认为某些开发影响可能需要纠正，委员会可采取两个行动路线：

1. 委员会可建议更改拟议用途。规划委员会可以指导申请人研究这些具体建议，投票表决搁置提案，以及让申请人在后续听证会上重新提交。

2. 申请人可简单地接受委员会的意愿并修改提案，或者委员会可附加土地分区条件。

分区中的条件不应与有条件用途相混淆。如果某些条件直接关系到紧邻区域内的舒适性、安全性、便利性和财产价值，则委员会可规定申请人必须遵守这些条件。例如，委员会可能会要求申请人将拟建车道从地块的一侧移至另一侧，以避免使原本已经低效的交通状况复杂化。

在讨论可能产生的影响后，规划委员会应投票决定是否向管理机构建议批准或不批准分区变更。无论结果是肯定的还是否定的，每位委员均应说明其投票理由。在投票表决后，规划委员会撰写关于批准或否决土地分区变更的建议，并将其发送至管理机构。

变更幅度

与已采纳的政策和规划不一致的开发提案可能会导致未来土地利用模式发生不必要的改变。规划委员会面临的问题是：变更多少？如果预期的变更幅度不大，委员会可以考虑是否希望重新审查已采纳的政策，或者只是继续执行，最终让土地利用变化来预示着政策的转变。如果所要求的变更幅度很大（例如，从一种土地利用模式突然转变为另一种土地利用模式），则委员会将需要重点关注这种变更的理由或必要性。**要求变更的人有责任**提供这些答案。

如果委员会就分区变更的必要性达成共识，那么城镇规划将需要进行修订，以反映新政策。遗憾的是，许多规划委员会只会批准分区变更请求，而不是修改规划。处理开发提案的一个好办法是先搁置，直到委员会有时间就改变城镇规划的问题举行另一场公开听证会时再作讨论。

分区听证程序的另一个阶段发生在管理机构。管理机构收到规划委员会的建议，并在例行会议上安排议程讨论该提案。讨论应围绕规划委员会形成的记录进行。如果发现新事实，则管理机构应将开发提案退回规划委员会，并作出具体审查指示。如果管理机构对提案提出严重质疑，则应将全部事项退回规划委员会重新审议。只有在最特殊的情况下，管理机构才应拒绝规划委员会的建议，而无需发回规划委员会进行再次审查。在规划委员会再次提交其重新审议结果后，管理机构可以自由处理其认为合适的请求。

在有些州，规划委员会会定期举行不公开的公众会议，讨论拟议分区变更，但是，由管理机构就分区变更举行公开听证会。

在提案听证阶段，最常见的问题之一是："如果此事提交法院审理，将会发生什么？"这个问题不应影响规划委员会或管理机构任何成员的决定或行动。法庭和法律只要求合理的审查、正确的程序以及一项不会导致几乎否定财产有益用途的法规。

以下若干建议将有助于确保分区决定最终不会被诉诸法院：

- **始终保持听证会公正。**每个人都必须有机会发言和提出建议。申请人应始终有机会纠正其提案中的缺陷。

- **切勿给予或看似给予申请人特殊优惠。**公众对此类行为的记忆会历久弥新。

- **务必制作并保留一份录音记录。**绝不要在分区问题上依赖记忆或笔记。

- **切勿容忍草率的陈述。**应始终要求申请人将有组织的信息带入听证会，准备好发言，并准备好回答问题。

- **切勿规定律师不得出席土地分区听证会或不得在听证会上发言。**每个人都有获得法律援助的权利。

- **切勿举行行政会议来作出分区决定。**在公众面前说出关于提案所有必须要说的内容。在作出最终决议前，切勿与申请人或委员会或管理机构的其他成员私下讨论土地分区事宜。

- **切勿走捷径，也不要放宽规则。**如果提案必须等待13天的审核，则不要在第12天就进行审议。

- **务必要诚实！**如果与特定的重新分区存在个人、业务或财务上的冲突，则专员应自行取消资格并离开会议室。

- 始终要自问："如果此用途位于我的财产旁边，我会投同样的票吗？"
- 要始终将申请人的权利与邻居和公众的权利一起考虑。

现代土地分区实践

绩效分区法

许多小城镇在土地分区制出现之前就已经建立起来。房子可能就在人行道上。商店和住宅穿插在一起。新城镇或近年来增长可观的城镇通常是根据分区条例形成的，将住宅与商店和办公空间分开。这些新地方在外观和给人的感受上都与老城镇大不相同。

对于老城镇居民来说，一个问题是："如果城镇明天就毁掉了，现行分区条例是否允许城镇按照原样重建？"在几乎所有的城镇，答案都是否定的。因此，一些小城镇对其传统的分区条例不满意也就不足为奇了。很多时候，人们会觉得分区条例过于局限，没有反映出他们社区的价值观或是外观和感觉。

传统分区（Traditional zoning）将可能危及公众健康、安全和福利的土地用途分开，通常被称为**欧几里得分区法**（Euclidian zoning）。这指的是俄亥俄州欧几里得村诉安布勒房地产公司案 [*Village of Euclid*，*Ohio v. Ambler Realty Co.* 272 U.S. 365（1926）] 中关于分区合宪性的首次全国性检验。例如，学校不应位于购物中心旁边，因为这使年幼的行人面临交通危险。

绩效分区调节土地用途产生的影响，而不是土地用途本身。例如，在典型的独户住宅分区中，便利店、自助储物柜或综合办公室等通常是不允许的，或仅允许作为有条件用途。在绩效分区下，只要这些用途在设计、选址、屏障、噪声、建筑物规模和停车位等方面符合某些性能标准，就可以允许同时使用。与传统分区相比，绩效分区可能涉及规划委员会和民选管理机构对开发进行更大力度的审查和监督。

基于形式分区法

从 20 世纪 80 年代末开始，精明增长运动创造了一种绩效分区法的变体，称作**基于形式分区法**（form-based zoning）。根据这一概念，社区确定某些区域的外观、哪些用途可以组合在一起，以及设计和场地布局的标准。这是传统分区与绩效分区的混合体。

一个社区可以基于形式标准而不是土地用途，将城镇划分为不同的区划区。也就是说，任何用途都不能仅因用途而在一个区域被自动禁止，但不同区域可能存在不同的绩效标准。例如，某个商业用途如果符合住宅区的设计和建筑物的形式标准，就有可能位于那个住宅区内。

基于形式分区比传统分区涉及的区域更少。区划区把明显不同的土地用途（如居住用途和工业用途）分开，但允许每个区域内有多种土地用途（如居住用途和商业用途）。例如，密歇根州巴斯镇（Bath Township，Michigan）的绩效分区条例只使用了五个区：农村区、低密度住宅区、开发区（主要道路沿线）、村庄核心一区（商业）和村庄核心二区（中心商业）；条例还包括一个叠加区，用于公共土地和开放空间。[2]

为分隔不兼容的土地用途并减少噪声和视觉影响，须设置类似于退界要求的缓冲区。相邻土地用途冲突越大，缓冲区就要越宽，包括使用更多的树木和植物来屏蔽噪声、灰尘、废气和视觉影响。

绩效分区和基于形式分区尤其有助于提高开发提案的灵活性。传统分区往往形成"千篇一律"模式的地块和死胡同,绩效分区和基于形式分区则使场地开发有更大的灵活性。

通常,以下五项关键标准可以帮助确保新开发项目的整体质量:

1. 开放空间比率,用于控制已建与未建空间的数量以及要保留为开放空间的土地用途。

2. 不透水表面比率,用于衡量相对于整个场地的道路、人行道、岩石、停车场和建筑物等所覆盖的空间面积。

补充材料 15-7 关于土地分区与大型零售商店的说明

在过去的 25 年里,大型零售商店已遍布美国农村和小城镇。许多社区已经等了太长时间,试图通过土地分区来监管大型零售商店。通常,公司会在社区的边缘或外围开设大型商店,将零售业和税基吸引到远离城镇中心的地方。

以土地分区来管理大型零售商店涉及两个主要问题:商店可接受的位置和商店的规模。第三个问题则是商店的设计形式——它看起来是什么样子,又如何与周围环境相适应。

如果你确信大型零售商会在你所在社区附近建一家商店,你可能想尝试把这个商店建在城镇中心的某个地方,或者修复一个目前空置的商店。爱荷华州卡洛尔(Carroll)在城镇中心有一家沃尔玛超市,佛蒙特州本宁顿(Bennington)则让沃尔玛翻新并占用了离城镇中心不远的一家废弃商店。大型商店吸引了许多购物者,其中一些人可能想在你所在城镇的其他商店购物。在这里,分区涉及确定在中心商务区内或毗邻中心商务区的大型商业开发项目的潜在选址。你也可能不希望在社区内开一家大型零售商店。如果人口有限,并且觉得不需要满足区域性商业需求,或者你只是想推广当地拥有的商店,你可以采取措施,不让大型零售店进入。这包括确保你为商业用途规划并分区的土地不超过 5 英亩,并限制商业建筑的允许面积。

大卖场的规模经常引起争议。一个 12.5 万平方英尺的商店是巨大的。有的社区将大型商场面积限制在 7.5 万平方英尺(不到 2 英亩)。希望阻止大型商店的社区在其分区条例中增加了规模限制。例如,纽约州斯坎内特拉斯(Skaneateles)的上限为 4 万平方英尺;威斯康星州的梅库恩(Mequon)对新建商业建筑的面积限制为 2 万平方英尺。

城镇可以利用设计条例来要求大卖场采用建筑特色,将部分或大部分停车场设置在建筑物后面,设法解决交通模式问题,使建筑与周围环境相适应,或进行社区范围的经济和环境影响分析。

3. 居住用途的每英亩住宅密度指标。

4. 非居住用途的容积率，用以衡量一个建筑物的建筑面积与整个场地面积的比率。

5. 建筑物、标志和景观的视觉外观细节。

确定具体比例，比如，对独户型邻里街区要求最低有 20% 的开放空间，可能涉及规划委员会和管理机构的一些反复试验。开放空间比率方法允许住宅单元按组团设置，同时保留相当大的开放空间。如果场地的某些部分对开发有重大的物理限制，比如溪流、湿地、森林、陡坡和浅层土壤等，这种方法很有意义。

绩效分区和基于形式分区的优势在于，二者均能消除许多与特殊例外、变通和有条件用途相关的问题，因为分区决策是基于明确标准作出的。绩效分区和基于形式分区的弊端在于，明确的标准可能编写起来既困难又成本高，也很难向公众出售，还需要大量的场地规划和设计，从而导致开发商付出更高的成本。二者监控和执行起来也更为复杂。普通规划委员会将需要大量的培训和人员支持，才能解释和实施绩效分区或基于形式分区条例。

叠加分区法

叠加分区是一种非常有用的分区技术，在存在自然灾害或其他开发限制的区域尤为有价值。叠加分区只是一套政策和法规，旨在保护特定的自然或文化资源，如洪泛区、陡坡、湿地或历史街区等。

叠加分区设置于一个或多个基础分区的某些部分之上，从而可以沿着资源的边缘而不是物业界址线进行划分。叠加分区补充了基础分区的规定，因而是一种"双重分区"方法。土地所有者必须遵守基础分区和叠加分区两方面的规定。例如，一个区域的基础分区为 R-1 独户住宅分区；然而，这个 R-1 分区的一部分又位于洪泛区中。那么可以在 R-1 分区上设置一个洪泛叠加分区，以便制定更严格的建筑物限制条件，比如，在洪泛区范围内不得新建建筑或进行填筑等。

各叠加分区应显示在分区图上。有些社区采用了一种特殊叠加区，称为**红灯区**（combat zone），要求某些成人娱乐和性导向型业务只能位于此区域。酒精浓度叠加区对特定区域内供应酒类的场所数量施加位置限制。办公改造叠加区对将住宅改造为办公场所提供了特殊规定和指导方针，特别是在中心商务区附近。

浮动分区

浮动分区（floating zone）是指在城镇分区条例中存在、但在分区图上却不存在的特殊分区。当城镇确定需要某一特定土地用途、又不确定应将其设于何处时，可以采用浮动分区。如果申请人符合分区条例中规定的条件，则可以根据逐案审查将土地重新分区为浮动分区用途。浮动分区通常用于活动住宅园区、购物中心、退休中心和多户型规划单元开发项目等。浮动分区不应与定点分区相混淆。浮动分区包含明确的允许用途，通常是大型开发项目，并满足确定的公众需求。

大地块分区法

在保护区和农林用地的保护方面，**大地块分区法**（large-lot zoning）有时是一项有用的技术。限制住宅密度是为了保护开放空间，保持大宗土地用于农业、林业或其他自然资源保护。其目的是保持一个区域的农村特色，减少农民与非农邻居之间的冲突。为了有效，对大地块的密度要求必须非常低，比如每 20 英亩或 40 英亩只能有一栋非农房屋。地块大小设置为 5 英亩或 10 英亩是一个糟糕的选择，会导致相当大的用地浪费，还会导致在农林活动附近形成数十处农村住宅。

组团式或保护性设计开发

组团式（cluster）或**保护性设计开发**（conservation design development）是在场地上分组进行住宅开发，以预留并保护开放空间区域。组团式设计在规划单元开发中很常见，在有公共排水和供水系统的情况下是可行的。然而，组团式本质上是一种郊区型开发模式，可能会导致集群化蔓延扩张。这种方式不适合在商业性农业或林业地区使用，因为这样做会破坏土地基础，并将大量人口引入劳作景观。

无论是大地块农村居住分区（1 ~ 10 英亩）手段，还是组团式手段，都是保留开放空间的方法，却不能保留农场和林业经营活动的劳作景观。这些手段往往会吸引未来居民迁移到远离城镇服务设施的区域，并依赖可能导致地下水污染的水井和化粪池，从而导致城镇蔓延式扩张。

激励性分区法

激励性分区法（incentive zoning）或**奖励性分区法**（bonus zoning）以额外的建筑密度或建筑高度奖励开发商，以换取良好的美观设计、开放空间、可负担性住房或其他益处。在较大城镇，开发商可能希望建造几十个住房单元。如果住房单元作为公寓或共管公寓以高于土地分区允许的密度组合在一起，则城镇在外观和为项目提供服务方面可能会做得更好。如果开发商同意建造一些可负担性住房，并形成一定数量的开放空间，则规划委员会和管理机构可以根据分区条例时间表，向开发商提供额外的住房单元作为奖励。这似乎是一种谈判解决方案，但这种方法却既能有效增加获得合适住房的机会，又能有效增加开发商的利润。

小 结

土地分区是将城镇规划付诸实施的最重要手段之一。分区条例包括文本和图则,文本描述不同土地用途的分区与区域、一般开发标准、条例的执行等;图则显示不同区划区的位置。虽然分区条例应由专业规划师编制,但分区管理员以及规划委员会、管理机构和分区调整委员会的成员等,均应了解分区条例的内容及其运作方式。

分区条例的文本与图则必须符合州分区授权法律,并应按照综合规划中的阐述适应地方社区的需求与愿望。土地分区会影响整个社区的未来。

土地分区旨在将可能对个人健康、安全和福利构成威胁的相互冲突的土地用途分开。在某些区划区内,某些土地用途是完全允许的,其他用途则是不允许的,还有一些用途可以作为特殊例外或有条件用途。土地分区管控建筑物的密度、大小、高度和位置。这对于健康、安全和邻里形象等都很重要。

土地分区必须公平合理地应用才能有效。最重要的是,分区是土地所有者、开发商、公众、民选官员、规划委员会、分区管理员和分区调整委员会的决策指南。土地分区是一种灵活的手段,其成功与否取决于管理分区过程的官员的判断。在特殊情况下,分区调整委员会可准予场地变通和用途变通。分区条例和图则可以进行修订,以反映社区意愿,同时修改城镇规划,以确保所有分区决策均以事实为依据。

土地分区过程首先应向公众公开,特别是通过公开听证会的方式。在所有分区决策中,各种事实均应有据可查,城镇官员应有充分理由提出建议或作出裁定。理由应与决定一起写下来并提交。通过保持分区过程向公众公开,更多的人往往会愿意参与影响社区未来的决策。这样,城镇居民就会觉得他们对社区如何发展以及在哪里发展有一定的发言权。

注释

1 鲁斯·埃克迪什·科纳克,《缩小大住宅规模》(*Cutting Monster Houses Down to Size*),载于《规划》(*Planning*)杂志(1999 年 10 月),第 4 页。

2 有关巴斯乡绩效分区条例的讨论,请参阅约瑟夫·麦克尔罗伊(Joseph J. McElroy),《不必追逐绩效分区》(*You Don't Have to Be Big to Like Performance Zoning*),载于《规划》杂志51:5(1985 年 5 月),第 16 ~ 18 页。

第 16 章

土地细分与土地开发法规

引 言

土地细分（Subdivision）是将土地划分为较小单位的法律程序，这种较小的土地单位称为**地块**（lots）。当一块待开发土地被划分为若干地块供未来出售和开发时，土地细分就发生了。不过，也可以把带有建筑物的地块从较大地块中细分出来。**土地开发**（Land development）是指为每一个新形成的地块建造房屋并提供基础设施，尤其是污水处理和供水设施。细分与出售地块以及建造新建筑物，均可能对邻里街区的外观和城镇的交通模式、学校、排水与供水设施、自然资源以及税基等产生重大影响。

土地细分与土地开发法规（Subdivision and land development regulations）规定了从较大地块中创建若干新地块的过程，并阐明了土地细分商和土地开发商必须采取的步骤。只有采取了这些步骤，城镇才允许将土地分割成较小的土地单位，将其作为建造地块出售，或在这些地块上进行建设。这些步骤有两个主要目标：规划通达的地块格局，提供充足的公共设施（排水、供水、道路、人行道、路灯和雨水管理等）。

土地细分与土地开发法规还列出了土地细分商或土地开发商必须提供的具体基础设施标准，只有达到这些标准才可以出售地块或开始建设。土地细分与土地开发法规有助于确保地块上的新建筑布置得当，交通不会受到妨碍，新开发区域有充足的排水与供水设施、学校、治安及消防服务等。

订立土地细分与土地开发法规的理由

社区应订立土地细分与土地开发法规的主要原因有六个：

1. **土地细分与土地开发法规为土地所有权登记和出售公有或私有财产提供了法律程序**。在县契约记录员处登记这些新地块，有助于为每块土地的每个买家提供有保障的合法所有权。在被称为"地籍图"（plat）的测绘图上，地块线、通行地役权和街道等均被精确标明。此外，每块新宗地均有合法的边界（metes-and-bounds）说明，以明确地块范围。这样，土地购买者可以知道这一地块的位置、大小和配置等情况。

2. **规划委员会和民选管理机构对土地细分的审查和批准，使新地块的买家确保其建造地块符合城镇所有关于新地块的最低标准。**例如，批准土地细分意味着：这些地块上将有足够的空间用于建造建筑物；地块不会被洪水淹没；地块将有通往道路或街巷的适当通道；每个地块均有地役权或通行权，可以引入电力、天然气和电话服务等公用设施。

3. **土地细分与土地开发法规为社区内的所有开发项目提供了一套一致的标准。**法规确保土地细分商和土地开发商提供安全高效的基础设施，以满足未来居民和企业的需求。典型的基础设施包括：街道、路灯、人行道、排水沟、供水管线、排水管线、排水暗渠和蓄水池等。土地细分法规可以要求新建街道要与毗邻的现有开发项目相连。规划委员会审查每项土地细分与土地开发提案，以最大限度地提升交通安全性，避免破坏性雨水径流流向相邻物业，甚至保护有珍贵树木、湿地或其他自然特色的开放空间。

4. **土地细分法规明确规定了谁必须为必要的基础设施支付费用。**法规要求土地细分商或土地开发商必须及时敷设基础设施，或交纳保证金以确保有足够的资金用于敷设基础设施。这些规定将开发的大部分财政负担分摊给土地细分商、土地开发商和新地块买家。在过去，许多城镇没有要求土地细分商或土地开发商来进行这些改善，城镇不得不承担提供公共设施的全部费用。

5. **土地细分与土地开发法规通常要求土地细分商捐赠土地或资金用于修建场外设施，如公园、学校场地和道路等。**这些要求被称为**额外负担费**（exactions），而实际捐赠的设施或土地则被称为**让与**（dedication）。土地细分商或土地开发商需要支付的现金被称为**代捐费**（money in lieu of dedication）或**开发影响费**（impact fees）。（关于影响费的讨论，请参见第 17 章"基本建设改善计划"。）

6. **城镇土地细分和土地开发法规与分区条例和城镇规划互相配合，共同促进有序高效的发展。**分区条例规定了特定区划区的期望开发密度。拟议土地细分中的每幅地块面积不得小于分区条例规定的这一区划区最小地块面积。例如，如果一个 R-1 分区要求每幅地块至少 5000 平方英尺，则细分区域中的所有地块必须至少为 5000 平方英尺。此外，分区条例为每个区划区规定了建筑物的最大体积和地块覆盖率标准，细分商 / 开发商在最终细分设计中必须符合这些标准。与分区条例一样，土地细分与土地开发法规有助于将城镇规划付诸行动，并应支持城镇规划的目的与目标。

制定土地细分条例

规划委员会负责编制土地细分法规，并将其推荐给管理机构，管理机构最终批准土地细分条例（表 16-1）。由于涉及技术和法律问题，我们强烈建议由专业规划师或公共工程专业人士编写土地细分条例。不过，规划委员会和管理机构仍应参与编写过程，并

补充材料 16-1　土地细分法规的起源

土地细分程序始于 19 世纪，远早于美国土地分区实践的出现。随着美国城镇开始增长，附近的土地所有者出售他们的农庄作为城镇的新扩建部分进行开发。人们预计政府将获取必要的土地用于街道和公用设施地役权，并提供公园和公共设施。开发商们对细分地块进行了勘测，绘制了地籍图（地图），在县地契登记册备案，并出售了这些新地块。然后，开发商们迁往新的牧场，离开了街道没有铺砌、排水工程不达标、没有人行道，甚至好几个地块只有穿过一条小巷才能走到街上的城镇。

美国规划与土地分区法专家查尔斯·哈尔（Charles Haar）指出：

"在经历了许多次这样的教训之后，土地细分控制法得到扩展，将以前由市政当局自己的资本购买权履行的职能强加给土地细分商，细分控制法逐渐要求土地细分商在其细分规划获得批准之前，必须敷设符合社区标准的街道、街道照明和其他设施等。"[1]

1928 年，美国商务部颁布了《标准城市规划授权法》，其中载有"由规划委员会批准所有公共改善措施和管控私有土地细分的规定"，[2] 所有社区均可参考采用。然而，很少有社区对土地细分采取一致的法规。相反，地方政府开始批准适合当地需求的各种土地细分政策、标准和做法。

在大多数规划法律书籍中只出现过一个土地细分案例，即曼斯菲尔德与斯威特公司诉西奥兰治镇案（*Mansfield & Swett, Inc. v. Town of West Orange*，120N.J.L.145，1938 年）。在这个案件中，新泽西州最高法院裁定，土地细分程序和开发法规是政府治安权的合法使用，以保护公众健康、安全和福利。

注释

1 查尔斯·M·哈尔，《法律与土地：英美规划实践》（*Law and Land: Anglo-American Planning Practice*，剑桥：MIT 大学出版社，1964 年），第 190 页。
2 鲁斯·科纳克（Ruth Knack）、斯图尔特·梅克（Stuart Meck）、伊斯雷尔·斯托尔曼（Israel Stollman），《20 世纪 20 年代〈标准规划与区划法案〉背后的真实故事》（*The Real Story Behind the Standard Planning and Zoning Acts of 1920s*），载于《土地利用法与土地分区文摘》（*Land Use Law & Zoning Digest*，1996 年 2 月）。

应了解土地细分条例包含的内容以及细分流程的运作方式。

重要的一点是，规划委员会和管理机构要组织一个土地细分与土地开发研究委员会，委员会（至少）由以下专业人员组成：

- 注册土地测量师。

- 土木工程师，如市政或县工程师（有些土木工程师也是注册土地测量师）。

- 了解施工过程的当地开发商或建筑承包商。

- 财务顾问，如银行家，他们了解建筑融资、信用证和特殊债务债券流程。

- 县自然保护区的代表，他们可就建筑施工的土壤、雨水径流和就地污水处理的适宜性等提供建议。

- 当地污水处理设施和／或供水区的代表，他们可以谈论公共设施的敷设情况。

制定土地细分条例　　　　　　　　　　　　　　　　　　　　　　　表 16-1

初始阶段	管理机构……
	聘用
初步阶段	专职规划人员和／或顾问……
	任命
	技术编制或审查委员会 ……
	与规划委员会举行工作会议，拟订土地细分建议，并提交至……
决策阶段	管理机构
	发布公告，举行公开听证会，或多次宣讲条例，并正式通过土地细分法规
	签署、公布条例，并成为正式文件……
	土地细分条例生效 *

* 土地细分程序因州而异。要核查关于编制和通过程序的法令。

　　土地细分与土地开发法规由各州授权立法予以批准。在开始制定条例之前，你必须了解如何编制和通过土地细分条例。要仔细阅读州的各项规定，特别是要了解细分地籍图的内容和准备工作，以及公共设施让与情况。

　　规划委员会应从其他社区获取土地细分与土地开发条例的优秀实例，或示范条例。请联系你所在州的规划办公室、市政联盟、区域规划机构或大学的社区规划系等，征求关于好法规的建议。但是请记住，你应该根据社区需求量身定制土地细分法规。

　　请找一位会使用计算机绘图软件（如 AutoCad® 或 Sketchup™ 草图软件）的人。土地细分与土地开发法规的整个文件需要有实例和插图作为视觉引导。

　　规划顾问（或规划人员）及土地细分研究委员会应与规划委员会举行工作会议，编制土地细分条例。初稿完成后，规划委员会应审查条例，并特别注意澄清技术术语、提供直观示例，以及找出可能因具体细分要求而产生的问题。接下来，规划委员会应就拟议土地细分条例发出一次或多次公开听证会通知。在举行公开听证会后，委员会将土地细分条例修订草案提交至管理机构。然后，管理机构审查条例修订草案，发布管理机构自己的公开听证会通知，并可将细分条例修订草案退回规划委员会进行修改，或正式通过条例，或修订后再通过土地细分与土地开发条例。

土地细分与土地开发条例包括的内容

土地细分与土地开发条例的目的，是解释适用于将土地划分为新地块和在地块上建造建筑物的法规。条例亦说明向土地细分商和土地开发商收取额外负担费的程序，并规定了土地细分与土地开发条例的管理与修订程序（表 16-2）。

土地细分与土地开发条例的规则必须订明，只有在满足条例的所有要求后，才可进行地块出售及签发建筑许可证。此外，在初步地籍方案获得批准之前，不得安装任何公共改善设施（如道路、排水及供水管线等），并且在最终地籍方案获得批准和登记之前，这些公共改善设施不得使用。

虽然你所在州的授权立法需要的细节可能略有出入，但土地细分与土地开发条例应包含以下内容：

土地细分与土地开发条例的内容

表 16-2

1.0	标题	7.1	地块分割或划分（准备规则）
2.0	目的	7.2	预开发会议、申请与费用
3.0	操作规则与定义	7.3	草图或总体开发方案
3.1	规则（需要土地细分时）	7.3.1	何时需要
3.2	定义	7.3.2	所需内容
3.3	测绘豁免	7.3.3	一般审查程序
4.0	总平面方案	7.4	狭窄或小块细分地籍
4.1	目的与要求	7.4.1	所需内容
4.2	时间安排与内容	7.4.2	提交方案
4.3	签署和批准证书的适当表格	7.4.3	规划委员会审查程序
4.4	停车设计、景观绿化与施工标准	7.5	初步地籍方案
5.0	公用设施与公共设施	7.5.1	所需内容
5.1	何时需要	7.5.2	提交方案
5.2	公共服务区与开发责任	7.5.3	规划委员会审查程序
5.3	对现场供水与排水设施的要求	7.5.4	一般审查程序和所需签名
6.0	土地细分设计标准	7.5.5	备注
6.1	街道规划与设计	7.6	最终地籍方案
6.2	公用事业与地役权	7.6.1	所需内容与签名
6.3	地块	7.6.2	符合初步地籍方案
6.4	人行道	7.6.3	规划委员会审查程序
6.5	雨水排放	7.6.4	管理机构审查程序
7.0	所有地籍方案办理流程	7.6.5	证书及备案程序

- 授权法规、引证与管辖权。

- 目标、优先事项与意图陈述。

- 定义与用语。

- 费用与支付以及影响费。

- 土地细分过程。

- 地籍图拟备与土地细分审查。

- 公共改善设施敷设或支付费用。

- 总平面方案审查。

- 洪泛区与美国国家污染物排放削减制度（National Pollutant Discharge Elimination System，简称 NPDES）许可证。

- 地块划分、重新测绘地籍以及主要与次要细分。

- 冲突规则（如契约、条件和限制等）。

- 让与和预留、开发商协议和财务保证。

- 土地细分设计标准。

- 执行与合规要求。

- 地块编号与街道命名。

- 土地细分条例管理。

授权法规、引证与管辖权

把土地细分与土地开发法规和州授权法令联系起来，并具体说明这些法规适用于何种情况，这一点很重要。例如：

根据威斯康星州法令第 59.971（3）条、第 114 条、第 135 条、第 136 条、第 114.26（2）条、第 144.26（8）条、第 236.45 条和第 703 条授予的权力，帝国镇（Town of Empire）正式通过本章各项规定。威斯康星湖景县（Lakeview

County）帝国镇监事会规定如下：本章将被称为、提及或引证为"帝国镇土地细分与土地开发条例"。[1]

目的、优先事项与意图陈述

提出土地细分与土地开发条例的目的可以明确二者试图实现的目标。拟议土地细分必须符合城镇规划、分区条例和分区图的目的与目标。例如：

本章目的是规范和控制威斯康星州湖景县帝国镇范围内的土地划分与开发，以便达到以下目的：

（A）促进公众健康、安全和综合福利。

（B）进一步有序布局和利用土地。

（C）防止土地过于拥挤。

（D）减轻街道与公路的拥堵。

（E）促进供水、排水系统和其他公共需求的充足供应。

（F）提供适当的出入口。

（G）通过准确的法律描述，促进对细分土地和财产让与的适当纪念。[2]

定义与用语

土地细分/开发过程有其特殊术语，土地细分与开发条例应对这些词语作出明确定义。含糊不清、不准确的定义可能导致开发项目失败和侵犯财产权。为了避免这些问题，请记住以下定义方法：

- 切勿在定义中包含要定义的词。例如，房屋（house）——由一个家庭（household）建造并打算用于居住目的的住宅单元。

- 一个词如果不加以限定，就会被赋予标准字典定义和最常见的含义。因此，根据上述定义，房屋是可用于居住目的的任何建筑物，包括预制房屋、帐篷或休旅车等。

- 如果授权法令以某种方式对某个词或过程作了定义，则不要作出不同的定义。

- 在其他社区的土地细分与土地开发条例中使用的术语往往经过了验证。例如，"地籍"的含义一直未变，但"最终地籍方案"（final plat）的要求内容可能会不时发生变化。可以从小型社区和县获取一些土地细分法规。请比较不同定义，并注意不同之处。如果你决定使用现有的或混合的定义，请确保定义与你所在州的授权法令中的定义不冲突。

也许最重要的当属土地细分定义。各州之间的定义会略有不同，具体取决于州法规中的定义。例如，在爱荷华州，土地细分是指将任何地块分成三个或三个以上地块；在明尼苏达州，土地细分是将一块土地分割为两个或更多个地块；在俄勒冈州，土地细分是指从一个地块中划分出四个或更多个地块。

大多数州要求地方司法管辖区对土地细分进行监管，然而，一些州的规划授权法没有将土地细分定义为将土地划分为两个或以上地块，从而出现严重漏洞。土地所有者可以重复地从母地块上分割出单个地块，而无需提交土地细分地籍图或勘测图。为了避免出现这个问题，土地细分条例应该要么规范每次地块分割，要么订明由原地块分割出三个或更多个地块的开始日期。例如，土地细分条例可以规定：

> 土地细分条例通过之日存在的任何土地，其后被分割为三个或更多个地块时，必须绘制地籍勘测图。

这一规定对于保持有序增长、保存准确的土地记录、避免产生无法建造的地块以及确保公共服务不会负担过重等都十分重要。简而言之，审查所有的土地细分对社区有利。

大块土地（tract）、地块（lot）和小块土地（parcel）这三个术语常常被混淆。由于缺乏标准术语，这种混淆变得更加严重。一般来说，大块土地是指单一所有权下的土地单位。小块土地也是单一所有权的土地单位，不过通常比大块土地（tract）要小。大块土地或小块土地的所有者均可将土地划分为许多个地块，或者划分为多个地块（lots）和小块土地（parcels）。例如，土地细分商可以将一幅 60 英亩的大块土地细分为两个 20 英亩的小块土地和四个 5 英亩的地块，土地细分商也可将一块 6 英亩的小块土地细分为三个 2 英亩的地块。

细分（subdivision）一词是指从一个大块土地或从一个母地块（parent parcel）中创建新地块。土地开发（Land development）是指所有需要事先获得民选管理机构批准的建筑物、构筑物和改善措施。

地籍图（plat）是土地细分过程中最常用的术语。地籍图是由专业持证测量师或工程师绘制的地图，显示所有的地块、街区、道路、地役权以及契约中所有约定和限制的测量位置。地籍图由全部所有者和负责的政府官员签署，并记录为土地的官方描述。

在土地细分过程中限制土地用途非常重要。为使讨论尽可能清晰，我们只讨论三种类型的限制情况：

1. 最常见的限制类型是**地役权**（easement）。地役权有几种类型，但一般定义是"授予他人有限使用你的土地的权利"。例如，通行地役权允许土地所有者沿着车道穿过邻居物业。公用事业地役权使公司或地方政府可以将电力线、电话线或排水管道和供水管道的线路延伸至整个物业。地役权要经过勘测，并标明在地籍图上，允许公用事业公司或地方政府敷设架空或地下服务线路。地块所有者不得妨碍公用事业地役权或在地役权范围内设置构筑物。图 16-1 所示为排水地役权，允许水流经过多个物业。另一种地役权是**保护地役权**（conservation easement），保护地役权限制土地使用，通常仅限用于农业、林业或开放空间用途。

2. 第二种限制类型是**契约或限制性契约**。契约是土地买卖双方之间的法律协议。政府通常不是契约的缔约方，但在少数州和规划单元开发中确实存在特殊情况。契约可能给物业带来好处，也可能带来负担。

例如，一项契约可能要求土地所有者避免某些行为，比如遮挡风景。契约也可能要求采取某些措施，比如在物业之间保持设置栅栏。有些契约会作为土地细分地籍图上的附注，例如，指定某一区域"不允许建造建筑物"，以预留土地用于排水渠。在正式记录最终地籍方案的同时，契约也要向契约登记处备案。所有契约均应在地籍图上备注，以警示潜在购买者确实存在契约。

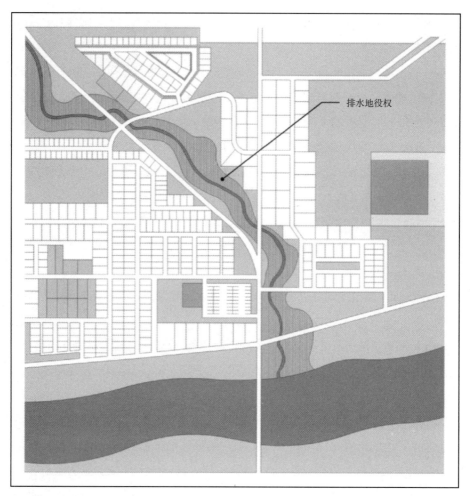

图 16-1 排水地役权

契约在人们购买新细分地块时非常有用。契约可以具体规定土地所有者在建造房屋或使用物业时必须遵守的若干要求。例如，契约可以规定，车道只能设在地块拐角处，而不能设在地块中心。契约可以要求房主只能建造坡屋顶房屋，并限制为木瓦屋面。

除非你所在州的法律或法令另有规定，否则限制性契约与公共法规之间不能存在冲突。举例来说，如果一种居家职业列入了业主协会的契约、条件与限制（CCRs）允许清单，但在土地细分条例中未明确列为允许职业，则申请人将无权从事这项特定的居家职业。与此相反的情况是，分区管理员可以针对允许用途下列出的用途签发居家职业许可证，即使这一用途没有列入契约、条件与限制的批准职业清单。

3. 第三种限制类型称为**条件**（condition）。大多数建筑场地都具有独特性：有的场地排水量大；有的场地位于交通不便区域；还有些场地的物理特征使建筑和场地设计复杂化。土地细分条例无法涵盖所有情况。

在土地细分开发审查过程中，对开发商施加条件有助于纠正房地产开发时可能产生的负面影响。例如，假设有一幅大块土地拟议用于多户型住宅开发，土地位于一条交通已经很拥挤的主要道路沿线。在主要道路上设置停车标志是不够的。作为细分勘测的条件，规划委员会可要求土地细分商开辟一条次要通道，与交通较少的道路相连。要勘测出一片区域用于道路，并在地籍图上标示出来。地籍图上要有供业主或业主们签名的空间，以便将勘测的道路区域让与为公用。只要政府官员在地籍图上签字，他们就接受了向城镇的道路用地让与。这是从细分地块中获得的空间，供公众通行。

规划委员会和管理机构应提出避免对细分区内未来业主、邻居和整个社区造成损害的条件。规划委员会和管理机构应通过关于施加条件的标准和准则。

其他三个重要的定义包括：

1. **草图规划**（sketch plan）是一种概念性图则，显示土地细分商或土地开发商提议如何将物业进行细分或在其上进行建造。

2. **初步地籍方案**（preliminary plat）是整个土地开发审查过程中最重要的文件。初步地籍方案由专业持证测量师绘制，包括草图规划中提供的所有信息，但更加详细。所有的地块、街道、地役权和建筑边界线均与土地的地形特征精确地结合在一起。

3. **最终地籍方案**（final plat）包含对初步地籍方案、工程和勘测细节的所有更改，以及用于让与、批准和业主们认证的签名空间。最终地籍方案准备就绪，等待规划委员会和管理机构的正式批准。接下来，最终地籍方案归档备案。我们建议还要保留一份数字化副本。

费用与支付以及影响费

大多数地方政府向开发商收取费用，以支付审查拟议土地细分和土地开发的成本，包括核查与许可证。此项费用应足以支付可能需要的所有特别顾问费。通常，费用包含基本费用和每幅地块费用。地方政府必须制定一套办法，让开发商在细分申请（最终地籍方案）获得批准后支付费用，并获得土地细分和建筑许可证。

影响费（impact fee）是对新开发项目产生场外影响的一次性收费。例如，一个新开发项目将增加对公园空间的需求。影响费的数额通常按每个居住单元计取。并非所有州都允许收取影响费。如果允许征收影响费，地方政府必须明确记录特定开发项目与某些公共服务（如公园用地）需求增加之间的联系。地方政府必须设立一个单独的账户，用于收取和支出所需服务（此例中为公园用地）的影响费。

有些州允许为道路改善、学校和拟议开放产生的其他公共需求征收影响费。作为影响费的替代方案，许多州允许开发商让与土地或作出所需的改善。

土地细分过程

任何拟议细分物业均须完成注册土地勘测。勘测费用由土地细分商承担，具体数额因物业规模而异。土地细分申请人必须保留所有边界标记，如果土地细分条例中有明确规定，则可要求保留某些自然特征。

申请人还必须提交由律师或摘要公司（abstract company）出具的业权检索文件，证明拟议细分或开发的物业的所有者姓名。在提交最终地籍方案时，应要求再次进行业权查核，以确认申请人拥有相关物业、有权申请细分，并依法有权向公众让与土地。很多时候，在地籍测绘过程中无法确定联合或共同所有者、终身所有权和公司当事方。这可能会在为所创建地块订立有效契约时引发问题。

所有开发项目均须进行尽职调查。开发商和规划委员会或规划人员均须组织周密，以确保开发提案得到恰当的审查和构建。对开发商而言，尽职调查意味着开发商对拟建项目进行了全面研究，包括实体设计和融资。对规划委员会或规划人员而言，尽职调查涉及有关物业和拟议开发项目的详细问题清单。尽职调查还要求规划委员会或规划人员核实土地分区、已付税款和留置权情况。应要求开发商对问题清单作出回复，以查看是否存在明显的遗漏或疏忽，特别是是否存在任何必要的州或联邦许可证。

拟备地籍方案与土地细分审查

土地细分审查流程必须在法规中明确规定（图 16-2A、图 16-2B 和图 16-2C）。图 16-2A 显示，细分开发商需要面见规划委员会三次，以便进行草图方案审查、初步地籍方案审查和最终地籍方案审查。

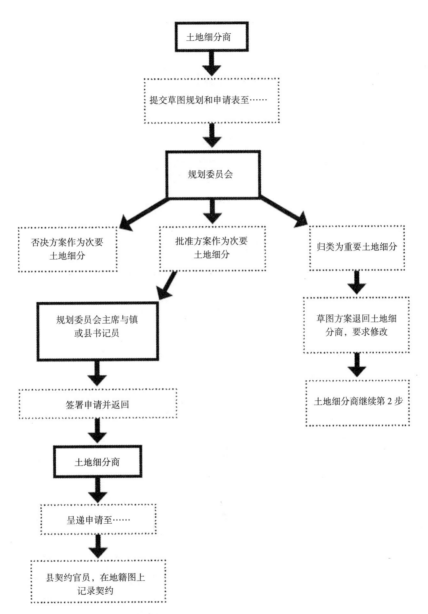

图 16-2A　土地细分申请流程——第 1 步

图片由乔安妮·施伟德提供。

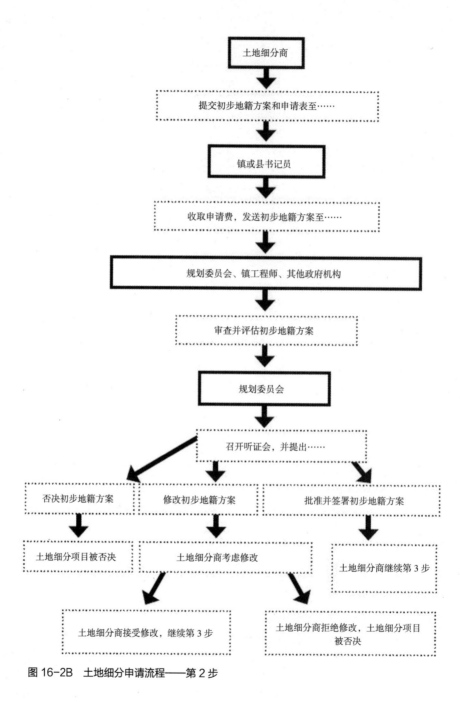

图 16-2B 土地细分申请流程——第 2 步

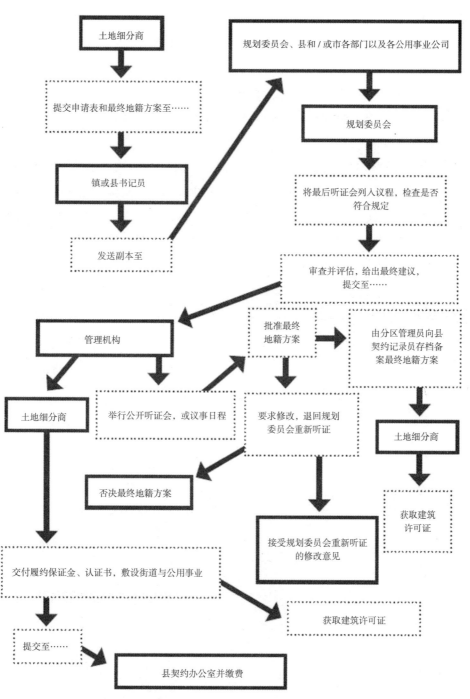

图 16-2C　土地细分申请流程——第 3 步

草图方案

草图方案审查流程可以确保土地细分商与城镇均了解法规和彼此的期望。草图方案审查可以节省土地细分商和城镇双方的时间与金钱。审查发生在土地细分商对细分布局投入大量资金之前，因此，土地细分商往往更愿意在项目早期阶段作出更改。

申请人首先向城镇书记员或规划委员会提交拟议土地细分的草图方案（图 16–3）。**草图方案**（也称为**概念性方案**）显示项目的基本布局和物业地形，并显示土地细分商 /开发商提议如何分割或开发物业。

草图方案必须显示土地细分项目的位置、现有街道格局，以及细分地块内和产权边界几百英尺内的所有建筑物和主要物理特征。此外，草图方案还列出细分地块名称、所有者 / 开发商的名称以及毗邻财产所有者的姓名。草图方案应以至少 1 英寸：200 英尺的比例绘制，并显示以下内容：拟分割地块的布局与尺寸，街道布局，所有可用的公用设施、娱乐区和排水系统、雨水排水系统、污水排水设施，以及供水设施等。最后，草图方案应列出分区内所有现有的土地利用限制，如地役权等。

接下来，开发商与规划委员会或规划人员应开会讨论草图方案。会议的目的是让开发商了解土地细分与土地开发过程，让规划委员会或规划人员向开发商提供如何完成拟议项目的建议，以及所需措施与文件的清单，还有完成土地细分过程的日期和时间表。

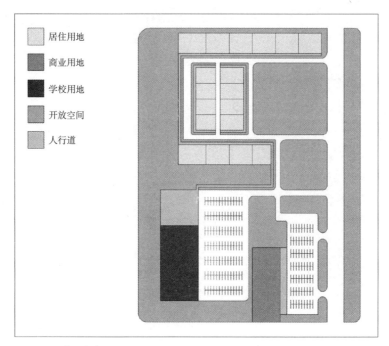

图 16-3　草图方案
图片由肖恩·诺瑟普提供。

规划委员会应提出以下问题：

- 开发项目如何筹资？

- 建议的密度是多大？

- 需要哪些类型的服务？

- 物理条件如何，如土壤、坡度和排水方式？

- 交通方式如何？

- 邻近土地用途有何特点？

- 城镇规划的未来土地利用图对此区域有什么要求？

- 此区域土地分区如何？

规划委员会在与开发商就草图方案进行讨论后，应详细解释在编制初步地籍方案时，拟议细分或开发项目的哪些特征需要改变或予以加强。

土地细分商或开发商必须在一定期限（通常为 6 个月）内，向城镇书记员提交初步地籍方案，否则细分草图方案将被宣布无效，土地细分或土地开发将被自动否决。

初步地籍方案

各地对初步地籍方案内容的要求差异很大，但几乎均要求有下列信息：

- 拟议细分项目的名称、位置和参考尺寸与方位；

- 土地细分商（们）的姓名、地址和电话号码；

- 编制地籍图的测量师的姓名、地址和电话号码，以及工程师或测量师的专业注册号码；

- 比例尺、指北针和编制日期，包括后续所有修订日期；

- 法定说明；

- 2 英尺等高距的地形图以及拟议细分布局，以显示土地坡度和排水模式；

- 水井、溪流、排水道和池塘的位置，包括水流方向以及频繁或偶尔发生洪水的土地区域的位置与范围；

- 所有测绘地块内的街道、铁路、有政府机构备案材料的公用事业使用权、公共区域、永久建筑物，以及所有永久性地役权的位置、宽度和名称；

- 与细分地块相邻或与其隔界街相接的所有已登记地籍图的名称、卷册和页码；

- 现有地块和邻近产权的分区类别；

- 大地块所有边界尺寸，以及地块的总面积和净面积；

- 街道布局，包括街道、小巷、步行道的位置与宽度以及地役权，其中包括与毗邻已分籍细分区和地块的连接通道、所有街道的拟议名称以及所有通行权的大致等级；

- 地块布局，包括普通地块的尺寸、所有转角地块和街道曲线处地块的尺寸、每

213

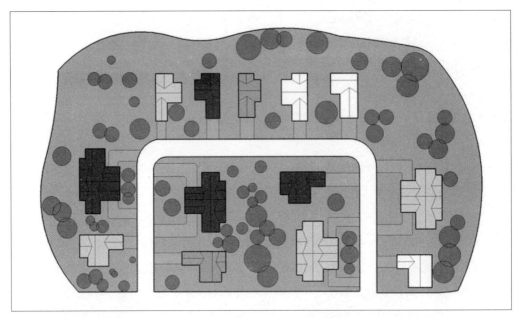

图 16-4　初步地籍方案

图片由肖恩·诺瑟普提供。

个地块连续编号及地块总数；

• 所有让与或预留作为公共用途（包括学校用地或公园）的土地的位置、范围和拟议用途；

• 所有拟议区划区的位置与边界；

• 随附所有拟议契约限制草案；

• 拟议排水接驳和通径尺寸；

• 现有或拟建的供水系统；

• 公用事业公司系统提供足够容量与质量的证据；

• 初步排水量计算、拟议雨水排放布局以及滞留 / 保留系统，包括排水口位置。

城镇书记员在收到初步地籍方案后，将副本发送至规划委员会、城镇工程师，以及镇议会希望征求意见的其他政府机构。规划委员会审查初步地籍方案，并在必要时进行实地查看。然后，规划委员会就初步地籍方案举行公开听证会（同样，作为其定期会议内容的一部分）。初步地籍方案显示了带有地形和所有拟议的地块、道路和地役权的财产调查。开发商已准备好讨论公共设施、精确的道路路线、水道和开放空间要求的最终方案（图 16-4）。

规划委员会此时的工作分为两个方面：合规性审查和技术性审查。合规性审查包括确定土地细分商 / 开发商是否遵守了在草图方案听证会上提出的要求。技术性审查确定土地细分商 / 开发商是否遵守了土地细分与土地开发法规的所有要求，比如，新街道宽

214

公共听证会日期		复核		书记员
首次发布于				契约
呈递日期				工程师
核实日期				规划师

基本信息

开发项目名称			地块规模
			分割地块数量
现状土地分区			平均地块大小
			公用事业地役权宽度
交费数额			用地宽度
			地籍图图幅
申请人姓名与地址			副本数量

核对内容

显示相邻道路		图例
显示毗邻地块所有者		地块编号 / 地址
细分或分期地块的所有部分		地块大小
高程证明		测量师姓名与印章
与公用设施的连接点		指北针
与其他开发项目的连接道路		渗滤测试
拟订立契约副本		退界、庭院与地块入口
排水设施与地役权		比例尺
显示现有特征		街道名称
水资源可行性研究		地块数据表
洪水保险费率图（洪泛区）		业权及契约查核
内部道路通行权		公用事业地役权
法定说明		保水力

拟议变通	规划委员会审查说明	强制性更改
1）	1）	1）
2）	2）	2）
3）	3）	3）
	4）	4）
	5）	5）
	6）	6）
	7）	7）

图 16-5 土地细分审查核查表示例

度是否符合要求，所有地块是否都大小合适，或者所有地块在安装化粪池系统之前是否都进行过渗滤测试等。图 16-5 所示为核查表示例。

初步地籍方案是审查机构对地籍规划进行修改或完全否决拟议细分的一个机会。在大多数州，规划委员会监督土地细分审查过程，管理机构接受或否决土地细分申请人让与土地或缴纳代捐费。一旦规划委员会批准初步地籍方案，管理机构应批准最终地籍方案，除非存在事实错误或违反土地细分标准。

其他地方政府部门也参与土地细分过程。公共工程、公园与康乐设施以及治安与消防部门等，亦应有机会审查初步地籍方案的基本布局，并提出修改建议。每个部门都将在为新开发项目提供服务方面发挥作用。为便于审查，规划委员会可编制工作路线表，以帮助其他部门审查和签署初步地籍方案。

如果土地细分商 / 开发商提议使用现场排水和供水设施（如化粪池和水井），州卫生部的县办事处、顾问或其他专业人员等，即使不审查初步地籍方案，至少应审查最终地籍方案。如果城镇有市政排水和供水系统，这些系统又均在拟议细分区的合理距离范围内，则一般不允许使用现场排水和供水设施。只有在无法将细分区连接到市政系统的情况下，且土地细分商 / 开发商和随后的土地所有者均签署了弃权书，表明日后如需提供公共排水和供水系统时不反对特殊赋税，才可允许使用现场设施。这些弃权书必须与所产生地块的契约一同签署，从而使社区能够在扩建排水与供水设施至这一地块时，收回为细分地块提供服务的成本。

初步地籍方案听证会是公众参与的最后机会。在规划委员会批准初步地籍方案后，根据公众意见进行修改的时机就过去了。

初步地籍方案阶段也是规划委员会最后一次可以对拟议开发项目施加条件的机会。这些条件可能包括：限制条件、地役权、土地让与（额外负担费）或影响费。规划委员会应讨论哪些限制（如果有的话）是需要的，并指导土地细分商 / 开发商添加这些更改。土地细分商 / 开发商当然有权就有关条件提出反对意见，而且应该有机会这样做。在讨论结束时，规划专员应说明他们是否准备在不迟于一年的未来会议上审查最终地籍方案。

最终地籍方案

一旦初步地籍方案获得批准，土地细分商 / 开发商即可编制最终地籍方案（图 16-6）。拟备最终地籍方案是一个重要过程。如果不遵守一些简单规则，可能会在所有权市场化、未来契约记录、执行和土地出售等方面引发问题。

必须向实际编制最终地籍方案的人提供指导。地籍图是永久性记录，必须保存一个世纪或更长时间。几乎所有规划委员会都要求将最终地籍方案原稿绘制在聚酯薄膜（Mylar®）上，并附上若干纸质副本，土地细分和土地开发法规对此有详细规定。随着计算机成像、计算机辅助设计和 GIS 数据库绘图程序等应用日益广泛，许多地籍图现在已存储为计算机图形形式，可供随时使用。

最终地籍方案务必包含以下信息：

- 土地细分或开发项目的名称和所有新道路的名称。

- 关于被细分或开发的财产的法律描述。测量师在测量结束时要作出声明，以证明一切描述属实。测量师在测量报告上签字并注明日期，加盖其专业注册印章。

- 一份通常称作"所有权证明"的声明，承认地块所有权，并提出向公众让与地役权和土地。这是业主（们）向公众传达将用于道路、公用事业、人行道和其他设施的所有土地的声明。此声明由业主（们）完全按照财产所有权上的签名共同签署。也就是说，如果财产所有权显示为约翰和琼·史密斯（John and Jean Smith），则不能以约翰·史密斯先生和夫人（Mr. and Mrs. John Smith）的名义签字。如果财产有多个所有者，则所有者均须签名。如果其他个人、企业或政府机构对财产有权益关系，如公用事业公司拥有地役权，则他们也必须签字，或者提供弃权书。地籍图这部分上的所有签名均须公证。

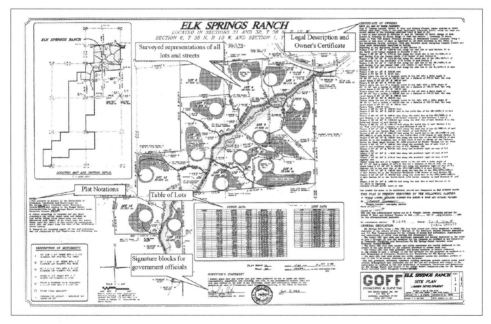

图 16-6　最终地籍方案

图片由肖恩·诺瑟普提供。

- 最终地籍方案必须留有政府官员的签名空间，以待其予以批准。首先是规划委员会主席签名，表明地籍方案遵守了土地开发法规。最重要的是管理机构主席的签名，表明接受所有土地让与并批准地籍图存档备案。还常见一些其他签名，是按照土地细分条例要求签署的。城镇工程师的审查对于确保道路和公用设施符合专业标准非常重要。

如果没有市政排水和供水系统，卫生保健或专业卫生工程师的审查也至关重要。通常，城镇或县书记员会在最终地籍方案上签字，以证明所有地籍费用和税款均已缴纳。

- 地块表应包括所有地块的以下信息：地块编号；面积（平方英尺或英亩）；退界距离和庭院；公用事业地役权的尺寸。

敷设或支付公共设施费用

在最终地籍方案获得批准之前，并在出售任何地块之前，必须要求细分商安装或支付安装公共设施的相关费用。此类改善设施实例包括：路面有铺装的街道、排水管道、人行道、街道名称标志和公用事业（如水、燃气和电力）等。人行道是一个典型的例外情况，是在其他基础设施之后铺设的，以避免重型车辆和机械在施工过程中损坏人行道。作为安装基础设施的替代方案，城镇可以要求细分商／开发商提交履约保证金、信用证或代管账户，以保证在签发建筑许可证之前或在细分批准之日起两年内，铺装完成所有改善设施。

保证金或支票的金额应等于城镇工程师确定所需改善设施的估算费用。如果细分商／开发商未能在规定期限内安装改善设施，则城镇政府调用保证金、信用证或代管账户，并安装有关设施。保证金、信用证和代管账户均以合同形式编制，因此，律师应始终检查最终条款。此外，与金融机构密切合作也很重要，可以为预定的改善设施提供保障。

履约保证金（performance guarantees）通常又称为**开发保证**（development assurances）。对农村和小城镇而言，交付履约保证金是一项艰巨任务。农村土地细分商很少有专业开发经验，又几乎总是资金不足。农村地区的土地细分商认为，应该允许他们出售部分地块，以获得改善资金。在地块销售低于最初预期，而敷设所需设施又需要较长时间时，许多第一次拆分土地的人很快就会失望。还有一种观点认为，社区或县应分担强制性改善设施的部分费用，因为纳税人将受益于未来的财产税。这些论点都不符合健全的公共政策、完备的社区规划，也不符合政府官员保护未来地块购买者的职责。有效管理开发过程意味着必须提供改善设施，并且必须由那些直接受益者承担费用。

避免伴随财务保证而来的问题的最好办法是制定一项政策，即所有的改善设施均须以一种特别债务债券的形式提供。小城镇官员往往排斥这种方式，因为在新细分区组成的特别区获得债券和管理税收既耗时又耗力。尽管如此，从长远来看，这一制度的好处远远超过政府的行政费用支出。

申请人必须证明初步地籍方案批准的所有条件均已满足，所有额外负担费要求均已满足，所有要求的基础设施均已提供或有适当担保。

在所有签名完成后，最终地籍方案在提交备案之前必须由分区管理员进行核查。最终地籍方案完成后，申请人须报请规划委员会批准。一般来说，在最后地籍图阶段不需

补充材料 16-2　总平面方案审查

总平面方案审查允许规划委员会评估拟建建筑物的外观与功能,包括标志、停车、照明、无障碍和内部布局。

是否需要为每栋建筑准备总平面方案? 并非如此。小型社区几乎都没有为独户住宅或独立式住宅准备总平面方案。是否所有规划委员会均要求多户型住宅、商业和办公建筑准备总平面方案? 一般来说是这样。为什么总平面方案如此重要? 主要原因有三个:

1. 规划委员会要查看和判断所有建筑物的外观及其与场地的关系。

2. 总平面方案审查是了解建筑物如何在其场地上"运作"的机会,这意味着要确定入口位置、停车场、标志和景观绿化是否足够且适当。

3. 总平面方案是一项根据已批准方案进行施工的协议,以便获得合规证书和入住许可证。

许多不同人员均可准备总平面方案。机械制图或计算机辅助设计方案均可接受。一般情况下,总平面方案图比例为 1 英寸 =50 英尺,纸张大小为 24 英寸 ×36 英寸,规划委员会审查副本尺寸缩至 11 英寸 ×17 英寸。

总平面方案的内容从非常复杂到非常基本都有。为最大限度地降低成本,又仍能提供实质性内容,我们建议总平面方案包含以下信息:

首页:项目名称;填表人姓名;区域位置图;审批签章区;包含诸如地块大小、建筑面积、建筑高度、区划区和街道地址等数据的表格。

第二页:比例尺、指北针和地产界线尺寸;建筑物(现状及规划);门廊、天井、悬挑物和停车场;人行道、车道、地块入口和所有其他建筑特征;毗邻街道和地产的名称;以及所有要素到地块边界线的完整尺寸。所有数据均应命名准确,标记清楚。

第三页:建筑物各立面图(剖面图),附有材料与特征,包括屋顶,标有建筑物的全部尺寸,带有尺寸标识的详细剖面图,以及其他构筑物,如垃圾箱和公用设施附件等。

第四页:与所有步道、种植和其他景观元素有关的建筑物剖面。

要举行公开听证会。规划委员会的工作是确保最终地籍方案符合对初步地籍方案要求的所有必要更改。

至少应进行以下各项检查:

● 确保所有与该财产有利益关系的人均在地籍图上正确签字。

- 查阅法律描述，查证地籍图上所有边界。确保测量距离、路线和方位等加起来等于每个角点之间给出的数字。有几个廉价的软件程序可用于辅助进行这种计算。
- 核查地籍图上标明的所有退线要求是否均等于或大于分区条例要求的尺寸。确保地籍图上有官方土地分区名称的符号。核查所有地块面积是否等于或大于分区条例所规定的面积。
- 再次核查所有道路的宽度和尽端式道路的长度是否符合土地细分与土地开发要求。
- 检查地籍图上是否有制图人员（测量师或工程师）的印章，以及测绘日期是否正确。
- 再次与邮局进行核对，以确定所有新道路名称是否均可接受（如拼写和长度等），以及是否与派递区域内的现有道路过于相似。
- 确保所有的契约、条件和限制均已存档，以备将来公开审查。
- 如果土地细分商/开发商需要满足某些条件（额外负担费），请确保这些条件（额外负担费）均已得到满足，或已在地籍图上注明要满足这些条件。在满足条件之前，不得签发建筑许可证。

补充材料 16-3　关于土地细分审查流程的若干常识性事实

- 切勿在规划委员会多数成员投票同意前发布初步审查阶段的地籍图。
- 应清楚列明关于初步地籍方案的反对意见，并以书面形式提交给开发商。开发商应非常清楚地了解必须采取哪些措施来应对这些反对意见。规划委员会应询问开发商这些反对意见是否会得到满足。
- 只有在政府官员确信开发商已处理所有对初步地籍方案的反对意见后，才应安排最终地籍方案听证会。如果争议仍然存在，则地籍图应保持在初步地籍方案阶段。如果开发商与规划委员会无法就初步地籍方案达成一致，则规划委员会应拒绝整个提案，并以书面形式向开发商说明理由。
- 如果开发商已满足初步地籍方案阶段的要求，则应尽快批准最终地籍方案。只有在记录清楚表明开发商未满足规划委员会的要求时，规划专员才应投票反对提案。
- 最终地籍方案必须发送至管理机构。只有作为民选官员的管理机构才能接受向公众让与土地。如果管理机构在就此事项进行公开听证会后，认为规划委员会错过了基本审查要点，或犯了严重错误，则不应否决最终地籍方案；相反，应立即将其退回规划委员会，并附上书面理由。

最后一项任务是要求申请人从律师、摘录人或产权公司等处（各州不同）获得所有权证书，证明财产所有者的姓名。各州法律在这个问题上均相当具体，因此要核实正确的程序，以确定申请人是否确实有权并有法律权力向公众让与土地。很多时候，地籍测绘过程中无法确定联合或共同所有者、终身所有权和公司当事方。

在规划委员会主席和 / 或秘书签署最终地籍方案后，将其提交至管理机构。管理机构正式接受所有向公众让与的土地（如道路通行权），并核准具体规定开发付款的法令，比如代捐费或影响费等。当申请人出现在管理机构面前时，对地籍图设计进行技术性审查或讨论密度与土地用途的时间已经过去。如果管理机构发现让与过程中存在缺陷或其他可能未被注意到的错误，则可退回最终地籍方案进行更正；不过，这种情况应该比较罕见。如果州授权法或地方自治方案管理机构创造了更大的审查作用，则整个过程必须重新进行设计，以便将这些民选官员纳入初步地籍方案或草图阶段的听证过程。

在管理机构签署最终地籍方案后，原件必须提交给县契约记录员和城镇书记员备案。然后将副本分发给相关官员、城镇或县工程师、管理机构和公用事业公司。

至此，最终地籍方案已准备就绪，可以归档。应将其送至县契约登记处，并缴纳备案费。

最终地籍方案包含对初步地籍方案、工程与勘测详细信息的所有更改，以及用于让与、批准和所有者认证的签名空间。在将其提交管理机构认可之前，惯例做法是进行一次最后检查，确保所有的方位、路线和距离均正确无误，且勘测确实已经结束。GIS 数据库绘图程序可用于检查数字副本或实物副本。有几个州要求县测量师对最终地籍方案进行审核、签字认可或列出错误，供原测量师予以更正。地籍图通常附有所有权证书，表明签署所有者让与证书的人或公司确实被列为所有者。在小城镇，最常见的错误是财产归夫妻共同所有，却只有丈夫作为所有者签字。

经管理机构正式批准后，地籍图可以提交至县契约登记处存档备案，通常采用数字和聚酯薄膜® 两种格式。土地细分申请人支付地籍图备案费。

有些城镇在发放建筑许可证之前还需要做最后一步。这最后一步通常被称为"**精确规划**（precise plan）"，这一步的最终地籍方案包含的内容有：建筑物的精确位置（称作**建筑占地**，即 building footprints），将地块内敏感或不适宜的区域排除在建设之外的可建造区域，以及可能限制车辆通行或施加高度限制的各种备注。通常，精确规划包括排水系统和车道入口位置，表明哪些树木可以被移走的一览表，以及可放置标志的区域。

洪泛区与 NPDES 许可证

在获得建筑许可证和破土动工前，土地细分商 / 开发商必须获得所有必需的州或联邦许可证。这通常意味着在施工过程中要确定洪泛区，并控制地表水排放。如果场地的任何部分位于洪水易发区（洪水保险费率图上的"X"级区域），咨询工程师将进行基准高程测量，以确定场地的基本洪水高程。可以向联邦应急管理局提交一份地图修订书（Letter of Map Amendment），指出洪水易发区所标明的区域实际上高于 20 世纪 70 年代中期原始地图上绘制的海拔高度。地图修订书还可表明，地图上标记为洪水易发区的某一特定区域，将通过添加填筑材料进行修正。否则，当地的洪泛区土地分区可能会禁止开发、限制开发或要求填筑洪泛区。

如果受到干扰的土地超过 1 英亩，开发商的工程师应在建筑承包商开始施工之前申请 NPDES 许可证。NPDES 是一套旨在减少水污染源的政策与做法。在施工和场地开发控制方面，NPDES 要求承包商将土壤和建筑材料保留在场地内，以最大限度减少会污染水道的雨水径流，并对土壤受到扰动的区域进行修复，以最大限度地减少未来雨水径流。

地块拆分、重新制作地籍图以及主要与次要土地细分

小城镇土地细分法规通常分为主要和次要的细分与开发活动。**次要细分项目**（Minor subdivisions）有两到三个地块，只有一个公用设施地役权，且没有新建道路，因此几乎不需要规划委员会进行审查。通常做法是通过缩减的流程快速处理提案。在规划委员会和管理机构会议上，次要细分项目的批准被列入"同意议程"。如果议程按照书写内容获得通过，则予以批准。

各州之间对重新制备地籍图或创建地块拆分的要求差异很大；许多州没有提供未经扩展审查就变更已注册最终地籍方案的方法。**地块拆分**（lot split）是一种快速简便方法，用于将一个地块分割为两个大小无须相同的地块。地块拆分意味着在一个原始地块内有两幅未编号地块。不过，在出售任一幅新地块之前，所有者必须对各地块重新勘测，并请规划委员会审查勘测结果，然后向契约登记处提交新契约备案。随着拆分的增加和时间的推移，地块拆分可能会造成相当大的危害。为防止将来出现问题，请采用美国土地所有权协会（American Land Title Association）/ 美国测绘协会（American Congress on Surveying & Mapping）的有关测绘标准（www.alta.org）。

重新绘制地籍图涉及修订现有地籍图。若原有地籍图包含不合标准地块，即面积小于最小地块面积要求，或无法接入排水与供水系统，或没有道路等，则可能需要重新绘制地籍图予以修正。重新绘制地籍图要遵循与常规细分地籍图相同的流程。局部重新绘制地籍图是调整地块界线、在原有开发项目中创建新地役权，或将大地块划分为小块的常见方法。重新绘制地籍图通常用于修正原始勘测描述中的错误，或用于调整几十年前地籍测绘区域中出现的问题。修正错误或调整地籍图绘制错误的要求通常来自抵押贷款公司，他们强调所有权要清晰、没有地籍错误，包括竣工后勘测，以核实所需院子与地役权的位置。

地块界线调整涉及在不产生新地块的情况下更改房地产的边界线。当两个邻居希望澄清其财产边界时，可能需要进行地块界线调整。州授权立法通常允许城镇对地块界线调整免于土地细分流程。

让与和预留

土地细分与土地开发法规通常包含所需的让与清单。许多州的授权立法允许地方政府要求细分商按照最低地块数量（比如，15 个地块），将总面积 10% 或更多的土地用于开发带来的公园或娱乐需求。同样，许多州允许地方政府收取公园用地代捐费，每个地块费用将拨入专项基金，用于购置公园和娱乐用地。

另一类常规让与用于拓宽宽度不足的道路的通行权。例如，这类道路沿线的每个新开发项目可能均需在沿街面留出 10 英尺的空间，以便日后可以设置转弯车道或加速车道。

学校场地、公用事业变电站地块或新的公共安全建筑地块等并非总是通过让与获得。不过，规划委员会可要求开发商预留一个战略性地块，作为未来提供服务的位置。预留地块在最终地籍方案上要予以注明。一般而言，预留状态为政府提供了在商定年限内购买地块的机会。如果在期限内未行使选择权，则地块将重新释放给开发商。这种做法经常用于城市边缘人口迅速增长的地区，但在人口稳定或下降地区很少见。

财务保证

要确保开发商履行其提供所有正常及常规基础设施的职责，最可靠的办法是要求开发商在签发建筑许可证前敷设并检查所有设施。除此之外，最受欢迎的财务保证形式是代管账户和信用证。这两种方法都适用于小型社区。

以下为代管账户或信用证的常规步骤：

- 注册工程师代表开发商提供所有必需基础设施的成本估算。

- 城镇或县土木工程师利用估算准备基础设施敷设招标公告。

- 工程师在承包商离开现场前检查设施敷设情况。

- 通常，开发商在收到所有资金前，要在保证期内预留一小部分（5% ~ 10%）保留金。保证期通常为一年。

土地细分设计标准

土地细分与土地开发设计标准为地块布局和基础设施制定了指导方针，其中包括：街道、街区、供水与污水设施（包括水井与化粪池系统）、排水系统、电话与电力设施、人行道、地役权，以及公园或开放空间等。城镇可能已经采纳了未来道路与街道布局的

补充材料 16-4　关于开发商协议的说明

从 20 世纪 80 年代末开始，地方政府与开发商之间的正式协议在大型开发项目中变得很常见，这就是所谓的开发商协议。可以在 Goodwin / Procter 的《环境法咨询》（*Environmental Law Advisory*，www.goodwinprocter.com）中找到有关开发商协议的优秀指南。

首先，要确定你所在的州是否授权使用开发商协议。开发商协议是一种可以强制执行的合同，规定了开发商必须履行的行为，以及地方政府在最终地籍方案获得批准后必须提供的基础设施。

开发商协议为开发商提供安全保障；即使在项目完成前法规发生变化，项目仍被认为在某一时间点是"受到特别保护"的，这意味着除非违反某些法律，否则不能停止开发。开发商和地方政府可以在开发商协议中明确何时行使特别保护权。

开发商协议应由律师编制。协议应包含当事者的姓名、要履行的行为和所涉及的时限。你可以从所在州的规划机构、市政联盟或全国县协会获得开发商协议范例。在科德角委员会的网站（www.capecodcommission.org/bylaws/develagree.html）上，可以找到很好的例子。

官方地图。如果是这样，拟议细分区的道路和街道必须符合官方地图，否则土地细分商 / 开发商必须请求修改官方地图。

官方地图通常有两方面目的：

1. 随着城镇的扩张，保持城镇街道的网格状格局；

2. 避免产生环形街道和近端式道路。环形街道与近端式道路是郊区设计形式，旨在分隔而不是连接居民区，会导致糟糕的交通模式。

现代的土地细分条例往往要求尽可能将街道连接起来，即使没有官方地图也是如此。有些城镇禁止死胡同，或将其限制在地形使街道难以通行的区域。越来越多的城镇在住宅区形成最大街道宽度，比如 20 英尺，以减缓交通速度，营造适合步行的环境。

有两类地块会带来问题：旗形地块和内锁地块（图 16-7）。**旗形地块**（flag lot）或称**锅柄状地块**（panhandle lot）临街面较窄，有一条狭长土地通往开敞区域，看起来像旗杆上的旗子一样。旗形地块通常是为街区中间地块提供进入街道的通道而形成，或者是为避免在农村地区使用街道而形成。

旗形地块可能引发与邻居的冲突，特别是在通行问题上，还会使未来的土地细分非

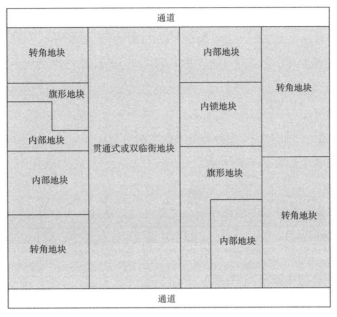

图 16-7　可能引发问题的地块

图片由克里斯托弗·伊顿提供。

常困难。避免旗形地块问题的最佳办法是要求做到下列几点：

- 土地细分产生的每个地块临街面最少为 60 英尺；
- 地块所有边界线均与直线街道成直角，与曲线街道成放射状；
- 地块的进深与宽度比至少为 2.5∶1；
- 绝对禁止形成旗形地块。

内锁地块（landlocked lots）没有临街面，因此无法进入街道。内锁地块买家必须与邻居协商，以获得修建车道的通行地役权，但邻居没有法律义务允许内锁地块通行权。内锁地块最常见于在分区条例通过之前形成的旧有土地细分区。避免新内锁地块的最简单方法，是要求每个新地块至少要有 60 英尺临街面。

有些细分条例禁止在居住区内设立**贯通式地块**（through lots）。贯通式地块在街区两侧均有沿街面，也被称为双临街地块。在居住区，贯通式地块被视为浪费土地，但是在商业区，贯通式地块往往是有用的，既为沿街店面的消费者提供出入通道，也为商店后面运送和接收商品提供通道。

强制执行与合规要求

土地细分与土地开发法规的执行与土地分区类似。对于土地细分商 / 开发商而言，合规性包括通过建筑许可证、审查和证书等来满足规定要求。没有建筑许可证，建设活动不能合法进行；此方面的强制执行通过警告、停工通知、传票和法庭命令等进行。第二级强制执行是对公用事业、道路、人行道的敷设以及是否符合州和联邦要求进行一系列检查。最后阶段涉及入住证，表明地块和建筑物均符合土地细分法规的标准。

土地细分法规必须明确规定，未经政府批准，土地不得分割、转让和备案，比如：

> "任何个人、公司或企业不得分割位于本条例管辖范围内的任何土地，从而导致此处定义的土地细分；任何此类土地分割均无权记录；凡不符合本条例各项规定的，不得对土地进行任何改善措施。"

此外，法规还应要求开发商遵守州和联邦的法律法规。例如，填筑和疏浚湿地、抽取地下水、河流改道或将污水排入水道等，可能均需州政府或联邦政府许可。

土地细分审查与土地开发费用

细分商与开发商往往认为土地细分条例过于详细，执行起来成本不菲。事实上，细分审查过程可能会持续数月甚至数年，需要数万美元用于绘制草图方案、初步地籍方案和最终地籍方案。在最终地籍方案获批之前，土地细分商 / 开发商也可能被要求承担敷设服务设施的费用。如果最终地籍方案被否决，这种情况就会使土地细分商 / 开发商面临无法收回大额支出的风险。

在不削弱土地细分与土地开发审查过程的情况下，城镇可以采取以下五种方式降低土地细分商 / 开发商的成本：

1. 土地细分与开发条例可规定，审查时间不得超过 120 天。这样可以避免审查过程拖沓，也不会给土地细分商 / 开发商造成巨大损失。

2. 初步地籍方案获批后，城镇可以与土地细分商 / 开发商订立合同，规定如果土地细分商 / 开发商敷设了所需服务设施并提供了必要的证书，城镇将批准最终地籍方案。这样，合同消除了土地细分商 / 开发商的风险因素，并确切地说明了预期的结果。

3. 保持申请、审查和备案费用合理，并符合城镇进行细分审查的实际成本。

4. 建立签批流程，允许各方在无须等待正式会议的情况下（农村地区正式会议很少，有时 30 ~ 60 天才有一次）签署协议。

5. 精简土地细分审查流程的一个有效方法，是区分主要和次要土地细分。次要细分项目涉及两到三个地块，而主要细分项目将涉及四个或更多地块。次要细分审查程序可在 45 天内完成。如果规划委员会不经常开会，管理机构可授权分区管理员审查次要细分项目。社区应核查所在州的授权立法，以确保允许其管理次要土地细分项目（也被称为**分块**，partitions）。

土地细分条例的管理

土地细分与开发条例的管理及执行由分区管理员（通常亦是城镇书记员）、规划委员会和城镇管理机构负责。分区管理员收集土地细分申请材料，并将其提交至规划委员会和政府官员。规划委员会审核土地细分商/开发商的申请，并向城镇管理机构提出建议，由其批准或否决申请。

执行土地细分与开发条例的基本方法是发放建筑许可证。分区管理员只有在地产已被妥善细分或绘制地籍图、并可获得所需公共服务设施的情况下，方可签发许可证。

管理员只有在得到保证，确信地块内所有改善设施均会妥善敷设时，方可签发建筑许可证。应要求建筑许可证申请人在拟建建筑物的每个角点提供标桩或标记，以便分区管理员或建筑督察员测量距离。

现代的土地细分与开发实践包括良好的档案管理。必须建立许可证跟踪程序，以便在将来跟踪并行程序，如土地分区、洪泛区管理、变通以及公用事业连接许可证等。现有足够的软件程序，允许小型社区在数据库中记录所有操作。

许多社区要求，房屋建筑商在获得建筑许可证时必须获得排水管道、供水和车道连接许可证。此外，在施工前，必须对农村地块进行渗滤测试和化粪池系统检查。

良好的管理还包括定期修订土地细分与开发法规。修订土地细分与开发条例的方法可与修订分区条例的方法相似（图 16-3）。任何个人均可申请更改土地细分与开发条例，规划委员会可向城镇管理机构提出更改建议。然后，管理机构举行公开听证会，最终作出批准、修改或拒绝修正的决定。

土地细分商/开发商在提交草图方案或初步地籍方案时，可申请豁免土地细分条例的某些要求。然而，与土地分区变通不同，土地细分豁免意味着申请人必须提供另一种方式来满足土地细分与开发法规。豁免应只涉及一些次要问题，并应根据具体情况进行处理。只有在不会对基础设施的提供造成不利影响，或不会对邻居或未来地块所有者造成损害的情况下，才可批准豁免。

最后，土地细分与开发条例应列出土地细分商/开发商在申请批准土地细分时必须缴付的费用，以及违反条例的处罚。

小　结

城镇必须制定处理土地细分与土地开发申请的政策与时间表。土地细分与土地开发条例用于规范将未开发土地拆分为多个地块、以供未来出售和开发等事宜。该条例规定了地块布局、设施改善及服务（如街道、人行道、排水与供水系统等）的标准。

在任何地块出售或开始施工之前，土地细分商 / 开发商通常需要敷设部分（如果不是全部的话）改善工程。土地细分与土地开发条例旨在确保安全有序的增长，务求在外形美观、功能齐全的情况下不会对城镇财政构成沉重负担。城镇规划、分区条例、基本建设改善计划和土地细分与土地开发条例均应保持一致。现在，新的软件包、全球定位系统数据和其他数字技术等，使简化地籍图制作和地方政府审查成为可能。

注释

1 帝国镇，第 A 条——改编自威斯康星州帝国镇土地细分条例（www.empire-town.org/land_intro.html）。

2 同上。

第17章

基本建设改善计划

引 言

一个城镇在公共服务方面的投资时间、地点和金额，在很大程度上决定了商业、住宅和工业发展的时间、地点与规模。由于人口较少、税基较窄，小城镇的人均公共服务成本通常高于大型社区。因此，小城镇必须精心规划公共服务的建设与维护，以节约有限的公共资金，这一点非常重要。

基本建设改善计划要显示以下内容：

- 城镇将建设、修复或更换哪些服务。
- 这些服务位于或将位于何处。
- 何时进行施工、修复或更换。
- 城镇将如何支付这些服务费。

基本建设改善计划将着眼于未来 5 ~ 10 年，不过，这可能会因城镇对未来人口增长和服务需求的估算而有所不同。一个正在快速增长中的城镇可能必须每隔几年编制一次新的基本建设改善计划，才能跟上不断增长的服务需求。

基本建设改善计划通常包括：道路与桥梁，学校建筑，排水与供水管线，处理厂，市政建筑，固体废物处置场以及治安与消防设备等。改善计划应包含的详细信息有：现有设施容量，对公共服务未来需求的预测，道路建设与排水和供水管道标准，以及与预期城镇收入相关的预计未来成本和融资安排等。

基本建设改善计划的目的是预测服务需求的位置与数量，并以合理成本提供适足的服务。在有些城镇，基本建设改善计划有助于保护稀缺资源，如水资源和能源等，特别是在城镇经营市政公用事业的情况下。城镇可以通过不将服务（特别是排水和供水管线）扩展到某些区域来阻止环境敏感区域的开发。此外，扩大公共服务可能成本高昂，而基本建设改善计划可以帮助协调项目，并避免管理不善，比如，某一年铺设了主街路面，然后次年再将其拆除以便安装排水管道。另外，基本建设改善计划通常可以使城镇提前购置土地用于安装服务设施，从而节省资金。

城镇应谨慎行事，不要仅仅认为需要增长就扩大或升级服务。应该有合理的保证，确保私营开发会追随公共服务而动。在吸引新工厂和商业机构方面尤其如此。这些公司喜欢在已拥有排水和供水设施以及良好公路通道的地方选址。然而，一个小城镇可能会花费数百万美元为场地敷设服务设施，却没有任何企业或制造厂迁入。

有些州要求在建设重大开发项目之前必须提供公共服务，特别是排水与供水。这个概念被称为**并发性**（concurrency），是为了确保新开发不会超出社区为其提供服务的能力。并发政策可以帮助城镇管理增长，尤其是城镇正在快速增长，并正在为支付新公共服务而艰难应对财产税负担不断增加的情况下。

基本建设改善计划可能表明，有些土地不应被划为集约型开发用地，因为其服务成本过高。例如，如果附近没有排水和供水管线，那么将土地划分为工业用途分区几乎毫无意义。许多城镇已经划分了过量土地用于工业用途；通常，城镇敷设所需服务的成本太高，又没有一家有前途的制造企业愿意为此付费。因此，一个切实可行的基本建设改善计划可以帮助城镇官员修订未来土地利用图和分区图。

最佳策略是将基本建设改善计划与城镇规划、土地分区与土地细分条例相协调。城镇规划的社区设施和交通两个分项，均包含了关于城镇服务的位置、容量以及现状与预期需求的信息。城镇规划土地利用分项指明了未来不同开发类型的位置。基本建设改善计划应确保在城镇的增长目标区域提供充足的服务。这一点很重要，因为新开发项目的类型、设计和位置将影响提供服务的公共成本。此外，应将诱导增长的公共设施排除在那些原定要保护或几乎不开发的区域之外。

分区条例和图则显示了城镇不同部分允许的开发类型与密度。不同的土地分区和区域将需要不同的服务和基本建设改善措施。很少有开发商愿意在一个区域敷设公共服务设施之前进行开发。

土地细分条例规定了在出售或开发新地块之前，城镇要求土地细分商或土地开发商敷设哪些服务设施。规划委员会应将基本建设改善计划与土地细分法规联系起来，以决定城镇愿意为土地细分提供哪些服务，以及土地细分商/开发商必须敷设哪些服务设施。这些决定将大大有助于编制城镇资金预算和确定基本建设改善项目的优先事项。

城镇规划、条例和基本建设改善计划的共同目标应该是创建一种集中的发展模式，避免蔓延式扩张。分散式开发可能会蔓延到城镇边界以外，服务成本很高，尤其是在必须敷设新道路、排水和供水管线的情况下。

我们建议较大的城镇（居民人数在 2500 人及以上）探索建立村庄**增长边界**（village growth boundary）。村庄增长边界限制排水与供水管线（由公共和私营资助）的延伸范围，并在边界内设置所有新学校位置。根据人口预测和土地利用需求，在边界范围内有足够的可建设土地支持未来 20 年的发展。边界促进紧凑型增长，这样更经济，更容易服务，并最大限度地减少蔓延式扩张。通常，村庄会通过与周围县或乡镇的正式协议来形成增长边界。因此，村庄增长边界可以帮助村庄与邻近管辖区避免合并问题。

一项基本建设改善计划应包括一幅地图，标明公共服务的现状位置以及城镇愿意且能够提供服务的区域的边界。如果基本建设改善计划有一项政策，即城镇服务不得扩展到城镇边界或村庄增长边界以外，这往往会阻碍与城镇毗邻的县或乡镇土地的开发。过去，当城镇将服务范围扩展到其域外管辖区时，服务和财务问题就会出现。即使城镇合并了这些区域，其结果也是更大的扩张，而且为所有城镇居民提供的服务也更加昂贵。

另一种办法是，城镇可采纳一项规定，即任何毗邻城镇的新土地细分区都将立即并入城镇并提供服务，费用由居民承担。过去，居住在城镇附近的县居民经常抵制合并，因为他们可以利用城镇的服务（尤其是学校）而无需支付较高的城镇税。因此，服务合并规则实际上可能会阻止蔓延式扩张。

制定基本建设改善计划

很少有小城镇制定正式的基本建设改善计划。然而，大多数城镇已经编制了道路维护和更换某些设备的计划，并有针对性地为这些目的提供资金。制定基本建设改善计划的主要价值在于，这样做可迫使城镇官员和居民思考城镇的未来发展，并随着时间的推移预算城镇资金，以提供必要的服务。

逐案、按需进行基本建设改善是确定优先事项以满足现状或未来服务需求的拙劣方法。由于小城镇的公共收入普遍不足，因此需要尽可能有效地利用这些有限的资金。有些州甚至要求城镇制定正式的基本建设改善计划。

基本建设改善计划之所以能生效，是因为以下原因：

- 需求迫切，例如：水井受到污染，需要扩建市政供水系统。
- 需求可预见，例如：人口快速增长，需要提供更多的公共服务。
- 经济发展活动，例如：排水和供水管线延伸至商业园区。
- 来自居民的投诉，例如：学校拥挤。
- 城镇税基停滞或下滑，花钱必须更加谨慎。

谁负责组织和管理基本建设改善计划呢？一般来说，管理机构应通过一项决议，授权规划委员会编制基本建设改善计划和预算（见补充材料 17-1）。大多数小城镇监督基本建设项目的政府人员有限，但是有些人可以利用他们的专业知识与规划委员会合作（图 17-1）。城镇工程师、城镇管理者、城镇书记员、规划人员、规划委员会和普通公民等，都可能对建设、维护和更换项目有很好的见解。公众参与非常重要。如果公众参与制定基本建设改善计划，他们往往会更愿意支持提高税收、使用费和债券发行，为项目提供资金。

231

基本建设改善计划的援助来源包括下列：

- 区域规划机构或政府委员会，对于整合州和联邦基金的拨款申请特别有用。

- 州商务、发展或规划部门，可以提供有关建设标准、特定项目技术以及通过拨款、贷款或债券融资等方面的信息。

- 州城市与城镇协会（state association of cities and towns），可以分享其他小城镇在融资和管理基本建设计划方面的经验。

补充材料17-1　管理机构关于制定基本建设改善计划和预算的决议示例

兹授权规划委员会编制本镇在未来五年中每年将进行的基本建设改善计划。该计划将说明项目的估算成本和拟议融资方法。该计划还将包括一份基本建设预算，列出本镇在下一个财政年度将要进行的项目、项目估算成本以及拟议融资方法。基本建设改善计划和基本建设预算将提供每个项目的说明、优先级以及对城镇运营费用的总体影响。

基本建设项目可单独或以任意组合包括下列项目：

- 实体改善，包括用于建造、维修或维护的家具、设备或机械等。

- 涉及实体改善的研究或调查。

- 土地或土地权利。

规划委员会每年可就基本建设改善计划和预算向管理机构提出建议。

管理机构可在一次或多次公开听证会后，通过、修改或废除基本建设改善计划和预算。拟议基本建设改善计划和预算必须在公开听证会前至少15天提交至镇书记员和规划委员会。

- 工程咨询公司，可以评估城镇对道路、供水、排水和固体废物处理的需求，并可提供潜在项目的设计和成本估算。

规划委员会应编制基本建设项目清单和预算，并在定期会议中举行公开听证会。接下来，规划委员会应向城镇管理机构提交基本建设改善计划和预算。管理机构应将这些建议用于编制年度城镇预算和规划未来预算。规划委员会应每隔两年或三年更新一次基本建设改善计划。

基本建设改善计划中应包括的要素

基本建设改善计划不必是一份复杂的文件。计划应针对社区的特殊服务需求量身定

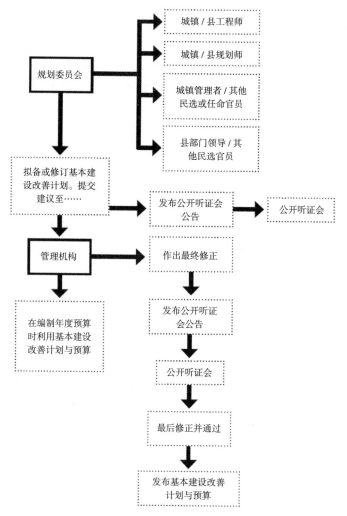

图 17-1　制定基本建设改善计划

图片由乔安妮·施伟德提供。

制，并应以系统化和有组织的方式呈现出来。从类似规模的城镇获得当前的基本建设改善计划可能是有用的。但是请记住，每个社区都有自己的目标、服务需求和财政能力。

- 公共设施和容量的清单以及地图，地图标明这些设施的位置和城镇未来愿意提供服务的区域。

- 对未来 5 ~ 10 年服务需求和维护需求的预测。

- 关于利用不同融资安排的政策。

- 优先项目清单。

- 基本建设改善预算，列出不同项目的时间、地点和融资安排。

公共设施清单

一个有用的起点是利用城镇规划的社区设施与交通两个分项，来编制关于公共服务的位置、容量、现状和预期需求的清单。接下来，绘制一张关于现有街道、排水与供水管线、学校、市政建筑、公园与娱乐区以及城镇垃圾填埋场（如果有的话）的地图。地图还可显示拟议的服务扩展范围、新建市政建筑以及城镇愿意提供服务的区域的限制。

良好的公共服务记录会使制定和更新基本建设改善计划更容易。计算机对存储城镇服务和设备目录、维护记录和更换时间表等有很大帮助。此外，计算机在显示不同的预算和不同的融资安排方面也极为有用。

公共设施清单应由不同城镇部门编列（表 17-1）。

预测未来需求和维护需求

规划委员会可根据以下信息预测未来的服务需求和维护需求：

- 预期人口增长。

- 需要维修或更换的现有设施。

- 社区目的与目标的变化。

- 城镇人口结构的变化。

人口预测应该从城镇规划人口分项获得。这将显示出未来预计需要提供服务的人数。此外，城镇规划的经济基础分项应表明预期的新商业和新工业以及经济基础构成的变化，如旅游业更多，农业加工业更少等。这些经济变化肯定会影响对公共服务的需求。

应要求城镇工程师（或较大城镇的公共工程主管）编制一份需要维修或更换的现有设施清单。清单应包括设施的使用年限、状况、容量和利用水平（所有过剩的容量），以及需要进行哪些维修和更换，需要在何时进行。

公共设施清单示例　　　　　　　　　　　　　　　　表 17-1

部门	基本建设项目	购买/建造日期	可用年限	容量	现状利用水平	更换成本	资金来源
消防设施							
	消防站	1992 年	30 年	4 间 + 会议室	3 间	110000 美元	运营
	云梯消防车	1990 年	25 年	100000 英里	100000 英里	85000 美元	
	水罐消防车	1997 年	15 年	100000 英里	70000 英里	50000 美元	
一般政务							
	市政建筑（要扩张）	1984 年	30 年	5 名员工	6 名员工	90000 美元	储备账户
	计算机	2003 年	10 年	3 名员工	1 名员工	25500 美元	
	复印机	2000 年	10 年	每月 2500 张	每月 2500 张	1500 美元	
娱乐设施							
	游泳池	1992 年	30 年	每天 300 人	每天 200 人	10000 美元	一般债券
	棒球场	1994 年	不清楚	1 个 10 队联赛	2 个 10 队联赛	90000 美元	拨款
	网球场	1998 年	25 年	每天 50 人	每天 20 人	35000 美元	

续表

部门	基本建设项目	购买／建造日期	可用年限	容量	现状利用水平	更换成本	资金来源
道路设施							
	自卸卡车	1999 年	10 年	100000 英里	82000 英里	55000 英里	运营
	仓库	2002 年	30 年	4 间＋砂／盐存储	同左	80000 美元	
	装货机	1995 年	20 年	100000 小时	20000 小时	85000 美元	
	平路机	1990 年	20 年	100000 小时	53000 英里	100000 美元	
学校设施							
	小学	2001 年	40 年	250 名学生	195 名学生	450000 美元	一般债券
	1 号校车	2004 年	10 年	100000 英里	100000 英里	38000 美元	运营
	2 号校车	2003 年	10 年	100000 英里	70000 英里	38000 美元	
供水设施							
	井场	1996 年	未知	80000 加仑／天	854000 加仑／天	120000 美元	特殊债券
	滤水厂	1998 年	20 年	80000 加仑／天	54000 加仑／天	85000 美元	
	泵站	2002 年	20 年	60000 加仑／天	854000 加仑／天	55000 美元	
	3.5 英里供水总管	1995 年	50 年	60000 加仑／天	854000 加仑／天	242000 美元	

社区目的与目标的变化应首先出现在制定和更新城镇规划中。这些变化也可能会在基本建设改善计划的公开听证会上浮出水面。目的变化往往集中在社区是应该增长得更快还是更慢方面。增长较快意味着更多、更快的基本建设项目；增长较慢则意味着随着时间的推移，基本建设项目将会较为平缓地增加。此外，人口数量与支付服务所需的财产税水平之间存在相当密切的相关性。很简单，较多的人口需要较多的公共服务；人口越多，为支付这些服务而增加的财产税可能就越高。

目标变化将影响为实现某些目的而要建设哪些项目。例如，假设城镇的目的之一是改善娱乐设施。原有目标是获得更多的公共公园空间。新目标是建造一个公共游泳池。这个新目标是一个建设项目，有可能通过收取游泳池使用费而创造收入。游泳池项目的时间、地点和融资可能与公园土地收购项目有很大不同。

城镇人口结构的变化也会对服务需求产生重大影响。地方预算大部分都用于教育。如果学龄儿童的数量增加，则会有增加学校空间的压力。另一方面，许多小城镇的老年人口正在增加。这一趋势意味着需要更多的医院空间、诊所和老年人中心。

筹资安排政策

在选择单个项目和编制基本建设项目预算之前，规划委员会应为不同类型的项目制定筹资安排政策。例如，许多城镇不愿负债（通过发行债券来支付重大建设项目的费用）。这些城镇只有在州或联邦资金可用的情况下，才会承担重大建设项目。筹资安排的指导方针将使预算过程更加顺利。基本建设改善计划的目的之一是避免地方财政的突然波动。

筹资政策应解决两个主要问题：

1. 一个具体建设项目或设备应该如何筹集资金？

2. 谁应该支付费用？

如果一个建设项目或一件设备使整个社区受益，则所有纳税人均应分担成本。但是，如果建设项目或设备仅对某一邻里街区有利，则收取用户使用费、特种赋税或特别区费更为合适。

小城镇可以通过三种主要方式来支付基本建设费用：

1. 作为城镇年度预算中按现收现付计算的项目，项目资金来自年度财产税、用户使用费和许可证收费。

2. 来自城镇储备。

3. 从州和联邦机构获得拨款。

至关重要的是，城镇官员必须明确有哪些州和联邦计划可以协助基本建设改善项目。这些信息可向相应的州商务或社区事务部门、区域规划委员会、地方合作推广服务办公室和州城镇联盟等处获取。

大多数城镇利用其年度收入和储备金来购买设备和维护现有设施，特别是道路。有些城镇建立了大量储备，并利用储备金账户利息来帮助支付基本建设改善项目。城镇通常会向州政府和联邦政府申请拨款，以帮助支付排水和供水管线等重大项目建设的费用。

债券

债券（Bonds）是小城镇可以使用的一种融资安排。其中包括一般债务债券和收益债券。一般债务债券由城镇年度收入支付，通常为期 10 ~ 20 年。城镇通常出售一般债务债券，为学校、公园、市政建筑和娱乐设施提供资金。在城镇出售这些债券之前，可能需要获得选民批准。有些州，如伊利诺伊州，制定了州计划来集中发行债券，为几个难以自行发行债券的小城镇筹集资金。

收益债券出售给开发项目，这些项目将以用户使用费的形式为小城镇带来收入。用户使用费随后将用于偿还债券。这些债券通常为市政排水和供水管道等项目提供资金，商业、住宅和工业用户向城镇支付排水和供水的用户使用费。收益债券利率通常高于一般债务债券，但几乎不需要选民批准。

影响费

影响费（Impact fees）是开发商为新建造的每栋房屋支付的费用。大多数新建房屋产生的财产税都不足以支付其所需新服务的成本。较大型城镇和正在快速增长的城镇可能希望对新开发项目征收影响费，以帮助支付未来所需的公园设施、道路和其他社区服务。征收的影响费与对公共服务的额外需求之间必须有明确的联系。请咨询你所在州的市政联盟和其他城镇，以获取关于收取影响费的建议。请注意，并非所有州都允许征收影响费。

如果你采用征收影响费的办法，请在你的城镇年度预算和基本建设改善计划中包含以下内容：

- 可能产生新的基本建设项目需求的拟议或潜在开发项目的位置。
- 由影响费提供资金的基本建设项目标准（例如，每千名居民拥有 2.5 英亩公园用地）。
- 成本估算与资金来源。
- 拟议或潜在开发项目的时间安排。

政府间协议

通过**政府间协议**（intergovernmental agreement），城镇、县或相邻的两个城镇可以达成协议，共同分担建设项目成本，并在建设完成后共享设施。

租借购买

按照**租借购买**（lease purchase）融资方式，城镇可以聘请私营公司来敷设公共设施，并通过租借协议向公司租用这些设施。在租赁期结束时，城镇将成为改善设施的所有者。租借金包括支付给私营公司的敷设成本加上利息和利润。租借购买项目通常涉及市政建筑的建设。

特种赋税

特种赋税（special assessments）是向某些业主收取的费用，用以支付在邻里街区内敷设基本建设改善项目的费用。这些改善项目通常包括街道、人行道、供水与排水系统等。与普通财产税不同的是，特种赋税仅由那些直接受益于改善项目的业主支付。例如，如果一个邻里街区的几口水井受到污染，城镇将供水管线延伸至该区域，则城镇可以向这一邻里街区的业主收取特种赋税，以支付延伸供水管线的费用。

城镇政府将在开发发生后收取特种赋税，这一点不同于额外负担费，额外负担费要求土地细分商在开工前敷设改善设施。例如，如果一个邻里街区的房主想要铺设一条砾石路，城镇可以完成这项工作，然后向业主收取特种赋税。

特别区

特别区（special district）是为提供诸如污水处理、供水系统或学校等单一服务而设立的公共机构。大多数特别区都位于城镇范围外，城镇对那里拥有域外管辖权。特别区可以通过收益债券或特种赋税来筹集资金，有的特别区则有权征收财产税。

税收增额融资

居民人数在 5000 人或以上的城镇，可能希望探索在大规模再开发项目中使用**税收增额融资**（tax increment financing）。城镇可以利用发行一般债务债券的资金来对某个区域进行再开发，比如城镇中心的中心商务区。中心商务区的新改善设施（如街道和人行道）提高了区域房地产价值。这些较高的价值导致该区域业主的财产税更高。

再开发前后的财产税差额称为**税收增额**（tax increment）。这项税收增额将从城镇的总预算中拨出，用于偿还城镇为再开发融资而发行的债券。一旦这些债券被收回，税收增额将成为城镇普通基金的一部分。税收增额融资的目的是防止城镇入不敷出。再开发区产生的较高财产税必须首先支付新改善项目的成本；在债券还清之前，城镇不能用这些较高的财产税来支付城镇其他服务费用。

设定项目优先次序

为建设、维修和更换项目设定优先次序通常是一项艰巨的任务。相较于新消防车需求，或相较于重铺主街需求，新建小学需求又如何呢？资本项目涉及不同程度的公共支出、不同的时间安排和不同的融资安排。

规划委员会及其顾问设定项目优先次序的方法之一，是确定各项提案的重要性。有些城镇将项目分为四种类型：基本型项目、期望型项目、可接受型项目和可延缓型项目。

- **基本型项目**（Essential projects）涉及公共健康与安全问题，并符合州和联邦法规（例如，敷设市政供水系统以改善城镇的饮用水）。

- **期望型项目**（Desirable projects）通常没有基本型项目那么重要，当然也没有那么紧迫。尽管如此，城镇仍希望在不久的将来开展一些期望型项目。重新铺设主街路面可算作是一个期望型项目。

- **可接受型项目**（Acceptable projects）有优势，但不紧迫；这些项目可以推迟几年而不会对公共健康和安全构成威胁。可接受型项目往往包括改善生活质量，比如老年人社区中心等。

- **可延缓型项目**（Deferrable projects）既不紧迫，也不是必不可少。城镇可以在以后审查这些项目，并决定是否有资金予以资助。比如，在主街沿线安装长椅可能是一个这样的项目。长椅虽然可以作为主街不错的补充，但并不是必需的，其优先级应该比较低。

城镇规划的需求评估调查可以提供有关社区认为最重要的公共项目的信息。

表 17-2 提供了一个核查表，以帮助评估单个项目并确定优先事项。要确定哪些项目

238

补充材料 17-2　关于地方基本建设项目的州与联邦拨款计划的说明

"既然有人愿意为重大公共项目出资,为什么城镇还要支付费用呢?"这种推理对大多数小城镇而言是合理的,但是,依赖州和联邦政府拨款计划来资助地方公共设施的改善存在一定不确定性。

● 州和联邦计划在选择地方项目时可能产生偏差。换言之,除非你确定拨款计划符合社区的需求和优先事项,否则请勿申请拨款。

● 在任何特定年度都可能削减或减少计划资金。申请拨款是一个竞争过程;资金越稀缺,竞争可能越激烈。

● 联邦项目标准超出地方愿望的情况并不少见。例如,联邦政府可能会在一个只有 3000 人的城镇中建造一套可容纳 1 万人的排水和供水系统。这可能要开放更多区域用于开发,远大于城镇规划要求的面积。

请联系州和区域规划机构,以获取有关可用拨款计划的信息,包括资助水平和技术项目标准,以确定哪些计划适合你所在城镇的需求。

过于耗时费力、成本过高或者没有必要。例如,城镇可能想要建一个游泳池。如果一个较小游泳池能充分满足当地需求,一个奥运会规模的游泳池可能就过于炫耀,成本也过高。除了要指出项目的好处外,你还应该问一个问题:"如果项目没有建成,将会发生什么情况?"这将有助于确定哪些项目是不必要的,或者可以推迟到以后。小城镇通常只考虑少数几个项目,用一种简单方法确定优先事项就足够了。

基本建设项目核查表　　　　　　　表 17-2

		是	否	不可行
1.	项目的资金来源将是:	☐	☐	☐
	a. 城镇年度储备金	☐	☐	☐
	b. 城镇储备金	☐	☐	☐
	c. 发行债券	☐	☐	☐
	d. 开发商或土地细分商	☐	☐	☐
	e. 其他	☐	☐	☐
2.	项目是否符合:	☐	☐	☐
	a. 城镇规划	☐	☐	☐
	b. 分区条例与分区图	☐	☐	☐
	c. 土地细分条例	☐	☐	☐

		是	否	不可行
	d. 城镇其他条例	□	□	□
3.	项目等级:	□	□	□
	a. 基本型	□	□	□
	b. 期望型	□	□	□
	c. 可接受型	□	□	□
	d. 可延缓型	□	□	□
4.	项目成本对于城镇而言是:	□	□	□
	a. 重大的	□	□	□
	b. 次要的	□	□	□
5.	项目包含:	□	□	□
	a. 维护和维修	□	□	□
	b. 更换设备	□	□	□
	c. 新建	□	□	□
6.	项目的重要受益者将是:	□	□	□
	a. 商业开发	□	□	□
	b. 工业开发	□	□	□
	c. 居住开发	□	□	□
	d. 其他	□	□	□
7.	在不久的将来,项目将需要额外公共投资吗?	□	□	□
8.	项目是否仅对邻里街区的某个区域有利?	□	□	□
9.	完成项目所需的时间为:	□	□	□
	a. 长期（5年以上）	□	□	□
	b. 中期（2~3年或更长）	□	□	□
	c. 短期（1~2年）	□	□	□
10.	项目将产生收益的形式为:	□	□	□
	a. 用户使用费	□	□	□
	b. 较高的财产价值/税	□	□	□

然后,每个项目均可作为部门预算的一部分进行评估,如下所示:

部门	资本项目	紧迫性（需要年度）	成本	来源
消防				
一般政务				
娱乐				
道路				
学校				

基本建设预算

基本建设改善计划应提交一份预算，列出各个项目、各项目的时间安排、位置和财务安排。

对于每个项目，要粗略估算项目周期内涉及的所有费用，以及这些费用将在哪些年度发生。费用通常包括土地、建设、维护、运营、人员和债务（如果发行债券的话）等。要以现值美元进行成本估算，并考虑未来的通货膨胀。建造商、建筑师、工程师、银行家和债券承销商等将能够帮助进行成本估算。此外，请尝试联系最近开展过类似项目的城镇，以获取成本数据。其他信息来源包括州的交通、商业和社区事务等部门。然后，规划委员会应提交下一个财政年度的预估基本建设预算。

在描述每个项目的财务安排时，规划委员会应了解城镇的总体财务情况。委员会的明智做法是审查城镇过去几年的财务趋势。委员会应该问一个问题："城镇距离强制性债务限额有多远？"大多数州会根据城镇应纳税财产价值的一定比例，设定城镇可承担的债务额上限。城镇可以支持的债务数额将影响城镇能否利用债券为其新项目进行融资。

城镇近几年的年度收入与支出将说明现金流情况，以及项目是否可以由当期收入提供资金（表 17-3 和表 17-4）。财产税通常是地方财政收入的最大单一来源（西部部分地区除外，那里销售税占地方财政收入的很大一部分）。规划委员会应确定根据城镇居民收入来确定财产税是高、低还是适度。有些州对可以收取的财产税率有限制，财产价值重估通常每五年进行一次，有时甚至要更长时间。因此，提高财产税以支付项目费用可能会受到限制。

在表 17-3 和表 17-4 的示例城镇中，城镇似乎没有带来足够的盈余收入来支付所需的基本建设项目。盈余资金应存入城镇储备账户，用于未来的基本建设项目。像这两个表格所列规模的城镇，每年盈余应约为 15 万美元。请注意在表 17-1 中，有几个基本建设项目是计划更换或维修设备和建筑物。

规划委员会应对城镇储备金情况进行审查。城镇储备金是在增长，还是在萎缩？这些储备金是用于资助新项目，还是作为应急基金？规划委员会必须谨慎确定哪些项目需要利用州或联邦拨款提供资金。除非已获得拨款，否则这些项目可能只是一厢情愿。在收到资金之前，千万不要把州政府或联邦政府的资金计算在内。拨款计划具有竞争性，并且随时可能发生变化。

城镇支出趋势 表 17-3

年度	2001 年	2002 年	2003 年	2004 年	2005 年	2006 年
运营						
消防	20000 美元	20000 美元	22000 美元	25000 美元	25000 美元	35000 美元
一般政务	12500 美元	13500 美元	14800 美元	15500 美元	16600 美元	18500 美元
娱乐	15000 美元	18000 美元	20000 美元	22000 美元	22000 美元	25000 美元
道路	155000 美元	165000 美元	175000 美元	180000 美元	200000 美元	220000 美元
学校	750000 美元	770000 美元	810000 美元	835000 美元	850000 美元	860000 美元
排水 / 供水	50000 美元	50000 美元	550000 美元	60000 美元	60000 美元	65000 美元
合计	1115000 美元	1158000 美元	1230000 美元	1277000 美元	1323000 美元	1390000 美元
资金						
消防						
一般政务		3000 美元			35000 美元	
娱乐						
道路	80000 美元			30000 美元		
学校						
排水 / 供水						
合计	80000 美元	3000 美元		30000 美元	35000 美元	
债务						
城镇		50000 美元	50000 美元	50000 美元	50000 美元	50000 美元
学校	75000 美元	75000 美元	75000 美元	75000 美元	75000 美元	75000 美元
合计	75000 美元	125000 美元	125000 美元	125000 美元	125000 美元	125000 美元
总计	1270000 美元	1286000 美元	1355000 美元	1432000 美元	1483000 美元	1515000 美元

资料来源：改编自 E. 亨斯通（E.Humstone）、J. 斯奎尔斯（J.Squires），《基本建设预算与计划》（*Capital Budget and Program*），佛蒙特州住房与社区事务部（Vermont Department of Housing and Community Affairs），1992 年。

城镇收入趋势 表 17-4

年度	2001 年	2002 年	2003 年	2004 年	2005 年	2006 年
财产估值（假设 100% 的公平市场价值）	430000 美元	450000 美元	460000 美元	470000 美元	480000 美元	490000 美元
学校税率	1.4	1.4	1.5	1.5	1.5	1.55
城镇税率	0.60	0.60	0.60	0.65	0.65	0.70
财产税收入	860000 美元	900000 美元	966000 美元	1010500 美元	1056000 美元	1102000 美元
地方其他收入（收费、许可费、储备金）	90000 美元	85000 美元	90000 美元	95000 美元	98000 美元	100000 美元
州来源	290000 美元	290000 美元	290000 美元	300000 美元	310000 美元	315000 美元
联邦来源	30000 美元	16000 美元	11000 美元	28000 美元	20000 美元	15000 美元
总计	1270000 美元	1291000 美元	1357000 美元	1433500 美元	1484000 美元	1532500 美元

资料来源：改编自 E. 亨斯通、J. 斯奎尔斯，《基本建设预算与计划》，佛蒙特州住房与社区事务部，1992 年。

最后，管理机构可以利用基本建设改善预算，对预期的支出和收入进行五年预测，如表 17-5 所示。这一预测将使人们了解城镇的财政状况预计会怎样，并可提醒城镇官员近期的特殊需求。

城镇支出与收入趋势　表 17-5

年度	2001 年	2002 年	2003 年	2004 年	2005 年	2006 年
1. 支出						
运营						
消防	34000 美元	35000 美元	236000 美元	38000 美元	42000 美元	44000 美元
一般政务	19500 美元	121500 美元	225000 美元	245000 美元	266000 美元	285000 美元
娱乐	28000 美元	34000 美元	38000 美元	42000 美元	48000 美元	55000 美元
道路	255000 美元	265000 美元	275000 美元	290000 美元	320000 美元	340000 美元
学校	900000 美元	940000 美元	960000 美元	1000000 美元	1050000 美元	1100000 美元
排水／供水	75000 美元	80000 美元	85000 美元	90000 美元	98000 美元	100000 美元
合计	1487000 美元	1569000 美元	1619000 美元	1705000 美元	1824000 美元	1924000 美元
债务						
城镇	100000 美元	100000 美元	100000 美元	100000 美元	100000 美元	100000 美元
学校	100000 美元	95000 美元	95000 美元	95000 美元	95000 美元	95000 美元
合计	200000 美元	195000 美元	195000 美元	195000 美元	195000 美元	195000 美元
总支出	1687000 美元	1764000 美元	1814000 美元	1900000 美元	2019000 美元	2119000 美元
2. 收入						
财产估值（假设 100% 的公平市场价值）	510000 美元	540000 美元	560000 美元	570000 美元	580000 美元	600000 美元
学校税率	1.60	1.65	1.70	1.70	1.75	18.00
城镇税率	0.85	0.85	0.85	0.85	0.90	0.90
财产税收入	1249500 美元	1350000 美元	1400000 美元	1453500 美元	1537000 美元	1620000 美元
地方其他收入（收费、许可费、储备金）	110000 美元	120000 美元	130000 美元	140000 美元	150000 美元	160000 美元
州来源	329000 美元	335000 美元	340000 美元	350000 美元	350000 美元	37500 美元
联邦来源	20000 美元	206000 美元	15000 美元	20000 美元	20000 美元	20000 美元
总计	1708500 美元	1825000 美元	1885000 美元	1963500 美元	1964000 美元	2175000 美元
3. 可用于基本建设项目的资金						
按年度	21500 美元	61000 美元	71000 美元	63500 美元	55000 美元	56000 美元

资料来源：改编自 E. 亨斯通、J. 斯奎尔斯，《基本建设预算与计划》，佛蒙特州住房与社区事务部，1992 年。

基本建设改善计划对于实施城镇规划非常重要。与城镇规划一样，基本建设改善计划旨在满足城镇居民维持和改善社区生活质量的需求。基本建设改善计划与土地分区和细分以及土地开发条例密切相关，这些条例也将城镇规划付诸实施，并帮助确定开发和改善项目的方向。公众参与制定和更新基本建设改善计划非常重要，社区将更有可能支持为单个项目融资所需的税收、用户使用费和债务。

小　结

基本建设改善计划提供了一种方法，使城镇规划、土地利用法规与城镇预算编制过程相结合。基本建设改善计划列出了几年的公共服务支出时间表。这一计划通常包括道路、街道、桥梁、排水与供水系统、治安与消防设备，以及固体废物处理场的建设、维修和更换等。基本建设改善计划提出基本建设预算，显示不同项目的成本和拟议融资安排，有助于城镇官员更好地估算成本，确定州和联邦的资金来源，确定不同项目之间的优先次序，并确定开发商在土地细分与土地开发过程中应对哪些改善项目作出贡献。

对于城市边缘地区正处于快速增长中的城镇或农村的新兴城镇，基本建设改善计划可以帮其建立一个控制和指导增长的管理系统。还可以帮助城镇达到有关水处理厂和固体废物处理场的州和联邦政府强制性标准。停滞或衰落中的城镇可以利用这一计划谨慎地预算不断缩减的税收收入，维持必要的服务，并努力刺激经济发展。

第18章

其他地方性土地利用条例

引 言

城镇规划、分区条例、土地细分与土地开发条例以及基本建设改善计划等，为决定社区应在何处和如何进行开发制定了基本政策与程序。我们建议大多数小城镇以本章介绍的规范和条例作为解决具体问题的方法，这些问题包括：建筑物与房屋的稳固性与安全性、农业用途、树木覆盖、雨水管理、标志、妨害行为以及太阳能装置获取日照等。通常，城镇政府可以利用这些规范与条例来解决土地利用问题，避免漫长而昂贵的土地分区和细分审查。

建筑规范

建筑规范（building code）规定了建造新建筑物的标准。建筑规范的目的是确保新建筑和现有建筑改建的安全。建筑规范可以明确规定哪些材料可以或不得用于建筑，并制定关于管道、电线、消防安全、结构坚固性和整体建筑设计的最低标准。

几乎每个地方政府都有权通过建筑规范。城市或城镇不编制建筑规范，而是采纳一种标准形式的规范。有些州有本州建筑规范，地方政府必须遵守，或可以选择遵守。请联系你的区域规划机构或州社区事务部，帮助确定标准建筑规范。

专业的建筑官员组织为美国不同地区颁布了示范性建筑规范。自 2000 年以来，由国际规范委员会（International Code Council）制定的《国际建筑规范》（International Building Code）已被大多数州采纳。许多社区修改、添加或删除示范性规范的部分章节，以满足当地的需求与偏好。

建筑规范与住房规范以及土地分区和细分法规等要配合使用，以确保新开发项目符合社区健康与安全标准（表 18-1）。一般而言，除非业主遵守了建筑规范和分区条例，否则城镇不予核发建筑许可证。在新建筑投入使用之前，城镇将签发入住证，表明其符合建筑许可证的条件。

建筑与住房规范以及土地分区和细分法规的关系   表 18-1

	建筑规范	住房规范	分区条例	土地细分法规
制定标准与规范的主要参与者	工程师、建筑师、消防安全员与住房专家	健康与住房专家、社区开发专家	规划师	规划师、土木工程师
目标				
1. 自然光（透光性、质量、位置）	窗户、院子、内庭院、采光井、居住房间大小、建筑物分隔	自然光、室内照明、居住房间大小	内庭院场地、建筑外观、开放空间、高度与分隔	开放空间、密度、分隔
2. 通道与出口	通向街道、走廊、楼梯、门的通道；出口；通往卫生间与卧室的通道	走廊、楼梯、通道、门、出口；障碍物，卧室与卫生间的距离与通道	通往街道、障碍物、公园的通道	通往街道的通道、交通模式、路缘石坡道
3. 使用	房间尺寸（面积、最小尺寸、天花板高度）；人均最小面积	房间尺寸（面积、最小尺寸、天花板高度）；人均最小面积	密度与最小面积、防止过于拥挤；家庭的定义	—
4. 通风	空气交换、通风设备、窗户	窗户、通风设备、温度	窗户、墙体、建筑分隔、高度	—
5. 供水	规模、材料、构筑物、设备	材料、温度、设备与维护	基础设施容量	地籍图、设施规划、材料、规模、施工与时间安排
6. 空气污染（向空气中排放）	通风口与通气系统、风机与排气系统、焚烧装置	通风、运行与维护	行业性能标准，交通生成	总平面方案审查
7. 水污染	管道系统、化粪池、沥虑场、泻湖、堆场、加药系统、水井	设施与装置的维护与运行	性能标准、用途分离、径流控制、废物储存	
8. 供暖	流量、分配、养护、效率、设计与施工	设计、分配与维护		
9. 消防安全	施工与材料、火灾探测与灭火、分区、出入口	室内逃生设备、逃生通道与供暖设备的维护	土地利用位置、密度、分隔、障碍物、通道	密度、建筑占地面积、交通、尽端式通道长度

资料来源：改编自约瑟夫·德齐亚拉（Joseph DeChiara）、李·科佩尔曼（Lee Koppelman），《住房规划与设计准则手册》（*Manual of Housing Planning and Design Criteria*，纽约：普伦蒂斯·霍尔出版社，1975 年），第 511 页。

　　建筑规范的管理在小城镇之间差异很大。较大的城镇会聘请一名建筑检查员来检查所有新建筑，以确保符合建筑规范。在较小的城镇，建筑检查员可以是县建筑检查员或城镇雇员，他们同时兼任分区管理员、城镇书记员或城镇工程师。有些城镇从城镇公用事业部门或当地的排水系统和供水部门雇用一个人，每周一天。在一些农村地区，建筑检查员是巡回检查员，可随时为多个城镇服务。

《美国残疾人法》

1991 年，美国国会通过《美国残疾人法》（Americans With Disabilities Act），要求企业和政府为残疾人提供平等的就业、交通和使用公共设施等机会。这意味着所有公开集会都必须是无障碍的。法律还要求向残疾人提供所有商品和服务。这样的场所包括餐馆、旅馆、剧院、自助洗衣店和日托中心等，无论是新建筑还是现有建筑改造均适用。

分区法规应包括审查公共建筑和私营商业设施的出入通道。建筑设计标准也必须包含无障碍要求。地方政府既可以遵循《美国联邦无障碍标准》（Uniform Federal Accessibility Standards），也可以遵循建筑与交通障碍合规委员会（Architectural and Transportation Barrier Compliance Board）发布的指南。有关法规和准则副本，请参阅 www.ada.gov，或致电联邦司法部（Department of Justice）（800）514-0301 查询。

住房规范

在大多数小城镇，建筑检查员还负责管理城镇住房规范。**住房规范**（housing code）规定了一套住宅单元在建成后如何使用和维护的标准。这些标准通常包括拥挤状况、室内管道与供暖、空气质量以及消防安全等（表 18-1）。例如，住房规范可能将不合标准住房定义为缺少管道设施，或每个房间的人数超过一人。其他住房标准可参照城镇规划住房分项所列的标准、轻微不合标准、严重不合标准以及危房等定义。请与县卫生办公室、州住房与规划机构、区域规划机构或专业规划顾问联系，以帮助编制住房规范。

鉴于大多数小城镇人员有限，住房规范执行起来可能很困难。处罚可包括对违反住房规范的住宅单元实施每日罚款。

特殊目的条例

城镇可以使用**特殊目的条例**（special purpose ordinances）来保护和改善社区的外观，解决邻里冲突。这些条例可添加到分区条例中，也可单独列出，以强调其重要性。**妨害条例**（nuisance ordinance）是个例外，必须始终单独制定。规划委员会可在州和区域规划机构、其他城镇或专业规划咨询机构的帮助下，编制除妨害条例以外的其他特殊目的条例。妨害条例须由城镇律师或其他律师与规划委员会和城镇警察局协商编制。城镇采用单独的特殊目的条例时，其内容必须与分区条例的对应部分相互参照。

特别目的条例包括：

- 卫生或化粪池系统条例。
- 农业用途条例。
- 设计审查条例。
- 历史建筑条例。
- 树木覆盖条例。
- 雨水管理条例。
- 井源保护条例。
- 标志条例。
- 日照条例。
- 妨害条例。

设计审查条例和历史建筑条例将在第 20 章"实现小城镇经济发展"部分进行讨论。

卫生条例

许多城镇有**卫生条例**（health ordinance），用以规范现场化粪池系统的选址、类型和管理。此条例旨在确保地块规模和土壤足以吸收现场排放的污水，从而避免地下水污染和污水回流至地面。城镇还可要求业主大约每三年将其现场化粪池系统抽空一次。缺乏维护的化粪池系统出现故障，污染了地下水，并产生将排水与供水管线延伸至这些住宅单元的需求。这种延伸成本非常高，往往还会助长蔓延式扩张。

城镇土地细分与土地开发条例通常会包括有关化粪池系统的规则。一个或多个新地块细分在获得批准之前，必须由专业工程师进行渗滤测试，以确定是否可以使用现场化粪池，如果可以使用，还必须确定用于该地产的最佳系统类型以及将系统放在何处。

农业用途公告

按照现今的实践来看，农业主要是一个工业过程，涉及使用化肥、除草剂、杀虫剂和重型机械等。虽然农场看起来很有吸引力，但是住在农场附近可能会有一些不便，甚至有危险。几乎每个州都有农业权法，为农民提供一定的保护，使其免受邻居抱怨正常农业活动的妨害诉讼。尽管如此，这些法律尚未在法庭上得到广泛的检验。此外，这些法律并不能阻止邻居将农民告上法庭，并花费农民大量金钱来进行辩护。不过，农业权法为农民带来一定的胜诉保证，但如果农民的行为对邻居财产造成了水污染，那么他将不受农业权法的保护。

减少农民与非农邻居之间冲突的更好办法是在城镇分区条例中加入《农业用途公告》（*Agricultural Use Notice*）。位于农业区内或毗邻农业区的所有产业的潜在买家和现有土地所有者均须预先得到警告，农业作业会产生噪声、粉尘、气味和喷雾等，这些往往会溢出到邻近土地上。我们强烈推荐如下《农业用途公告》：

> 农业用地分区内的土地主要用于商业性农业生产。农业用地分区内的业主、居民和其他财产使用者可能因常规和公认的农业活动和运营而遭受不便、不适，并可能对财产和人身健康造成损害。财产所有者、占用者和使用者应准备接受正常农业作业带来的不便、不适和可能造成的伤害，并被正式通知，州《农业权法》可能会禁止他们获得反对正常农业经营的法律判决。[1]

资源管理地役权

爱达荷州博内维尔（Bonneville）县和弗里蒙特（Fremont）县采用了另一种手段，即要求在农业用地分区内或毗邻农业用地分区的新住宅开发要有**资源管理地役权**（resource management easements）。地役权承认，拟建住宅位于农业用地分区内或毗邻农业用地分区，居民可能会受到噪声、气味、粉尘和正常农业活动带来的其他影响。资源管理地役权放弃了房主反对在邻近土地上合法耕作的合法权利。在签发建筑许可证和任何施工开始之前，地役权作为土地所有者契约的一部分记录下来。

必须强调的是，农业权法、土地分区免责声明和资源管理地役权等，均仅保护正常且合法的农业经营活动。违反州或联邦法律的农业行为，比如饲养场径流造成水污染等，则会成为非农邻居提起诉讼的理由。城镇政府还可以通过一项决议，不颁布会限制正常农业活动的类型或时间的妨害条例。

退界

减少农民与非农民之间冲突的另一个好方法，是在农业用地分区和邻近的居住分区、商业分区或工业分区等使用**退界**（setback）要求。例如，农业用地分区可要求所有新建农场建筑距离最近的地产线至少 300 英尺。居住用地分区条例可以规定，任何住宅均不得建在距离农场边界不足 100 英尺的地方。宾夕法尼亚州马诺镇（Manor town）甚至禁止住宅土地所有者在农场边界 30 英尺内种植树木，因为树荫会降低作物产量。

一个值得考虑的设计解决方案是，要求在农田附近建造的房屋集中在一起，这样居住用地上的开放空间可以作为缓冲区，以限制住宅和邻近农场之间的影响。建议仅在城镇已建成区域附近进行组团式开发，特别是在有公共排水与供水设施的地方。在远离公共服务的农村区域采用组团式开发，只会助长蔓延式扩张和将农业用地转为非农业用途。

雨水管理条例

雨水径流会对土地所有者的财产和邻近财产造成重大损害。城镇可以通过**雨水管理条例**（stormwater management ordinance）来控制开发对径流、地下水补给和整体水质的影响。条例应包括指导原则，以协助开发商为开发选择适当的雨水管理技术。条例应列出雨水管理设施，如常年使用的池塘或临时储水池等，这些设施可以提供开放空间、野生动物栖息地以及捕鱼和溜冰等娱乐活动。较大的城镇可能会考虑建造雨水排水管道。其他技术还包括多孔路面和渗流坑。草甸或草带可以减缓径流，增加地下水补给。

井源保护

联邦《安全饮用水法》制定了《井源保护计划》（Wellhead Protection Program），要求每个州制定保护社区供水井源区域的计划。市政当局和社区供水系统可获得拨款，以协助制定井源保护计划，保护来自地下水的公共饮用水供应。

城镇首先需要组建一个团队来编制并实施《井源保护计划》。团队应由 8 ～ 10 人组成，如民选官员、主要用水户、开发商、规划委员会成员、环保组织代表、供水系统经理、保护区官员、农民和律师等。如果地下水源部分或全部位于相邻市政范围内，则还应邀请相邻社区的代表参加。专业规划师可以提供指导。

然后，团队要确定提供公共供水系统的水井或井源周围的土地区域，污染物很可能通过这一区域到达所有水井。水文地质学家应划定井源保护区，使之成为优先保护区。最好利用 GIS 制作地图，地图应确定三个特定分区：

1. Ⅰ区（Zone Ⅰ）是井源周围半径为 100 ～ 400 英尺的圆形区域。Ⅰ区的任何新水井均须由自来水公司拥有或控制，以禁止可能污染水井的活动。

2. Ⅱ区（Zone Ⅱ）包含泵送条件下会形成水井的土地。这一区域取决于当地地下水条件和水井的抽水量。通常为井源周围半径为 1/2 英里的圆形区域。

3. Ⅲ区（Zone Ⅲ）为水井提供大量的地表水或地下水，通常位于井的上坡处。

在绘制井源保护区地图后，团队应确定来自住宅用途的现有和潜在污染源，例如：

- 化粪池系统、庭院化学品的使用以及废弃水井。

- 商业用途，特别是加油站、干洗店、垃圾场和洗车场等。

- 运输用途，可能会产生石油和汽油径流、泄漏和路盐等。

- 工业用途，特别是化学制造业、储罐、管道和采矿业等。

- 农业用途，如饲养场、粪肥储存和施用，以及农药、除草剂和肥料的不当储存或施用等。

- 公共机构或公共用途，尤其是垃圾填埋场、污水处理厂和高尔夫球场等。
- 危险废物场址。

接下来，团队应评估用于井源保护的替代手段和技术。社区可使用多种有效的监管和自愿技术来保护井源区域。井源保护叠加区可以限制井源保护区内允许的土地用途类型。限制措施可包括禁止某些用途，或实施有条件用途程序，以确保新开发项目选址适当，避免污染地下水。

最后，城镇可以在井源保护区周边的公路上设置井源保护标志，以提醒私人土地所有者和公众注意井源保护区的位置和重要性，以及在发生污染物泄漏时须通知有关部门。有效的井源保护需要合作，包括公共供水机构、一个或多个获得饮用水的社区，以及井源所在的一个或多个社区。

城镇或村庄增长边界

城镇或村庄增长边界（town or village growth boundary）为排水与供水管道的延伸以及学校和主要道路的位置设定了限制范围，这些都是社区增长的主要推动者。通过限制这些设施的扩建和选址，城镇或村庄可以鼓励更紧凑的开发模式，与蔓延式扩张模式相比，紧凑型开发模式更经济，且更容易提供服务。此外，增长边界有助于避免城镇与县之间的合并之争。

为了形成增长边界，城镇需要完成两项任务：

1. 城镇需要根据人口增长和经济增长情况，估算未来 20 年需要多少新土地用于开发。

2. 城镇需要确定确切的边界。划定边界可能需要与周围的县、邻近城镇或乡镇，甚至是附近的城市签订书面协议。

美国自 1958 年以来一直使用增长边界，也称为**城市服务区域**（urban service areas）。俄勒冈州从 20 世纪 70 年代早期开始使用村庄增长边界，宾夕法尼亚州兰开斯特县（Lancaster County）自 1993 年开始使用村庄增长边界。

保护地役权

保护地役权（conservation easement）是一项具有法律约束力的合同，其中土地所有者同意将其财产开发权出售或捐赠给地方政府、州政府、联邦机构或私人非营利性土地信托机构。保护地役权在县法院登记，并随土地一起使用，因此，保护地役权中规定的土地利用限制适用于未来土地所有者。大多数保护地役权是永久性的；因此，保护地役权下的财产被称为"受到保护的"。有些保护地役权也可能有固定期限，比如 30 年。

在全美国范围内，有 1500 多家土地信托机构积极获得保护地役权，并保留了 1200 多万英亩土地。许多土地信托机构都以当地为重点，并尤其关注在发展压力下可能会占用开放空间的大都市边缘地区。

150 多个地方政府和 25 个州制定了购买农地保护地役权计划，保留了 200 多万英亩土地。联邦政府通过多个计划购买保护地役权，包括湿地保护区计划和草原保护区计划。

出售或捐赠保护地役权是土地所有者与政府机构或土地信托机构之间的自愿过程。对土地所有者的吸引力在于，这是一种无需出售土地进行开发即可从土地上获得现金或税收优惠的方式。地方政府的优势在于，保留的土地有助于保护环境和开展农林经营，并有助于将开发引向有足够公共服务的更合适地点。

开发权转让

开发权转让（transfer of development rights）涉及将开发潜力从一块土地转移到另一块土地。为了实施开发权转让计划，地方政府需要确定将开发权从哪个区域转移出来（发送区），以及将开发权转让至哪个区域（接收区），以实现高于通常允许的增长密度。

地方政府通过将权利分配给发送区的土地所有者，并要求开发商购买一定数量的可转让开发权，以便在接收区以更高的密度进行建设，从而形成一个可转让开发权市场。例如，马里兰州蒙哥马利县（Montgomery County）将每 5 英亩可转让开发权，分配给开发权发送区的土地所有者，然后要求开发商以每英亩 3 套住房的价格购买开发权，而不是每英亩 2 套住房。

开发权转让在都市边缘地区取得了成效，这些区域开发压力很大，开发商可以购买可转让开发权，以更高的密度进行建设，并赚取额外利润。宾夕法尼亚州的多个乡镇已经设立了开发权转移计划。开发权转让在农村地区效果不佳，因为开发权发送区通常非常大，而且对新住房的需求又很少。

树木覆盖

城镇可以通过树木保护条例来维持现有的**树木覆盖**（tree cover）范围，要求使用树木作为缓冲区来保护敏感土地，并鼓励沿街道种植树木。城镇可以要求开发商保留一定比例或数量的树木，以替换在施工期间被破坏的树木，并在场地上种植树木，特别是在道路沿线或停车场之间。灵活性很重要，因为在某些地点保留或种植树木可能很困难。此外，树木条例应确保公用事业通行权不受树木影响。

标　志

标志吸引注意力，提供信息或广告。地方**标志条例**（sign ordinance）是一种特殊的设计审查条例，对标志的类型、大小和位置以及标志材料等均有一定限制。例如，许多城镇分区条例已将广告牌的位置限制在商业用地分区和工业用地分区。

标志管控事关安全与美观。大多数标志条例限制可能导致交通问题和引发视觉混乱的广告标志。在带状开发沿线，巨大而明亮的标志会分散司机的注意力，引发危险；在商业主街上，杂乱无章的标志会有损城镇外观（图 18-1）。关于标志的内容没有争议。根据美国宪法第一修正案，试图控制标志内容可能会侵犯标志所有者的言论自由权利。

规划委员会在编制标志条例时，应咨询当地商户的意见。这种合作产生的条例往往更可行，也更容易让人接受。

许多城镇都禁止使用超过一定高度或超出建筑物一定距离的标志。一些城镇禁止设立广告牌和便携式标志。消除不合格标志的一个公平而成功的方法是，规定业主在 3 ~ 5 年的时间期限内移除或更换不合格标志。这种方法称为**标志分期改造**（sign amortization），不会立即造成困难，还为所有者提供了合理的时间使其标志符合标志条例的要求。

多而混乱

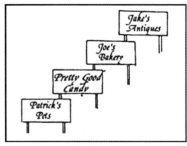

单调乏味

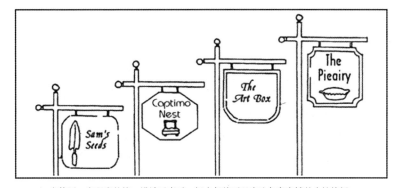

在使用一定程度的统一设计元素后，标志仍然可以表达各家店铺的个性特征

图 18-1　标志的多样性、统一性和个性表达

获取日照

日照获取条例（solar access ordinance）有助于确保新建筑物和现有建筑物改造不会影响邻近建筑物的太阳能加热装置（不论是主动式还是被动式）获取日照。条例可对新建筑物的高度、地块覆盖率、位置及改建措施等加以限制，以保护现有建筑物可接收到阳光照射。同样，条例亦可允许新建筑物在某些不同地点选址，例如零地块线（即，建筑与地产线之间不存在退界），以便最大限度地获取日照。

条例应考虑到建筑物在冬季几个月的日照情况，因为冬季日照角度较低。在城镇颁布此类法令之前，有些州可能需要州授权立法。例如，俄勒冈州自 1981 年以来就批准了当地的太阳能使用条例。太阳能加热装置可以帮助单体建筑的业主节约使用不可再生能源，还可以节省资金。从长远来看，在全镇范围内，太阳能加热设备可以减少社区的能源支出，为社区节省更多资金。

妨害行为

妨害条例（nuisance ordinance）是城镇管理机构为保护城镇居民健康、安全和福利而颁布的一项特殊法律。妨害是指土地用途或行为对邻近业主或公众带来伤害或烦恼。妨害条例是解决土地利用冲突的一种方法，否则可能会在邻里之间造成伤害或冲突。

州法律一般为城镇提供授权立法，以规范各种各样的妨害行为，包括：

噪声：狗吠声、音乐吵闹声、施工以及其他噪声等均可能受到管制。制定具体的规定比较有帮助，比如，"晚上 10 点至上午 8 点之间不允许发出令人反感的噪声"，以及要求受害人在报警前尝试解决问题。一些城镇采用最高噪声等级限制，如 65 分贝。

不良气味：燃烧树叶、有毒喷雾剂、肥料和其他物质产生的难闻气味均可能会受到管控。除了令人反感外，它们还可能对人的健康造成危害。

视觉上不美观的物品：院子散落着垃圾，或允许草坪长得太高，这些都会降低邻居对其财产的享受，也会降低邻居的财产价值。

危险建筑物：妨害条例可要求拆除弃置和破旧的建筑物。这样的建筑物对儿童来说可能是很有吸引力的滋扰物，而且由于建筑物破旧不堪，对他们的安全也构成威胁。

受理妨害投诉是当地警方的责任。违反妨害条例可被处以罚款、监禁，或二者并罚。

小　结

小城镇只有在愿意并有能力执行条例的情况下，才应采纳建筑与住房规范或特殊目的条例。人口超过 5000 人的城镇应该有建筑规范和住房规范；这些规范也适用于较小城镇，但人口规模低于 1000 人的城镇除外，因为缺乏足够的人口可能会造成问题。

特殊目的条例通常有助于保护和改善城镇的外观，解决邻里冲突。农业区域应与非农业住宅开发分开，应允许农民从事标准农业活动，而不必担心妨害投诉。城镇如拥有数幢具有历史或建筑价值的建筑物，应考虑通过一项设计审查条例，以保护这些建筑免受不美观的改建和毗邻设置视觉上不协调建筑的影响（见第 20 章"实现小城镇经济发展"）。

如果几座老建筑聚集在一个独特区域，则城镇应考虑设立一个历史街区。历史街区可以成为旅游景点，有助于促进地方经济多元化。树木条例可以帮助提供树荫、防风林、缓冲区和吸引人的外观。雨水管理条例有助于保护水质和财产。标志条例旨在确保商业标志不会构成危险或严重缺乏吸引力。日照获取条例旨在保护现有建筑物暴露在阳光下，以便利用太阳能加热设备。从长远来看，这些设备有助于节约能源，节省费用。妨害条例为土地利用冲突提供了简单的解决方案。妨害条例可以规范各种问题，如噪声、气味、视线和危险建筑物等，这些都可能对健康、安全或个人财产享用构成威胁。

注释

1　宾夕法尼亚州兰开斯特县（Lancaster County）沃里克镇（Warwick Township）。

第三部分

小城镇可持续发展

第19章

小城镇的设计与外观

引 言

　　小城镇经常让人联想到绿树成荫的街道和人行道，维护良好的房屋，舒缓畅达的交通，还有居民购物和社交的城镇广场。虽然大多数行业为获得更多的空间而搬到城镇边缘的新设施中，以避免城镇中心的拥堵，也更靠近铁路、州公路或州际公路，但它们仍然看起来像是城镇不可分割的一部分。在城镇中的几乎任何地方，你都可以看到周围的乡村。城镇秩序井然，整洁而安全，功能完善，是居住和谋生的好地方。城镇也是一个社区，既有认同感、历史感和特色，也了解自己在世界上的位置（图19-1）。

图 19-1　密歇根州特拉弗斯城前街
照片由詹姆斯·塞吉迪提供。

　　随着社区的发展和变化，其特殊性也会发生变化，但良好的规划可以帮助保持只有小城镇才有的某种魅力。随着越来越多的大型零售商和特许经营店寻求在小城镇落户，变化和经济扩张常常给社区面貌带来压力。保护和延续城镇的特色、认同感和外观，是一个远不止街道两旁树木林立、主街店面鳞次栉比的过程。一个城镇的整体外观是居住和工作在那里的人们生活质量的重要组成部分。建筑物和公共场所使社区值得关注。视觉品质决定了城镇的特征，也显示了城镇居民如何看待自己。城镇的这种视觉品质对居民和游客都很重要。小城镇的传统设计也反映了居民和企业主更喜欢位于城镇中心的土地利用模式。

吸引力也可以是一种经济资产，可以吸引游客和新企业。一个精心设计的社区可以利用城镇规划过程和土地利用法规来帮助新建筑融入城镇的视觉结构，保持城镇特色。社区必须既宣扬自己的独特性，又仍然是区域结构的一部分。

好的社区和好的设计会随着时间的推移而不断变化。因此，随着社区和品位的变化，良好的城镇设计必须具有灵活性，必须适应变化。良好的城镇设计是围绕一些关键理念构建的，这些理念赋予城镇以认同感、场所感和特色。新建筑以及商业与住宅开发的开发商、建筑师和建设者，都必须尊重原有建筑和当地的特色、品位和传统。不同时代、不同风格的建筑必须互相融合，形成连贯的区域、邻里街区和街景。

改变土地用途和兴建新建筑物并不意味着必须牺牲社区的特色。一栋建筑或一个开发项目如何与其他建筑相适应并融入整个社区，取决于建筑物的外观、规模、建筑风格以及使用的色彩与材料。在制定条例来规范新建筑物设计和老旧建筑改造之前，城镇居民应该了解其城镇的设计与特色（表 19-1）。

优秀城镇设计的关键要素	表 19-1

- 为人与活动创造场所
- 利用现有模式进行建造，即了解环境关系
- 宣扬社区的地方认同感和独特性
- 建立联系
- 混合多种用途
- 在品质上投资
- 具有灵活性，预见变化

小城镇的形式与功能

著名规划师和设计师凯文·林奇（Kevin Lynch）确定了五个设计要素，这些要素是城镇建筑街区的组成部分，共同构成了城镇的形式，分别为：区域、路径、节点、地标，以及边界。这些要素的相互作用方式极大地影响着城镇的外观与功能（图 19-2）。

小城镇中有两种景象最令人喜爱，即商业主街和周围邻里街区绿树成荫的街道。这些古雅的邻里街区、城镇中心和其他别具一格的区域都独具识别性，这些识别性是由其所在的位置、建筑类型和用途形成的。如果一个城镇想要拥有那种特殊的场所感，所有这些邻里街区、商业与政府建筑、教堂以及文化场所等，均应在步行距离范围之内。

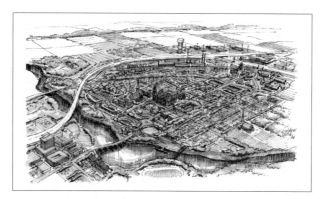

图 19-2　城镇设计要素鸟瞰图

图片由罗伦·迪格提供。

路径（path）导引人们在区域间或区域内行走，或为通往社区的公路提供出入口。路径的形式多种多样，可以是一条街道、一条人行道、一条运河、一条绿道，也可以是一条铁路线。路径赋予城镇以组织和形状。人们通过路径来感受城镇。

人们聚集的场所形成城镇的中心。这些地方可能包括两条或多条路径的交汇区域、中心商务区中间的城镇广场，或者每个人都想赶过去凑热闹的地方。从当地的小餐馆或咖啡店到面包店或杂货店，或到乡村绿地、城镇公园或镇政府，其中有些地方是正式的场所，有些则是非正式的场所，人们很可能会在那些地方互相遇见。雷·奥尔登伯格（Ray Oldenburg）把这样的地方称作"第三场所"[1]。这些第三场所是营造社区感和场所感的关键，也是小城镇设计的重要组成部分（图 19-3）。

每个人都应该能够指出一些有助于赋予城镇独特识别性的东西。**地标**（landmark）可以是一个显眼的建筑物或场所，很容易找到且提供了参照点，也可以是那种众所周知的特殊地方，比如，教堂旁边的老橡树，或是"史密斯奶奶的地方"。这些场所都是日常生活的一部分，就像法院或战争纪念馆（War Memorial）一样重要。

在社区中心设置地标，比如位于城镇广场中央的法院大楼，有助于增加地标的重要性。有些地标可能在城镇外部，但在人们的视野范围之内，比如一个小山包、一座山峰或一座水塔等。

社区的每个部分都应有自己的识别性。**边界**（edges）有助于使邻里街区或区域彼此分开，并将城镇组织成不同的区域。限定小城镇的最重要边界或许正是城镇建成区与周围乡村之间的过渡地带。近年来，这一重要的视觉边界却常常受到破坏，要么被通往城镇的道路沿线的商业带开发打断，要么被城镇外的新住宅开发打断。

这五个实体设计要素与土地综合利用和经济力量相结合，共同赋予小城镇结构、特色、密度和魅力。设计要素形成区域，这些区域由节点组织起来，与路径相交，由边界相互分隔，并以地标作为点缀。如表 19-1 所示，这些要素共同构成小城镇土地利用的总体格局和外观。如果没有清晰可辨的场所，城镇各部分的组合方式又很混乱，就会导致城镇认同感缺失，甚至缺乏美感。

小城镇各个区域的形式是按照其功能形成的。在**工业区**（industrial district），我们经常在城镇边缘看到庞大、老旧的建筑物；而比较现代化的设施则是低矮、平淡的建筑，几乎没有视觉吸引力。老旧建筑的翻新改造以及适当的景观美化，可以使工业区既成为城镇重要的视觉区域，也成为重要的经济组成部分。

住宅区（residential neighborhoods）的视觉环境最为多样化。绿树成荫的街道两旁是体现房主个性的住宅（图 19-4），不过，美国小城镇住宅具有相当一致的特点，4 ~ 6 口之家的住宅只有 1 ~ 2 层楼高。住宅区的一个常见变化是将老旧的大房子改造成公寓。新住宅应适应周围社区的特点。即使是位于城镇边缘的新建小区，也应该与老邻里街区的特色相辅相成。城镇林业计划可以种植新树，清除死树和枯树，从而有助于保持住宅区的外观。

图 19-3　受欢迎的聚会场所　　　图 19-4　住宅区

商业带（commercial strip）通常沿着进出城镇的公路而建。商业带几乎完全迎合汽车使用。路边到处都是停车位，各种标志和选址奇怪的建筑破坏了视觉和谐。如果带状商业无法融入城镇的商业核心，则应将其开发为与城镇的特色融为一体。限制路缘开口（车道）数量，并在公路两侧做退界处理，进行景观美化，可以改善交通流量和带状商业的外观（图 19-5）。

在许多小城镇，**镇中心商业区**（downtown commercial area）的经济实力下降，实体体验变差（图 19-6）。城镇的商业部分取决于有吸引力的步行环境、良好的汽车通道和公共活动。在有些社区，人们仍然可以找到那种本地商店，一层具有商业用途，上面楼层有居住用途。虽然大多数店主选择住在远离店铺的地方，但上部楼层可以提供办公空间或负担得起的公寓。这些公寓有助于把人们留在城镇中心，在商店购物，在咖啡馆和餐馆就餐，从而为区域带来社会活力。

图 19-5　带状开发

照片由詹姆斯·塞吉迪提供。

图 19-6　有吸引力的城镇中心

照片由詹姆斯·塞吉迪提供。

城镇中心也是传统的社会交往中心。这里不仅是朋友和邻居聚会的场所，也是7月4日游行和农贸市场的背景。典型的小城镇中心是**城镇广场**（town square）、**法院广场**（courthouse square）或**公共用地**（commons），所谓公共用地即毗邻或承载政府建筑的宽阔开敞的绿地空间。对于城镇居民和游客而言，广场既是地标，也是活动的节点（图19-7）。

街道与人行道组成的交通系统是社区基本框架，将不同区域联系起来。这个系统将我们居住的地方与我们工作、购物、上学和娱乐的地方连接起来。小城镇的街道格局通常由相互成直角的笔直街道组成网格。这种模式的街道格局虽然没有弧线，也不会随着景观而变换，但确实提供了一种方便的组织城镇的方式，让人们知道自己身处何地。通常，街道以美国总统、城镇历史上的著名人物或树木来命名。

交通系统应提供清晰的方向和安全高效的运输。一般来说，要避免弯曲的街道，因为弯曲的街道会给当地居民带来不便，也会让游客迷失方向。通行者应该能够从道路和街巷上识别出地标。

如果你看一下城镇地图，最明显的特征是路街网络。不同的街巷和道路有不同的目的。回想一下，城镇规划的交通分项描述了三种街巷与道路：干道、集散道路和地方街道。商业和工业用途最好位于干道沿线，因为来自这些地点的交通往往需要出城；地方街道主要位于住宅区；集散道路沿线可能混有住宅和商业建筑。

与郊区不同，小城镇往往不区分商业区和住宅区。在小城镇，步行去当地商店而不是开车去那里很常见。步行对小城镇的活力至关重要，应该通过提供和维护人行道来鼓励步行。

停车一直是对城镇视觉特征的挑战。大多数社区有充足的停车位，但停车位往往分散、不方便，在视觉上也没有吸引力。一个精心设计的停车方案如果既有方便的商业通道，又有树木和其他植被形成视觉屏障，就会有助于停车场与城镇的外观相适应。在城镇中心建筑物后面也应该开发停车场，以提供方便、实用和美观的环境。在可能的情况下，在店铺后方停车场和店面之间建立完善的联系，将会增加出入机会，鼓励使用（图19-8）。

小城镇的大部分特色还来自街道家具，如标志、长椅、路灯和种植器具等。这些细节往往是小城镇设计过程中的事后想法，却会对社区外观产生显著影响，尤其是在街道家具与小城镇的步行尺度相匹配的时候。

小城镇设计的另外两个重要组成部分是**可视域**（viewshed）和进入城镇的**入口**（entry）。可视域从社区向周围乡村过渡的地方开始（图19-9）。入口从乡村通往已建成城镇的地方开始。入口树立了社区的第一印象，而且往往是持久印象。入口可以像公路沿线的几栋房子一样微妙，也可以通过精心设计的欢迎标志来增强效果。社区入口可起到欢迎探索小镇的作用。城镇应注意入口要有清晰的识别性和关键的景点，并保护其免受杂乱环境干扰。

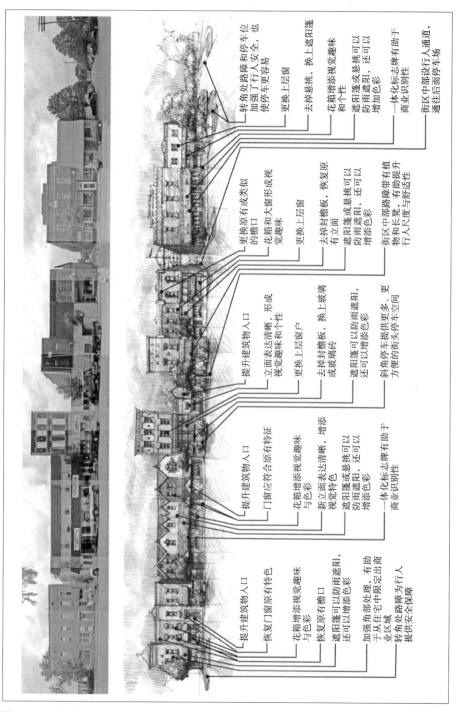

图 19-7　城镇中心的五个设计要素

图 19-8　街区中段的穿越小巷

图 19-9　城镇的门户或入口

评估、保护与加强小城镇特色：设计诊断

独有特色是小城镇的精髓所在。我们如何适应甚至鼓励增长，同时又不失去小城镇的独有特色呢？小城镇设计过程要求政府官员和广大公众了解社区的视觉资源。第一步是对城镇的所有重要物理特征开展调查，并将其记录在地图上。这些信息可以制作成一系列数据层，以便录入 GIS 数据库绘图程序。其中大部分信息将收集起来，作为编制城镇规划的一部分。

规划委员会、工作人员或顾问等可以利用好的底图、社区的 GIS 程序或其他资源，来图示说明城镇设计重要元素和关键特征的位置。除 GIS 程序外，还有许多在线和可下载的地图和航拍照片，可供免费或以少量费用使用（图 19-10）。

规划委员会应从两个方面来考虑社区的设计：

1. 对城镇的整体特色和设计特征进行调查与评估。

2. 较为详细地评估个别邻里街区或区域，特别是城镇中心区（表 19-2）。

你应该特别查找那些确定了各区域和城镇的整体特征的建筑群。在大多数情况下，建立起小城镇真正特色的并不是单体建筑，而是建筑样式和开放空间。

区域层面的社区评估

没有哪个城镇愿意被认为和美国的其他地方一样。一个城镇可以在不抑制发展和创造力的情况下避免几个错误。以下是四条设计经验法则：

1. 保持街区较短。

2. 保持建筑物规模较小。

3. 保护历史建筑。

4. 遵循建筑样式。

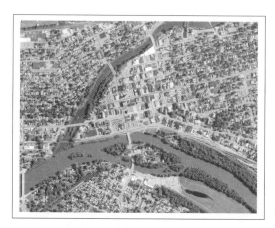

图 19-10　城镇航拍照片

航拍照片由印第安纳州卡斯县（Cass County, Indiana）洛根斯波特市（City of Logansport）提供。

可识别的城镇设计特征	表 19-2
● 独特的自然特征	
● 敏感区域（湿地与陡坡）	
● 景观、视野与可视域	
● 社区入口	
● 开放空间	
● 独具特色或具有历史特色的建筑物	
● 景观公路	
● 地标	
● 边界	
● 节点	
● 区域	
● 路径	
● 破旧区域	
● 视线受阻	
● 独特模式或风格	

短街区可以提高视觉清晰度，鼓励步行。大多数小城镇的标准商业建筑为 2 ~ 3 层楼高。许多城镇的主要街道上都有一排 3 层高的建筑物。在小城镇，一座 10 层高的办公楼（但不是粮仓或水塔）会显得格格不入。同样，一栋 10 层高的公寓楼在住宅区中也会显得鹤立鸡群。一个区域的建筑物应该有大致相同的规模。例如，在住宅区，单层农场风格住宅可以与两层房屋相邻。一个好的经验法则是避免建筑物在大小、高度和特征上发生突变。

在 20 世纪 50 年代和 60 年代，许多小城镇试图使其镇中心的外观变得现代化。旧建筑用铝制外壳、大型标志或大型展示橱窗进行改造，隐藏或取代了迷人的建筑细节。这些现代化尝试大多失败了。从 1976 年美国建立 200 周年开始，历史建筑翻新改造开始流行起来。不仅老旧建筑焕然一新，店面和建筑立面也被清理干净，展现出原有的美观设计特色。这并不是说，每栋老旧建筑都应该翻修改造到崭新的状态，也不是说不应该建造新建筑！而是说，一个城镇应该提高人们对其历史建筑的认识，并为这一特殊资产感到自豪。

调查清单应由城镇规划人员或顾问编制，他们可以评估建筑物的结构完整性和视觉外观变化的敏感性。不过，当地居民在这一过程中也发挥着关键作用。他们可以提供历史背景，如照片、旧剪报和趣闻逸事等，这些都能揭示建筑物或场所的特殊重要性。

当地居民对他们希望建筑环境变成什么样子的评论也很重要。城镇设计过程中的这一环节，将为建立城镇未来所需的视觉特征奠定基础（图 19-11）。

事实证明，两种经常一起使用的技术已被证明特别有用。**视觉偏好调查**（visual preference survey）邀请社区成员查看不同建筑物或公共空间的图片，选择他们喜欢的场景（图 19-12）。图片通常包括来自社区本身的场景，以供比较。为了避免结果带有偏见，视觉偏好调查应由一名或多名经验丰富的顾问进行。

轻微改造过的建筑物

仅轻微改造过的建筑物，通常可以进行简单的"粉刷/修复"处理来恢复相应的特征。

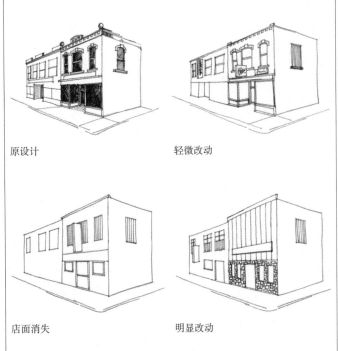

原设计   轻微改动

店面消失   明显改动

做
- 保持建筑物的历史肌理（即维护原始的石头或砖块）。
- 外观做"旧"处理。通过粉刷建筑物的细部、窗饰或檐口等，有选择地添加色彩。
- 在适当地方增加布遮阳篷，与店面或上层窗户相得益彰。
- 保持原有的立面设计和标志牌。

不做
- 遮盖或改变建筑细部，如檐口、上层窗户上方的装饰罩或天窗。
- 对原有砖块和灰浆进行刷漆或抹灰。一座历史建筑一旦被粉刷或抹灰，在不严重破坏砖的完整性的情况下，通常无法再恢复原状。
- 用现代的金属和彩色门窗代替原有门窗。
- 使用大型标志牌或过多的霓虹灯照明。

大幅改造过的建筑物

经过明显改造的建筑物有多种改善选择，选择范围包括从重建原有立面到对其进行遮盖，以减少对城镇中心整体特征的影响

三栋典型建筑：原始状态

做
- 研究是否有可能去除覆盖在原有立面上的材料。
- 尽可能恢复原有立面。
- 添加或加强可能反映相邻建筑物比例样式和线条的元素。
- 增加遮阳篷，以增添色彩，帮助掩饰实质性改动。
- 有选择地增添色彩，以补充相邻建筑物使用的颜色。

图 19-11 城镇设计矩阵（一）

照片由詹姆斯·塞吉迪提供。绘图和其他插图由罗伦·迪格、罗伦·迪格设计与插图公司提供。

268

大幅改造过的建筑物（续）

三栋典型建筑物：小修复

不做

- 使用大而突出的标志牌。
- 继续改变建筑风格。
- 使用突兀、引人注目的色彩或材料。

三栋典型建筑：大修复

新建 / 插建

城镇中心的新建或插建建筑有好有坏。与环境相匹配或反映环境特点而建造的建筑物，是对历史悠久的城镇中心的积极补充。新建筑如果忽视高度、宽度、规模、建筑线条、韵律以及周围建筑使用的本土材料等，通常都算不上城镇中心的好邻居

密歇根州萨顿湾（Sutton Bay）一个插建与修复得当的例子

做

- 使用与周围建筑的样式、色彩和外观相匹配或互补的材料。
- 与相邻建筑物的窗户和店面的大小、比例和韵律相匹配。
- 使用的标志牌不要太过显眼。

图 19-11 城镇设计矩阵（二）

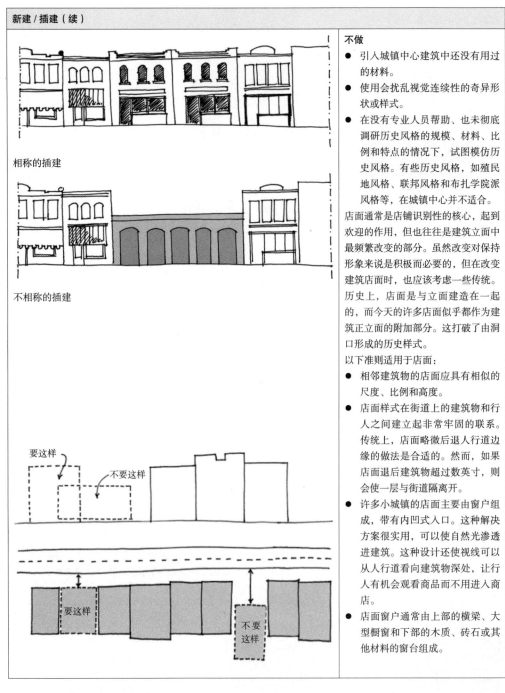

相称的插建

不相称的插建

要这样

不要这样

要这样

不要这样

不做

- 引入城镇中心建筑中还没有用过的材料。
- 使用会扰乱视觉连续性的奇异形状或样式。
- 在没有专业人员帮助、也未彻底调研历史风格的规模、材料、比例和特点的情况下，试图模仿历史风格。有些历史风格，如殖民地风格、联邦风格和布扎学院派风格等，在城镇中心并不适合。

店面通常是店铺识别性的核心，起到欢迎的作用，但也往往是建筑立面中最频繁改变的部分。虽然改变对保持形象来说是积极而必要的，但在改变建筑店面时，也应该考虑一些传统。历史上，店面是与立面建造在一起的，而今天的许多店面似乎都作为建筑正立面的附加部分。这打破了由洞口形成的历史样式。

以下准则适用于店面：

- 相邻建筑物的店面应具有相似的尺度、比例和高度。
- 店面样式在街道上的建筑物和行人之间建立起非常牢固的联系。传统上，店面略微后退人行道边缘的做法是合适的。然而，如果店面退后建筑物超过数英尺，则会使一层与街道隔离开。
- 许多小城镇的店面主要由窗户组成，带有内凹式入口。这种解决方案很实用，可以使自然光渗透进建筑。这种设计还使视线可以从人行道看向建筑物深处，让行人有机会观看商品而不用进入商店。
- 店面窗户通常由上部的横梁、大型橱窗和下部的木质、砖石或其他材料的窗台组成。

图 19-11　城镇设计矩阵（三）

新建 / 插建（续）

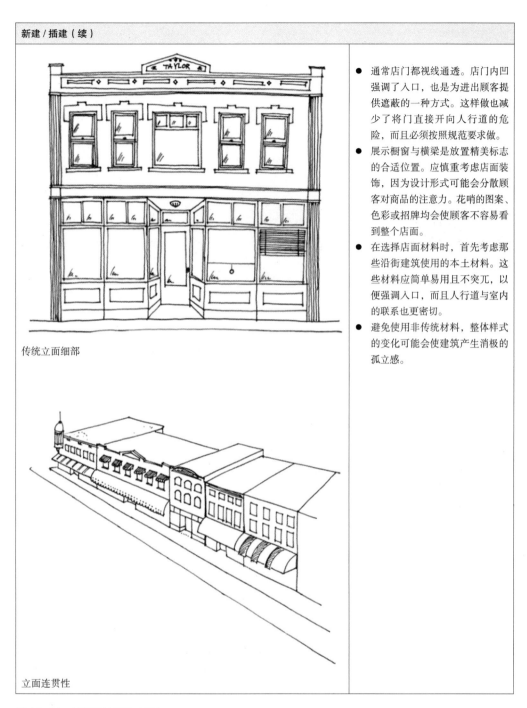

传统立面细部

立面连贯性

- 通常店门都视线通透。店门内凹强调了入口，也是为进出顾客提供遮蔽的一种方式。这样做也减少了将门直接开向人行道的危险，而且必须按照规范要求做。
- 展示橱窗与横梁是放置精美标志的合适位置。应慎重考虑店面装饰，因为设计形式可能会分散顾客对商品的注意力。花哨的图案、色彩或招牌均会使顾客不容易看到整个店面。
- 在选择店面材料时，首先考虑那些沿街建筑使用的本土材料。这些材料应简单易用且不突兀，以便强调入口，而且人行道与室内的联系也更密切。
- 避免使用非传统材料，整体样式的变化可能会使建筑产生消极的孤立感。

图 19-11　城镇设计矩阵（四）

赋予小城镇核心特色的主要是建筑物立面上的细部处理。这些细部处理为单体建筑增添了极佳的视觉效果，使社区的整体街景变得有趣而诱人。

丰富多样的街景吸引着人们来到密歇根州佩托斯基（Petoskey, Michgian）城镇中心

一般建筑细部与街景

多样化的视觉元素、适合步行的设施、宽敞的人行道、行人尺度的照明和大型店面橱窗等，使街道景观的整体特征富有吸引力、舒适，欢迎人们、活动和购物者。街道家具（例如长凳和垃圾容器等）可以增添行人的舒适感和便利感。

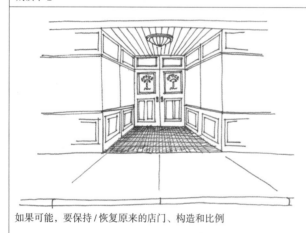

如果可能，要保持/恢复原来的店门、构造和比例

店门

店门是店面非常重要的设计特征。店门不仅供人进出店铺，还可以为店面增添特色和识别性。店门可以隔绝外部气候，还可以带来光线。

在选择店门时，要注意以下几点：

- 使用的店门要模仿原样。如果原有店门已被拆除，要找一张历史照片作为你作出决定的依据（如果可能的话）。
- 要避免"平板"店门。这样的门既不符合城镇中心建筑的特点，也不吸引顾客。
- 带窗户的门通常更吸引人。
- 店门材料应与立面的其他部分相协调。
- 外部楼梯入口（次要入口）的门应有较少细部处理，以避免引起注意。
- 如果你选择铝框玻璃门，要选择深色饰面，而不是反光的。

维护注意事项：所有维护良好的原门均应予以保留。可以增加新的铰链和硬件，使店门更易于开合而且安全。木门应刷清漆或油漆，保持良好密封状态。

糟糕的入口改造：店门照搬现代大门样式，没有窗户，材料也不合适

图 19-11　城镇设计矩阵（五）

立面与建筑细部（续）

密歇根州特拉弗斯城（Traverse City, Michigan）的店面

店面、细部与装饰元素

装饰元素或细部处理为街景增添了视觉趣味和特色。这些可以是雕刻装饰物、线脚、彩色玻璃或彩绘图形元素等。应注意不要在建筑立面上引入过多细节，因为这可能会导致视觉混乱。采用细部处理适用于最初设计为商业用途的建筑，或是已转变为商业用途的住宅。大多数小城镇中心区的典型细部处理是砖艺、石艺或金属细部。

弗吉尼亚州阿宾顿（Abingdon，Virginia）的一个适应性再利用实例，建筑修复高效而又成本最低

建筑细部：修复

在修复城镇中心区建筑细部时，应做到以下几点：

- 找到所有因不适当的添加或改造而被隐藏起来的原有构件。例如，铸铁柱是一种装饰性结构构件，经常被店面的现代化处理所覆盖，而且很可能仍在原处。

- 很多时候，装饰元素的组成部分由于添加现代化标志等改造而被部分移除，或有些组成部分已损坏。保护和保存现有装饰元素非常重要，因为重现细节可能成本高昂。但是，如果可能，建议替换缺失的构件，以匹配现存构件。正是这些细部组合在一起，才构成了建筑物的特色，增强了整个街道的景观效果。

俄亥俄州加利波利斯市建筑砖艺细部（Gallipolis, Ohio）

建筑细部：砖艺

许多建筑立面采用装饰性砌砖工艺。如果必须随时更换砖块，尊重现有砌筑工艺和图案很重要，这包括砌砖的形状或图案以及勾缝。

俄亥俄州加利波利斯市建筑石艺细部

建筑细部：石艺

石艺细部可以很精致，也可以很简单，以强调其他构件。

图 19-11　城镇设计矩阵（六）

俄亥俄州加利波利斯市建筑金属檐口

建筑细部：修复

金属常用于檐口和支架细部。

装饰元素：色彩

建筑物的色彩对其外观影响最为显著。使用互补色粉刷的建筑物很有吸引力，而用单一、平淡的颜色粉刷的建筑则会产生相反的效果。此外，涂料剥落或状况不佳均会使建筑物失去吸引力。

在粉刷建筑物时要注意以下事项：

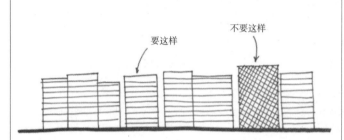

- 要查看邻居房屋，选择一种不会与周围环境发生冲突的颜色，或复制另一栋建筑物的配色方案。成为好邻居对于建立清晰的城镇中心区识别性很重要。

- 天气与阳光会使涂料褪色、受损。要购买优质涂料，正确处理构件表面，并选择不易褪色的颜色。

- 如果你不擅长选择色彩搭配或搭配不好，请考虑咨询有这种能力的人。色彩搭配会使建筑有平淡无奇或令人兴奋的天壤之别。

- 考虑使用建筑物在建造时使用的颜色。大多数主要品牌涂料公司均有用于历史建筑的专用调色卡。

- 不要用深颜色来涂刷细部或装饰镶边。

- 砖砌建筑一旦被粉刷过，一般都要重新进行粉刷，而不是恢复原来的砖砌状态。

- 粉刷前要重新勾勒砖缝（如果有必要的话）。

- 粉刷前要给窗户重新安装玻璃。

- 要清除所有剥落和松动的涂料。

- 请咨询涂料专家，以确定你要粉刷的表面最适合的涂料。

配色简单，加上互补性的强调处理和细部，可以极大地增加建筑物特色

图 19-11　城镇设计矩阵（七）

立面与建筑细部（续）

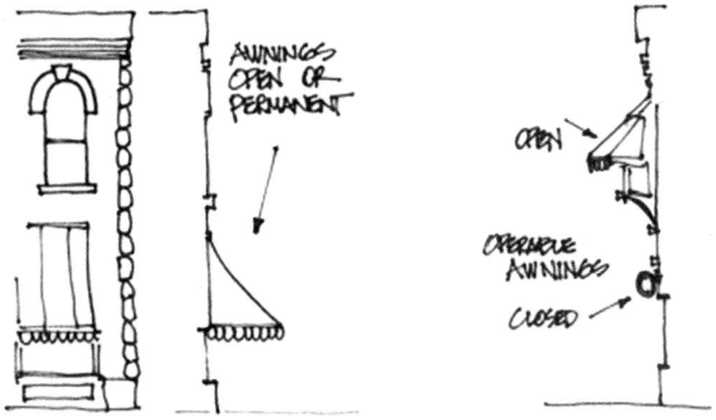

AWNINGS OPEN OR PERMANENT

OPEN

OPERABLE AWNINGS

CLOSED

遮阳篷增添了色彩、特色与视觉趣味，为建筑物提供了人性化的尺度，并保护行人和建筑免受自然因素的影响

装饰元素：遮阳篷

遮阳篷有许多用途，建筑物所有者应将遮阳篷看作是对结构的明智补充。遮阳篷的好处如下：

- 保护商品、室内和家具等免受阳光伤害。
- 为顾客和行人提供阴凉和遮蔽。
- 减少热损失和热增益。
- 有助于建立行人尺度，鼓励街道活动。
- 可操作或固定，有多种款式可供选择。
- 材料多样化：帆布、塑料和乙烯基等。帆布是传统材料，但需要维护。乙烯基耐久。
- 为建筑物增添色彩。
- 在选择遮阳篷颜色时，要考虑有助于增加街道变化性与多样性的颜色。如果建筑物有丰富的细部处理，要使用颜色柔和的遮阳篷。
- 如果建筑物细部处理较少，请使用明亮的颜色来活跃立面。
- 要为标志牌提供有效的空间。鼓励在遮阳篷上做广告。遮阳篷上的标识应主要用于识别，并应仅限于简单的设计形式。
- 遮阳篷应具有耐候性和抗破坏性。
- 要考虑抗风蚀耐久性、色牢度（耐日晒褪色）和抗腐蚀性能。
- 某些颜色比其他颜色更容易褪色。深色往往褪色更快。

图 19-11　城镇设计矩阵（八）

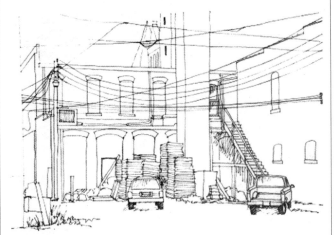

典型的建筑背立面，杂乱无章，有相对次要又明显突出的强化处理

次要强调

明显强调

为上层住宅用途提供服务的背立面改善处理实例

侧入口与后入口

许多商家通过引入侧入口或后入口而大为获益。侧入口或后入口的优势在于，顾客、客户、业主和员工等均可在建筑物后面停车，把通常浪费掉的空间利用起来。后入口无论是否经常使用，都能改善建筑物的整体特征。

人们通常会害怕在小巷里行走。漂亮的后入口也能使小巷行人感到更加安全。现在，更多的情况是在建筑物后面开发停车场。增加后入口或侧入口既迎合人们在这些空间停车的需求，也可以加强消防安全。

以下是有关如何改进或增加侧入口或后入口的一些准则：

- 要清除入口处的所有垃圾杂物。
- 要在门边放置一个小标志牌，带有开店／闭店的标志。
- 要考虑在门道上面设置一个小遮阳篷，以表明门是可打开的，并在使用中。
- 入口附近的窗户或装货台不应用木板封住。这种状态会表示建筑物的后入口或侧入口不能使用。
- 在入口旁边的窗口设置橱窗展示，这将有助于表明其入口用途。
- 出于安全考虑，收银机等应位于两个门均可监控到的位置。

图 19-11　城镇设计矩阵（九）

立面与建筑细部（续）

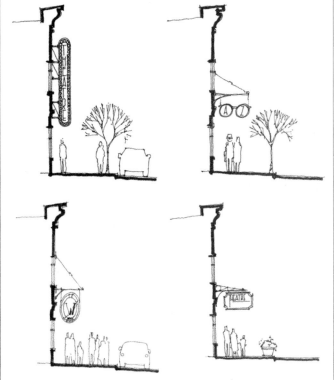

将标志牌类型和配置与行人、街道环境相匹配。

西弗吉尼亚州谢泼兹敦
（ ShepherdStown, West Virginia ）
的建筑标志牌

俄亥俄州格兰维尔（ Granville, Ohio ）
的路标，简单有效

标志牌与路标
标志用于吸引人们注意商店，并有助于形成店铺的识别性和形象。在一个历史悠久的城镇中心区，应该明智地选择标志，以完善建筑物，避免成片聚集式外观。

一般来说，城镇中心的标志应遵循以下原则：

- 使用最小的标志来传达信息。
- 标志不应在立面中喧宾夺主。标志的形状与比例应与建筑物相辅相成。
- 确定你想让谁看到标志。如果想要吸引行人，可考虑在窗户上设置标志，在入口上方悬挂标志，以及在门道上方设置标志。可利用遮阳篷标志和悬挂在墙上的标志来吸引过往车辆。
- 使用能反映和美化建筑材料的材料。
- 使用霓虹灯时应慎重，以免喧宾夺主。
- 城镇中心不鼓励使用背光塑料标志。
- 保持信息简单明了。标志通常是复杂视觉环境的一部分。
- 明亮的颜色可以很好地发挥作用，但不应在城镇中心的建筑或街道景观中喧宾夺主。

图 19-11　城镇设计矩阵（十）

西弗吉尼亚州谢泼兹敦一处砖砌立面实例，维护良好且经过修复

弗吉尼亚州弗洛伊德市（Floyd, Virginia）一处砖砌实例，维护不善、砖块突出

建筑物维护：砌体

维护建筑物的砌体表皮非常重要，因为疏于维护会导致砌体结构加速老化，造成代价高昂的损坏。查找砌体问题不需要训练有素的眼睛。最严重的问题包括砂浆变质和砖块毁坏。不过，找到问题根源及其适当的补救办法可能需要专业人员的意见。通常，水的渗入会引发砂浆或砌体损坏。砌体必须做适当的排水处理，包括适当的防水处理和滴水处理。建筑物所有者应检查砖块和砂浆是否有渗水迹象。如果砂浆已经变酥，水就会渗入砖块。这种情况发生后，砖块的外保护层将会变质，需要更换砖块，否则会危及墙体的结构完整性。

在修复损坏的砌体时：

- 应注意避免明显的修补处理。颜色、构造、灰泥缝的大小以及现有砌体的砌筑方式等，均应尽可能匹配。通常只需要对砖块进行重新勾缝，但同样注意要复制原有灰浆的强度、成分、颜色和纹理。在修补或重新勾缝后，建议进行表面处理以防止渗水。

- 如果砌体立面曾经被粉刷过，则不应从砌体上清除粉刷的涂料，也不应从根本上改变粉刷涂料的类型或颜色。粉刷涂料对砌体起到保护作用，将其清除掉可能会对砖块造成损害。

- 仅在必要时才建议清洗砌体，以防止砖块腐蚀，或清除严重污垢。如果砌体已粉刷过，且仍处于良好状态，则可以进行清洗。如果砌体脏污，微生物会在砌体上繁殖，久而久之会对砌体产生破坏作用。清洗砌体不是一件容易的事，建议咨询专业人士。

砖砌体不应进行粉刷，而一旦粉刷过，就应保持粉刷状态，田纳西州琼斯伯勒（Jonesborough, Tennessee）的这个例子即是如此

田纳西州琼斯伯勒一处实例，维护不善、砖块脏污

图 19-11　城镇设计矩阵（十一）

立面与建筑细部（续）

建筑物维护：窗户

窗户为室内发生的一切与外部世界之间提供了联系，也设置了屏障。对于商业建筑来说尤其如此。店面橱窗给街景带来了视觉吸引力，也提供了一种展示商家所能提供商品的手段。窗户还为建筑内部空间提供了自然光线与通风。

窗户选择不当或维护不善会造成严重的能源损失，也会加速建筑物的损坏。窗户还有助于赋予建筑特色。装饰镶边、遮阳篷甚至不同大小和形状的玻璃窗格，通常都被用来进一步区分建筑物，增强建筑物个性。

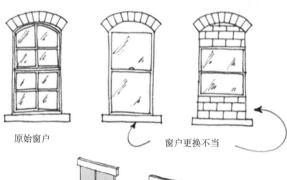

原始窗户　　　　　　　窗户更换不当

窗户是建筑设计中不可或缺的一部分。窗户的具体大小和间距取决于建筑物的大小。窗户服务于特定的需求，并与门协同作用，提供室内和室外活动之间的联系。

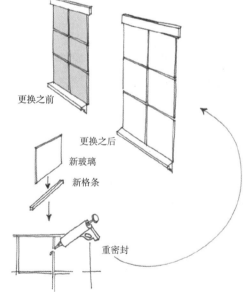

更换之前

更换之后

新玻璃

新格条

重密封

一楼窗户是主要的"交流器"，为其他楼层设定了节奏。上面楼层的窗户用于室内空间采光，并提供通风和气候保护。被认为"具有历史意义"的建筑物必须尊重"与建筑物一起出现的"窗洞口的大小、位置、材料和细部。新建筑必须利用窗户与其邻居相"融合"，以免完全失去建筑师和建造者的初衷，降低建筑物的价值。

窗户应与原有洞口的大小、特征相匹配。窗户装上玻璃并进行修复将有助于保护建筑物的内部和外观

图 19-11　城镇设计矩阵（十二）

立面与建筑细部（续）

视觉上多样化的街景吸引了行人与顾客，西弗吉尼亚州谢泼兹敦镇城镇中心即是如此

街道景观与街道家具

社区的外观和特征不仅仅在于建筑。建筑与街道和人行道的关系、行人的舒适度和安全性以及公共设施等，对表达社区的宜人尺度和个性都大有助益。

俄亥俄州黄泉镇（Yellow Springs, Ohio）的街景尺度宜人

步行空间与宜人尺度

- 街道上的树木和其他植物将行人与车辆隔开。
- 人行道的宽度应足以让两个人舒服地并排行走。
- 遮阳篷和悬挑结构保护建筑物免受风雨侵袭。
- 路灯应按照人的尺度设置。
- 砖或其他铺装材料可以使步行空间更加"人性化"。

图 19-11 城镇设计矩阵（十三）

立面与建筑细部（续）

弗吉尼亚州阿宾顿与佛蒙特州拉特兰（Rutland, Vermont）的种植箱

绿化
- 花箱、种植箱和悬吊花篮为街道景观增添了色彩和视觉吸引力。
- 在选择种植品种和种植位置时，应考虑维护问题。
- 应尽可能选择当地原生植物。

时钟（密歇根州特拉弗斯城—Traverse City, Michigan）、超大图形（印第安纳州农田— Farmland, Indiana）和雕塑（北卡罗来纳州阿什维尔—Asheville, North Carolina）赋予街道景观独特的个性

其他设计元素
许多元素都有助于赋予城镇中心商务区特色。时钟、超大图形、雕塑甚至长椅和垃圾桶等都应成为社区个性与设计不可或缺的一部分。

弗吉尼亚州阿宾顿和沃伦顿的住宅改造为零售店，西弗吉尼亚州谢泼兹敦的银行改造为餐馆，还有俄亥俄州黄泉镇的车务段改造为游客中心

建筑物改造/适应性再利用
随着城镇一再变化，建筑物有了新的用途。改造或适应性再利用有助于保持社区的特色与传统，同时满足不断变化的需求。必须注意对建筑的原有设计个性保持敏感，即使用途变化很大。由住宅向商业的改造特别敏感，必须既符合建筑物的住宅特性，又符合其作为商业用途的新环境。

图 19-11 城镇设计矩阵（十四）

住房与邻里街区

许多小城镇的传统邻里街区都保持着历史模式和特色。狭窄、绿树成荫的街道，便捷的小巷，狭窄的地块，以及坚固宽敞的房屋等，都代表着一个引以为豪的时代。

尽管近年来大多数社区都发生了变化，然而城镇中心附近和周围的社区依然拥有各种各样的住房类型和建筑风格。这些邻里街区还展示了各种各样的住房品质，从整洁而庄严的宅邸到简单的复式住宅，从奢华住宅到可负担性住宅都有。步行可达城镇中心的商业与活动，使得这些社区成为拥有和租赁的理想之地。

这些指导方针的目的是强化、宣扬和维护城镇中心附近社区的独特建筑特征，并为邻里街区植入式插建和新开发提供指导。

优秀实例

意大利式

风格：一般建于 1840 ～ 1885 年，是文艺复兴时期意大利传统住宅的复兴风格。这是印第安纳州拉斐特（Lafayette，Indiana）最常见的房屋风格之一。常见特征包括：通常用砖或木头建造，带有雕刻或铸铁的细部；屋檐悬挑深远，有装饰性支架；高大的双悬窗户，顶部通常有支架或窗套；烦琐的装饰（如壁柱、窗楣、窗台装饰等）以及对称的立面。

墙体：壁板应恢复为原来的状态和材料。粉刷过的砖应重新粉刷，因为很难在不破坏其结构完整性的情况下清除砖上的涂料。涂料颜色应符合历史。高大狭窄的窗户是这种风格的标志。若要修复或更换，应保持相同的尺寸。

图 19-11　城镇设计矩阵（十五）

优秀实例

意大利式（续）

屋顶：屋檐和装饰带易受水和冻融循环等损坏。檐沟和落水管的维护对于屋顶的使用寿命至关重要。屋顶通风是这种风格的建筑另一个容易发生损坏的地方。关于如何在不破坏外立面历史特色的前提下提供充分的通风，请寻求专业建议。

景观：这种风格的住宅通常得益于低矮、间隔均匀的基础植物，单株植物可以强调楼梯、大门和转角。

格鲁吉亚与殖民复兴式

风格：流行于 19 世纪 80 年代到 20 世纪 50 年代之间。这两种风格属于最经久不衰的房屋风格，在今天的新建筑中仍然很常见。常见主题包括：对称，参照了古典建筑，柱子与门廊，通常带有微妙的卷曲形状，比如并非实际建造的隐形门廊或断折的山花等。凸窗和帕拉第奥式窗也很常见。房屋可精致可简单，也可能是带有一些殖民复兴元素的民居或乡土建筑。

墙体：壁板的种类从木板到砖都有。通常，这些原有材料都覆盖着乙烯基或铝壁板，但在经济可行的情况下，应恢复原始材料。在原有材料被覆盖的地方，必须注意不要破坏构件的完整性，并要便于以后去除覆盖物。应评估砌砖工程的完整性，并在必要时重新勾缝和重新粉刷。

屋顶：最常见的是人字形屋顶形式，这种形式容易在屋顶坡面交汇的凹处发生损坏。要检查这些区域，确定屋面凹处防雨板是否需要修理或更换。檐沟的维护也会有助于保护这些区域。

景观：这些风格的住宅非常适合程式化排列或自由形式的有机景观设计。应避免在建筑物地基或地下排水沟附近种植深埋或蔓生植物。

图 19-11　城镇设计矩阵（十六）

折中式

风格：这种传统风格包括不属于主流分类的许多（如果不是全部的话）风格实例，但涉及一些独特的风格类别。折中式可能包括异国情调或多种风格混合，作为构图的一部分，或者涉及某个特定时期或那一时期浪漫化文学中的文化。中东和亚洲的影响是在浪漫主义时期之后出现的，也被认为是在中西部开发和住区中很受欢迎的洛奇构成（Lodge Organizations）的一部分。今天，"折中"一词已流行起来，意思是"东拼西凑"。

墙体：可能包括住宅建筑使用的任何传统材料。

屋顶：受亚洲或其他外来影响的设计形式，除了两坡顶、四坡顶或平屋顶外，可能还会有护墙或其他装饰。

景观：典型实例中可能包括一些外来物种，但也可能以彩色开花的树木、奇异的花卉和多年生植物为特色。

安妮女王式

风格：大多数人一想到"维多利亚时代的房子"，就会想到"安妮女王式"。这些房子通常大而华丽，涂有多种颜色。安妮女王式房屋建于 19 世纪 80 年代至 20 世纪 10 年代，是一种非常受欢迎的风格，现在仍然很普遍。其共同特征包括：屋顶轮廓线富于变化，通常有老虎窗和小塔楼；屋檐下和屋顶上的装饰带通常涂上一种或多种不同于房屋其他部分的颜色。屋檐下也可能有木瓦或装饰性半木边框。

墙体：重新粉刷时，要为壁板选择一种基础颜色，并为每种装饰边框选择不同的颜色。涂料商店可以提供历史上准确的配色方案。要保护装饰带。装饰带一般为木制，很小，而且往往是最先损坏的地方之一。这是安妮女王风格的关键元素之一。门廊是另一个常见元素，应保持开敞而不是封闭。

图 19-11　城镇设计矩阵（十七）

优秀实例

	**安妮女王式（续）** **屋顶**：一般为人字形屋顶，但通常以四坡顶尖塔为特色。这种风格的住宅屋顶最容易在屋顶坡面相交的凹处发生问题。要检查这些区域，确定是否需要修理或更换防雨板。排水沟的维护也有助于保护这些区域。这种风格的房屋中经常损坏或被拆除的元素是屋顶上华丽的金属制品，尤其是沿屋脊、屋脊最高处和四面坡处。应尽一切努力保护和恢复这些元素，在屋面重修工程中这些地方经常被遗漏。 **景观**：这种风格的住宅通常以程式化布局或几何式景观设计为特色。 **工艺美术运动式** **风格**：一组民间的和美学的风格，包括平房与木瓦风格，建于19世纪晚期至20世纪40年代，是最受欢迎的房屋风格之一。 **墙体**：壁板类型通常包括粗锯木护墙板、劈开的木瓦，以及带有裸露木材的灰泥粉刷。这种风格最早起源于英国住宅，以裸露砖块为特色。 **屋顶**：从小型住宅到大型豪宅，各种交错的山墙、坡面和角度都为其屋顶特色。屋面交汇处和滴水边缘都至关重要，在屋面整个使用周期内均需进行维护。 **景观**：在所研究的案例中，没有显著景观特征，不过，这种风格的种种起源确实都表现出一种乡村质朴风格，与安妮女王风格的错综复杂相背。许多早期例子都是在"粗犷"的乡村及其周围建造的，因此多年生植物和本土植物可能与之相得益彰。

图 19-11　城镇设计矩阵（十八）

本节选取的特色案例研究表明，只要在合理范围和预算下进行一些关键性改进，就很有可能成为"好邻居"。虽然并没有考虑到研究区域内的所有房产，但这些案例确实代表了邻里街区的建筑风格和品质范围。如前所述，建议的改进措施不一定局限于所代表的房产，也可以视为与研究案例相像的其他房产的改进理念。

邻里街区店面修复

● 拆除商业店面的非传统饰面，用适当的材料和细部予以替换。

● 恢复原来的栏杆和支架，或使用合理的近似做法。不要拆除，也不要用金属片包裹或以其他方式破坏这些构件。

● 提供遮阳篷来增强街景，提高能源效率，并通过使用壁板、标志甚至照明装置等，形成不同用途的视觉分隔。

● 利用彩绘标志牌作为一种吸引人的、高效而廉价的元素；在其他地方使用压花或贴花的字母标识。要避免使用平常的内部照明荧光标志。

● 提供花箱，以增加视觉效果，美化街景。

邻里街区店面修复

● 重新勾缝、重新做防雨板以及其他维护外部砌砖的措施，以确保建筑寿命更长。

● 用与原有样式、材料和尺寸相似的套件更换门窗。

● 如果构件缺失，要用复制的或相似的设计和材料予以替换，以匹配原来的构件，如此处的扶手。

● 要使用符合历史的遮阳篷等附属构件和珠饰护墙板等细部。

图 19-11 城镇设计矩阵（十九）

住房与邻里街区：复原（续）

邻里街区建筑修复

- 材料与设计适当的简单实用构件可以增强原本沉闷、不符合历史的立面。
- 提供一些像旗子和植物这样的元素来增加视觉效果。
- 装饰元素也可以增强建筑物的功能，比如这个大门廊屋顶，比现有的低坡设计形式更有利于排水和防积雪。
- 提供设计元素，改善所有行走能力的人的可达性，图中所示即为《美国残疾人法》要求的坡道。

邻里街区住房修复

- 要对住房外表面进行清理、填充、上底漆和粉刷，还要对住房进行维护，以提高建筑物的价值、延长其使用寿命。
- 特别是在更换前门时，要使用传统的设计样式和材料。
- 要替换缺失的构件，如图中所示的门廊。参考旧照片和其他方法来确定原有细节，并在可能的情况下复制这些细节。
- 要提供低维护成本的铺路材料，以确保安全和使用方便。
- 新门廊可以用混凝土砌体和经过处理的木材建造，以便延长使用寿命，降低维护成本低。

图 19-11　城镇设计矩阵（二十）

住房与邻里街区：复原（续）

邻里街区住房修复

- 有些改建项目，无论初衷有多么好，结果却降低了房产及其周边房屋的价值。这种不对称双坡顶风格（盐盒风格，saltbox styled）房屋的改造并没有增加建筑面积，且看起来完全不合时宜。要尽可能在建筑风格的传统线条内进行处理。
- 要维护台阶和栏杆的安全性与外观。
- 悬吊花篮维护成本低，又非常吸引人。
- 对植物的维护是保持房屋最佳状态的必要条件。如果一种维护方案坚持下去，则维护景观所需的工作量要比长时间野蛮生长后才加以维护要少得多。

邻里街区住房修复

- 增强的景观效果，如图中所示的落叶树木，有助于保持房屋夏天凉爽，冬天温暖。
- 通过替换年久缺失的构件，建筑物可以变得更有吸引力、更高效、更实用，而不会给房屋增加太多的税收负担。这类改进例子包括适当地更换新的窗户、门和百叶窗等。
- 在不增加太多税收负担的情况下，可以添加较大的构件，这将极大地影响房屋的转售价值。这类改变例子包括更换缺失的门廊，或更换／重新粉刷损坏的壁板等。

图 19-11　城镇设计矩阵（二十一）

288

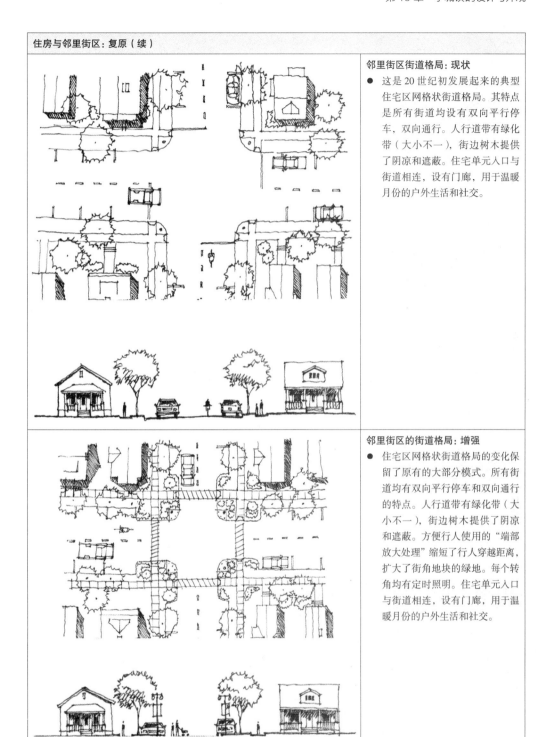

住房与邻里街区：复原（续）

邻里街区街道格局：现状

● 这是 20 世纪初发展起来的典型住宅区网格状街道格局。其特点是所有街道均设有双向平行停车，双向通行。人行道带有绿化带（大小不一），街边树木提供了阴凉和遮蔽。住宅单元入口与街道相连，设有门廊，用于温暖月份的户外生活和社交。

邻里街区的街道格局：增强

● 住宅区网格状街道格局的变化保留了原有的大部分模式。所有街道均有双向平行停车和双向通行的特点。人行道带有绿化带（大小不一），街边树木提供了阴凉和遮蔽。方便行人使用的"端部放大处理"缩短了行人穿越距离，扩大了街角地块的绿地。每个转角均有定时照明。住宅单元入口与街道相连，设有门廊，用于温暖月份的户外生活和社交。

图 19-11　城镇设计矩阵（二十二）

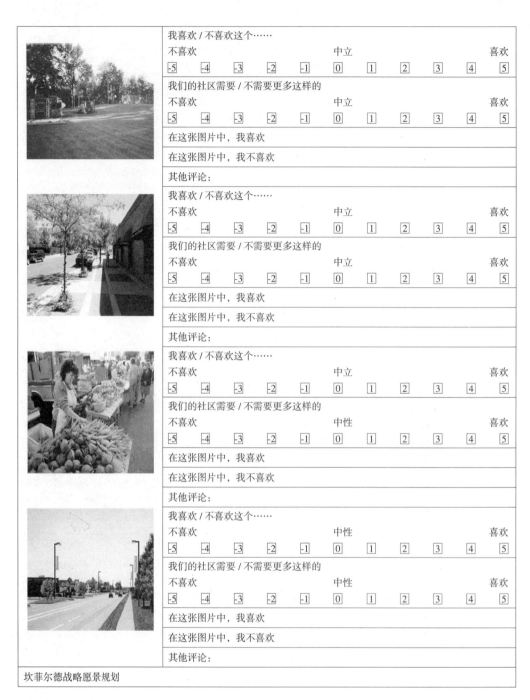

坎菲尔德战略愿景规划

图片1：
我喜欢 / 不喜欢这个……
不喜欢　　　　　　　　　　　　中立　　　　　　　　　　　　喜欢
-5　-4　-3　-2　-1　0　1　2　3　4　5
我们的社区需要 / 不需要更多这样的
不喜欢　　　　　　　　　　　　中立　　　　　　　　　　　　喜欢
-5　-4　-3　-2　-1　0　1　2　3　4　5
在这张图片中，我喜欢
在这张图片中，我不喜欢
其他评论：

图片2：
我喜欢 / 不喜欢这个……
不喜欢　　　　　　　　　　　　中立　　　　　　　　　　　　喜欢
-5　-4　-3　-2　-1　0　1　2　3　4　5
我们的社区需要 / 不需要更多这样的
不喜欢　　　　　　　　　　　　中立　　　　　　　　　　　　喜欢
-5　-4　-3　-2　-1　0　1　2　3　4　5
在这张图片中，我喜欢
在这张图片中，我不喜欢
其他评论：

图片3：
我喜欢 / 不喜欢这个……
不喜欢　　　　　　　　　　　　中立　　　　　　　　　　　　喜欢
-5　-4　-3　-2　-1　0　1　2　3　4　5
我们的社区需要 / 不需要更多这样的
不喜欢　　　　　　　　　　　　中性　　　　　　　　　　　　喜欢
-5　-4　-3　-2　-1　0　1　2　3　4　5
在这张图片中，我喜欢
在这张图片中，我不喜欢
其他评论：

图片4：
我喜欢 / 不喜欢这个……
不喜欢　　　　　　　　　　　　中性　　　　　　　　　　　　喜欢
-5　-4　-3　-2　-1　0　1　2　3　4　5
我们的社区需要 / 不需要更多这样的
不喜欢　　　　　　　　　　　　中性　　　　　　　　　　　　喜欢
-5　-4　-3　-2　-1　0　1　2　3　4　5
在这张图片中，我喜欢
在这张图片中，我不喜欢
其他评论：

图 19-12　视觉偏好调查示例

图片由詹姆斯·塞吉迪和波尔州立大学的基于项目的社区计划（Community Based Projects Program）提供。

290

　　视觉偏好调查的一种变体，是让社区成员使用数码相机拍摄他们认为重要、非常有吸引力或非常没有吸引力的社区或周围区域的照片。在某些情况下，这种拍摄活动可以作为与成年人和 / 或学龄儿童一起进行的社区**漫步**（walk-about）的一部分。把照片打印出来，镶贴在大张纸（如厚包装纸或新闻纸）上，并邀请社区居民根据照片写下他们的评论。这将使城镇很好地了解哪些特征是好的，哪些特征是不好的。

　　视觉偏好调查中通常包含**社区愿景**（community visioning）。这是在设计研讨会中进行的，称作**专家研讨会**（charrette），由规划人员、建筑师、景观设计师和历史保护主义者等组成的团队与当地居民合作，一起绘制出社区将会是什么样子的图片和设计（图 19-13）。产生的结果是关于社区的不同设计、规划场景和选项。最终，应该就社区外观以及新建筑物与翻新建筑的设计达成共识。

图 19-13　进行中的专家研讨会
照片由詹姆斯·塞吉迪提供。

　　现在是社区采取行动的时候了。当地居民、组织和社区领导者应确定和协调项目，推动城镇朝着其设计的目标迈进。这一城镇景观规划应既包括小项目，也包括较大和较为雄心勃勃的项目。小项目很重要，因为可以非常快速而轻松地完成。这些项目的成功使社区保持吸引力，聚集发展动力。

　　在设计项目逐步展开过程中，地方领导者和规划委员会可以协调努力，寻找资金、专业资源（如建筑师）和志愿者等，以帮助城镇实现设计愿景。

　　也许在编制土地分区、土地细分和设计条例时的最佳建议是，这些都应该使现有的城镇得以建设。这样，城镇的历史格局就会得到保护，也会随着城镇的扩张而延续下去。

　　土地分区是帮助建立区域、确定建筑物位置的有用手段。不过，土地分区应允许一些混合用途。例如，中心商务区应允许混有居住、商业和公共用途。楼上有公寓的底层商店可以有效地利用空间，还可以让顾客居住在城镇中心。商业用途应包括杂货店、五金店、商业和专业办公空间，以及专营店等。分区条例中的最大建筑面积可设定为20000平方英尺，不过食品杂货店或折扣连锁店则可能需要多达40000平方英尺的建筑面积。

分区条例还要规定建筑物的高度、容积率、建筑覆盖率、开放空间要求以及从物业线的退界距离等。在城镇中心，零地块线（zero lot line，即允许建筑物位于地产边缘，不受人行道或邻近物业的影响）可能是合适的。通过影响建筑物的规模，分区条例可以决定新建或翻新的建筑物在大小和环境方面如何与现有建筑物相协调。

我们建议在小城镇设计中遵循以下经验法则：

* **在设有集中排水服务的区域，要避免使用最小地块面积为半英亩或更大的大地块居住用地分区。**大型住宅地块是一种郊区设计形式，浪费土地，不利于邻里关系。在设有集中排水服务的城镇，1万平方英尺（不到1/4英亩）的地块已足够大，甚至5000平方英尺也足够大了。较小的地块购买成本较低，也更容易与公用事业服务配套。要允许与街道的退界距离较短。较长的退界距离会形成大面积草坪，这是更为典型的郊区风格，会占用更多不必要的空间。

* **要避免在进出城镇的道路沿线进行带状商业开发。**城镇的入口给游客和居民留下深刻印象，也充分说明城镇的特色。带状商业往往没有经过良好的设计或没有得到维护，到处都是标志，许多路缘坡道（车道）也构成交通隐患。此外，商业带还抢走了城镇中心的生意。要禁止以方便之名把邮政局或市政厅等公共建筑从城镇中心迁往带状商业区。邮局和市政厅是社会互动的主要场所。如果这些场所离开城镇中心，社交活动就会减少；有理由去城镇中心的人就更少，因而更有可能只沿着带状商业街购物。

小城镇最好的设计特点之一是紧凑，这让人们步行出行成为可能。城镇蔓延式扩张是紧凑性和可步行性的大敌，同时也会吸引城镇中心的经济与社会活力。小城镇（尤其是在快速增长的社区）设计面临的最大挑战之一，是如何保持城镇与乡村的各自优势。各种增长管理技术可能会有所帮助，包括：保护用地分区、农业用地分区、购买边缘土地开发权（保护地役权）以维持其作为私人拥有的农场或开放空间，甚至直接购买边缘土地作为公共绿地或公园用地。

* **利用土地分区，允许在适当情况下实行土地用途混合。**传统的土地分区是为了将土地用途分开，例如将居住用地与商业用地分开，将居住用地与工业用地分开等。但是，在小城镇，商店和住宅往往离得很近。这种模式有助于形成邻里街区，使步行去商店非常方便。行人增加了社会互动，而不像郊区那样严重地依赖汽车来衔接居住区和商业区。

* **要避免使用非社区原生的建筑主题和风格。**例如，假的都铎风格设计形式很可

能无法捕捉到老英格兰（Merrie Olde England）的魅力，反而会看起来格格不入，甚至显得很愚蠢。不要试图复制迪士尼乐园！

- **要保持设计特征之间的平衡。** 典型的小城镇中心由古老的两层和三层商业建筑组成。这些建筑构成了互补又一致的街区。高度相差很大的建筑会使街道景观显得参差不齐、杂乱无章。三层的商业建筑由三部分组成：一层为店面，接下来的两层是立面的上半部分，还有连接立面和屋顶的檐口部分。

设计标准有助于保持这三个设计特征之间的平衡。例如，有些店主把他们的店面改造成鲜艳的颜色，以吸引顾客的目光。实施标志管控可以通过限制标志的大小又不减损标志上的信息，来帮助尽量减少这种情况发生。许多商业建筑的上部楼层处于空置状态，或者仅用于存储。上部楼层可以有许多潜在的用途，比如办公空间，或者可以改造成居住空间。

- **业主在修复建筑物时必须有一定的灵活性。** 切勿要求按照博物馆质量标准来修复建筑物。商业和居住建筑均应具有实用性。这通常意味着经济实惠的现代设计与历史特征相结合，比如，既利用现代、节能的窗户，又展示出原有的砖砌工艺。

- **切勿允许新建筑或现有建筑的翻新工程遮挡公共开放空间的日照。** 缺少日照就削弱了公共空间作为聚会场所的作用，也削弱了公共空间内所有地标的作用。

设计审查

设计审查过程旨在保护小城镇免受不美观开发项目的影响，那些项目会有损社区外观，降低房产价值。设计审查是城镇对新开发项目的外观和既有建筑改造设定标准的一种有组织、有秩序的方式。规划委员会可以监督设计审查过程，或者，在较大的城镇，管理机构可以任命一个**设计审查委员会**（design review board）。

城镇应进行社区视觉规划，并通过一项设计审查条例，特别是在旅游业是主要经济活动，而城镇的建筑物又具有历史意义或重要建筑意义时，更要如此。一个有吸引力的城镇对潜在的企业和居民也会有较大的吸引力。最重要的是，良好的外观会给城镇居民带来自豪感，使他们关心自己的社区。人们对郊区社区的普遍批评是，郊区社区没有鲜明的特征，看起来千篇一律。设计审查标准可以帮助小城镇保持或增强场所感。

城镇视觉规划

城镇在编制任何设计法规之前应制定**视觉规划**（visual plan）。视觉规划可以只是一组关于城镇整体外观的建议或准则，也可以应用于特定区域和邻里街区。视觉规划应从现有建成环境和自然环境的详细调查开始。这方面的大部分信息应该可以从城镇规划中获得。

详细调查应在城镇居民心目中树立起城镇不同区域的形象。设计审查委员会或规划委员会随后应进行视觉调查，以确定风景区、景观道路、影响市容之处、应予保护的历史建筑、有助于形成历史街区特色的建筑物，以及可被新建筑取代、而新建筑又可以与现有结构相融合的现有建筑物。这些信息都可以输入到 GIS 数据库绘图程序中。

从调查和调研中，不仅可以得到关于存在视觉问题的区域的简报、照片或图纸，还可以找到改善其外观的机会。视觉规划还可以包括以下方面的建议：如何创建历史街区，设置地标的位置与保护措施，设置路径与节点的位置以及不同路径沿线和节点内部的合适的土地用途，还有边缘如何维护等。

设计审查委员会或规划委员会就拟议的私人开发项目、公共投资及美化工作提出建议时，视觉规划可以作为有用的参考。

设计审查条例

设计新建筑或翻新旧建筑的准则、标准和规章等，必须以州授权立法为基础。请核查你所在州的规划与土地分区授权立法，以确定允许的设计标准。

规划委员会在获得城镇管理机构批准后，可以将设计标准纳入城镇分区条例。或者，也可以将设计标准另行编为单独的**设计审查条例**（design review ordinance）。在这种情况下，城镇管理机构应任命一个设计审查委员会。具有施工、建筑或当地历史知识的公民都是设计审查委员不错的人选。

设计审查委员会要核查所有拟议开发项目的建筑图纸，特别是在历史街区内或任何历史遗址或建筑物附近，以评估其对社区外观的影响。设计审查委员会应检查开发项目的照片或图纸，以了解开发项目将会是什么样子，以及将如何影响街道、邻里街区或整个城镇的外观。开发商也可以对处于周围环境中的拟议开发项目进行三维计算机模拟。然后，审查委员会就拟议开发项目向管理机构提出建议。理想情况下，设计审查委员会的建议应与规划委员会对同一项目的建议相协调。

在大多数小城镇，规划委员会在建筑师的帮助下，也可以作为设计审查委员会。规划委员会应编制一份城镇设计审查条例，其中包含设计标准和设计控制区域（如中心商务区），以处理当地的特殊外观。规划委员会随后就设计审查条例举行公开听证会，并将条例向管理机构推荐，由管理机构予以正式批准。

通常，规划委员会可以将设计标准纳入城镇分区条例。在签发建筑许可证之前，设计标准应处理新建建筑或建筑改建诸事宜。这些标准可以是通用的，分区条例可以规定，在某一区域内"不允许有任何过于不同的建筑物"。例如，在缅因州弗里波特（Freeport, Maine），麦当劳公司建造了一家白色墙板快餐店，没有明显的金色拱形标志，以便与城镇中的其他白色墙板房屋融为一体。

城镇可选择在分区条例中订立比较具体的设计标准，包括：

● 新建筑的高度与宽度、建筑覆盖率、开放空间的要求，以及建筑物与邻近物业和街道的退界等。

● 景观绿化与树木。在可能的情况下，新植被不得妨碍景观视线或破坏邻里街区外观，这并不是说禁止所有的新植物物种，而应尽可能使用本地原生植物物种。入侵性的、外来的植物种类会引起各种各样的问题。

● 在风格和规模看起来不同的建筑物之间的最小距离。

● 物业的地面铺装和整体不透水表面。

● 商业用途或多户型住宅的停车位。

● 屋顶风格。

● 门廊。

● 建筑材料、色彩、纹理、标志与装饰。

设计法规应包括：

● 控制标志的大小与位置。

● 控制建筑物拆除，签发拆除许可证。

● 控制建筑物翻新和新建设项目。

● 控制景观。

如果设计审查条例是分区条例的一部分，业主可向分区管理员和调整委员会申请变通。如果设计审查条例是独立的，则规划委员会会收到变通申请，而管理机构和法院会审理上诉。

尽管这些设计标准和法规对业主来说似乎是一种负担，但是要考虑到，美国有超过15万个业主协会（拥有数百万居民），其中的业主都自愿同意关于他们的房屋和庭院的设计规定。

有些业主和开发商可能认为，设计对于他们的项目批准而言并不重要，而且他们可能也不愿意花钱改善项目外观。设计审查委员会应谨慎地教育土地所有者和开发商，为什么需要良好的设计。

社区还应考虑提供激励措施，帮助开发商达到设计标准。这些激励措施可包括：加快批准项目，或提供财政援助，例如用于改善外观的循环贷款资金，或用于敷设公共设施的增税融资等。

设计主要关乎美学问题。对一个人有吸引力的东西可能对另一个人并没有吸引力。设计标准为土地所有者和开发商提供了明确而公平的指导，并为设计审查委员会或规划委员会就拟议开发项目提供建议打下了坚实的基础，这通常很有帮助。

历史建筑

历史建筑条例（historic buildings ordinance）是一项特殊的设计审查条例，有助于保持具有历史意义的建筑物的特征（图19-14）。将这些建筑划定为历史建筑的目的是为了保护这些现存建筑物，维护其外观，提供可替代拆除的方案，并防止在其隔壁建造不兼容的建筑。历史建筑条例赋予规划委员会权力，在签发拆除许可证、建筑许可证、土地分区许可证或土地细分与土地开发审批前，审查所有拟议的拆除项目、改建项目及毗邻的新建筑物。

正式划定为历史建筑或历史街区（历史建筑集中的地方），可能有助于吸引新投资者来到城镇中心，并可促进现有房产所有者美化他们的建筑。建设活动的增加提供了就业机会，也提高了当地房地产的价值。此外，历史街区还可以成为旅游景点，刺激产生新的企业。

图 19-14　具有历史意义的建筑物
照片由詹姆斯·塞吉迪提供。

联邦、州与地方合作伙伴关系

自1966年美国国会通过《国家历史保护法》（National Historic Preservation Act）以

296

来，历史保护越来越受欢迎。自 1980 年以来，各州可以认证地方政府的历史保护条例，并将每年联邦历史保护基金的 10% 划拨给城镇政府。要想获得资格，社区必须向州历史保护办公室证明：

- 已经由历史保护审查委员会通过并实施了地方历史保护条例。
- 保存有历史文物详细目录。
- 提供公众参与。
- 符合《国家历史保护法》的要求。

然后，美国国家公园管理局（National Park Service）要证明，某一特定建筑具有历史意义，并且规划用途和修复不会大幅改变建筑物的历史价值。只有在没有其他合理选择的情况下，比如出售给另一方、由城镇或州进行修复或保护等，才允许拆除历史建筑。

历史保护投资税收抵免

1976 年，美国国会确定使用投资税收抵免来修复经认证的历史建筑，供商业使用。这些税收抵免使业主可以从其所欠联邦税款中减去一定比例的投资成本。1986 年，美国国会将税收抵免规模减少到投资资金的 20%，将税收抵免金额限制在 7500 美元内，并要求用税收抵免额抵消已修复房产的收入。此外，商业房地产的折旧率延长了。联邦税法的这些变化减少了修复项目的数量。

为了在一定程度上弥补联邦投资税收抵免的削减，一些州已经建立了自己的投资税收抵免计划，用于修复历史建筑。

历史街区

数千座城镇都有几栋仍在使用的老建筑，它们集中组合在一起，形成界定明确的区域。为了保护这些区域的完整性，城镇可以决定创建**历史街区**（historic district）。目前，美国有 10000 多个历史街区。

这些街区有三种类型：

1. 地方性街区，有自己的地方设计审查条例。

2. 经州历史保护办公室认定的地方性历史街区。

3. 同时被列入美国国家历史遗迹名录（National Register of Historic Places）的地方性街区。

前两类街区中的建筑物没有资格获得联邦投资税收抵免。国家注册制度的优势在于，租赁和商业建筑的所有者均有资格获得联邦所得税抵免，以帮助抵消翻修成本。在国家注册区（National Register district）内，凡是经过州和美国国家公园管理局（National Park

Service）认证的可产生收入的房产，均可获得 10% 的投资税收抵免。列入《美国国家历史遗迹名录》的建筑物，翻修时可享受 20% 的投资税收抵免。

有关联邦投资税收抵免和历史街区要求的更多信息，请与你所在州的历史保护办公室联系。你也可以写信给美国国家历史保护信托基金会（www.nationaltrust.org），地址是华盛顿特区西北马萨诸塞大街 1785 号，20036-2117；或者致电（800）944-6847。美国国家信托基金会和国家历史保护办公室也可以提供关于历史建筑条例和历史建筑设计的技术建议。

其他税收优惠

社区也可以通过一种叫作**立面地役权**（facade easement）的税收激励措施，来鼓励修复历史建筑。当所有者改善建筑物的外观或立面时，城镇不会提高对历史建筑的房产税评估。

城镇或私人、非营利组织可以使用的手段是**保护地役权**（conservation easement）。建筑物所有者自愿同意对建筑物实行设计限制，以保持建筑特色。建筑物所有者以地役权契约的形式，将保护地役权捐赠给城镇或非营利组织，地役权契约与房产一起使用，并适用于未来所有者。建筑物所有者可以将保护地役权的价值，即因设计限制而致建筑物公平市场价值减少的金额（由具有资格的评估师确定），作为联邦应税收入的慈善扣除。城镇或非营利组织有权审查和批准建筑物变更，有权监督和执行地役权契约条款，并可以强制所有者纠正任何违规行为。

小　结

小城镇的领导者和居民往往没有将城镇设计纳入其规划工作中，尤其是在通过企业招募发展经济成为当务之急的时候。然而，高质量的外观既是一项经济资产，也是社区自豪感的源泉。游客们喜欢参观令人赏心悦目的地方，整洁有序的社区也吸引着潜在的企业。

设计审查是一个过程，需要在详细调查城镇的设计资源和设计标准的情况下进行视觉规划。设计审查条例可以帮助实施这一规划，以确保在历史建筑附近或在某些社区中不会兴建与历史建筑有太大差异的建筑物，并对新建筑物和翻新项目的建筑设计、面积、建筑覆盖率、色彩、建筑材料和其他元素等进行规范。

设计审查条例必须以州授权立法为基础。对于居民人数不足 2500 人的城镇，设计审查条例应纳入分区条例，并由规划委员会负责管理。对于较大的城镇，管理机构应任命一个设计审查委员会来审查开发提案，特别是如果城镇有几座具有重要历史意义的建筑物可能受到翻修或邻近开发影响的时候，更应如此。

良好的设计对于公共服务和美化项目的明智投资也很重要。设计不仅仅关乎生活质量的问题，归根结底是一个城镇向世界表达自己的方式。仅凭土地分区和设计条例本身不能确保良好的设计。良好的城镇设计来自于当地居民和财产所有者的承诺，即：要维护建筑、景观和公共服务，并以功能和视觉上都具有吸引力的方式进行开发。

注释

1　雷·奥尔登伯格（Ray Oldenburg），《赞美第三场所：社区中心地带"好场所"的鼓舞人心的故事》（*Celebrating the Third Place：Inspiring Stories About the 'Great Good Places' at the Heart of Our Communities*），纽约州白原市：Pub 出版集团，2001 年。

第 20 章

实现小城镇经济发展

引 言

经济发展是许多小城镇规划工作的主要目标。这是人们在社区中谋生方式的长期变化过程。经济发展的目标包括：工作机会更多且收入更高，房地产和销售税基不断扩大，减少贫困，经济更加稳定而多样化，以及改善公共服务。当新技术、新企业和训练有素的工人使人均生产的商品和服务更多、产品质量也更好时，就会出现经济发展。提高生产力的关键是创新、创造力、新技术以及公共与私人投资。私营部门是经济活动的主要来源，但公共部门也发挥着重要作用，二者最好相辅相成。

小城镇的经济发展规划不是"一蹴而就"的事情，而是一个持续过程。小城镇之间差异很大，没有一种经济发展战略适合所有社区。经济发展需要社区、社区领导层、社区组织、社区机构以及社区企业的积极参与。应该不断努力培养当地人才，保留就业机会，并营造一个支持创造就业机会、当地企业和企业家的环境。经济增长应该随着时间的推移而可持续，应该为年轻人提供机会，让他们留在社区工作，或者在大学毕业后返回社区，找到一份好工作。这些目标将需要职业选择、可负担性住房、支持性社区和公共服务，诸如获得优质医疗保健的机会，还要有继续教育、培训以及文化、娱乐的机会。

经济发展计划自美国成立以来就一直存在。例如，在 19 世纪，铁路或房地产公司建立了数十个美国社区。在 20 世纪 60 年代，经济发展意味着招募工业，即更广为人知的"烟囱追逐"。这样做的理由是，一个新的制造工厂可以迅速提供数百个工作岗位，并扩大财产税基础。然而，在过去 40 年里，制造业对国民经济的贡献已有所下降。如今，在美国，服务业和政府部门提供了超过六分之五的工作机会。现在，小型社区将经济发展工作重点放在自助与自我促进、创建与扩张地方企业以及战略规划上。这些社区正谨慎前行，避免过于依赖财务激励和企业招募。

小城镇经常犯的错误是，没有将其经济发展活动纳入综合规划过程。有时，城镇在追求经济发展的同时，很少考虑社区特色或长期需求。经济资产以及社区利用这些资产的方式会影响城镇的增长。编制经济资产清单，制定经济目的与目标，都是综合规划过程中的重要步骤。然而，至关重要的是，经济发展计划必须与综合规划、土地分区和土地细分法规以及基本建设改善计划等相结合，才能使社区尽可能平稳地变革。

经济发展真的有必要吗？

答案绝对是"是"！经济活动是社区财富和福祉的源泉。经济发展对于一个社区的发展和维持其生活质量是必要的，即使社区人口没有增加，甚至在下降。人们很容易想当然地认为，一个社区能够自动地自我维持，并且可以自我修复。事实上，我们非常清楚对住房、汽车或商业等缺乏投资所带来的后果。当一个社区停止自我投资时，衰落很快就会开始，沦为鬼城的威胁会突然变得非常现实。

小城镇要保持良好的就业、良好的公共服务和广泛的税基并非易事。如果税收被用于维持或增加经济活动，一些居民将会强烈抗议。随便访问一个人口基数稳定或下降的小型社区，就会很快了解为什么社区没有增长。这并不是因为人口老龄化，也不是因为大多数年轻人离开了社区，而是因为当地的一家工厂倒闭了，汽车经销商不再在居民人数不足 1500 人的社区经营，或者，主街上曾经多达 47 家的小企业，现在只剩下 28 家了。这些才是人口下降的真正原因，而只有通过积极的社区规划过程和强有力的经济发展计划，才能解决这些问题。

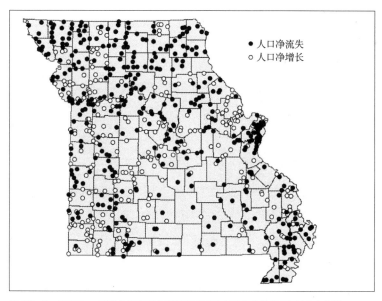

图 20-1　2000～2004 年密苏里州居民不足 1000 人的社区人口变化图

资料来源: 密苏里州社会与经济分析办公室, 2004 年。图片由詹姆斯·塞吉迪提供。

社区规模与经济发展计划的需求几乎没有关系。一个拥有 1 万人的社区可能觉得有必要巩固其作为区域零售中心的地位。而许多约有 1000 名居民的社区，其最大的雇主是学校系统、退休中心，甚至可能是一家小医院。很难预测哪些小社区的人口将会增长或下降（图20-1）。经济发展委员会最重要的活动是支持较大的当地雇主，并努力保留能够营造社区感的日常服务（如，杂货店、咖啡馆/餐馆、殡仪馆、酒馆、药房和报业等）。所有其他服务则均可在附近社区购买。

经济发展对于支持社区意识和归属感也很重要。公共信息计划可以促进"本地购买"活动，促进对商家的商品和服务进行价格比较研究，从而帮助提高品牌知名度。经济发展项目为小城镇的生活和商业提供重要的管理与营销课程。

着眼长远

很多时候，小城镇错误地将经济发展视为一种替代失业岗位或增加地方税收的"速效药"。通常，城镇会尝试吸引一家雇用25名或更多工人的制造工厂（图20-2）。这种策略往往都会失败，因为城镇没有足够的工业场址，也没有足够熟练的劳动力，或者城镇位于偏远的地方（图20-3）。此外，城镇还可能不得不给予慷慨的税收优惠，从而导致税基几乎或根本没有扩大。为吸引制造工厂而采取的税收优惠和其他财政刺激措施，往往会造成"以邻为壑"的结果（例如，一家工厂从一个地方搬到另一个地方，但是并没有创造新的财富，工厂只是四处迁移而已）。如果一揽子激励措施足以吸引一家公司搬迁，那么在未来某个时候，其他社区的一揽子措施或较低的海外劳动力成本可能会更具吸引力。

图20-2　农村工业园区

照片由约翰·凯勒（John W. Keller）提供，2005～2006年。

图20-3　土地免费但没有公共服务意味着没有经济发展

照片由约翰·凯勒提供，2005～2006年。

简而言之，制造工厂的数量正在减少，而不是增加，社区之间对这些工厂的竞争可能非常激烈。许多小城镇一直在努力取代高薪制造业工作岗位；平均而言，零售、旅游和餐饮服务等服务行业的工作薪酬都不如制造业高。

避免权宜之计可能是城镇在经济发展计划中可以学到的最有价值的一课。经济发展需要时间、耐心、财力和人力资源以及长期承诺。一个社区必须花时间来组织和规划它想要如何发展。大多数小社区花了十年或更长时间，才能成功地吸引新公司，并从现有公司创造出新就业机会。一些社区利用了小型工业园区、商业园区和创业项目，也有些社区能够吸引快餐特许经营店和零售连锁店等。

小城镇缺乏经济增长的其他原因包括：

- 缺乏地方经济发展组织和有才能的地方领导人来推动变革。

- 地理位置不佳，如被铁路或州际公路绕过的地方。

- 木材或矿产等自然资源耗竭，使经济基础丧失。

- 环境影响严重的污染 [例如，密苏里州泰晤士海滩（Times Beach）曾因二噁英含量过高而被宣布为不适合居住，并被拆除；如今，这个城镇是一个州立公园]。

大多数小城镇严重依赖一两个行业，如农业、林业、采矿业、旅游业或制造业等，容易受到这些行业内部经济变化的影响。有些城镇已经意识到了这个问题，并寻求使其经济基础多样化。最重要的是，每个社区都必须因地制宜地制定经济发展战略，既要反映其劳动力技能、自然资源、建筑环境和文化资产情况，同时也要满足其自身的需求和目标。

组织经济发展

了解地方经济，营造有利的商业环境

第一步：组织

组织经济发展的第一步，是创建一家非营利性地方经济发展公司。一个好的组织往往比社区规模更重要。经济发展公司独立于地方政府或特定的商业利益，可以持有房产，买卖商业园区地块，并产生债务。经济发展公司应制定战略计划，然后开始计划和活动。

经济发展公司可以制定目的与目标，并探索招募新企业、保留和扩大现有企业以及培育本地新企业的策略。经济发展活动的重要内容包括：

- 改善公共设施（如排水与供水系统和道路等）。

- 提供低息贷款。

- 集中管理城镇中心商务区。

- 商界领袖、政府官员和广大公众的持续参与。

这类公司比以往任何时候都更具有公私合作的性质，将来自政府和商界的人员与资金结合起来，在经济发展项目上开展有效合作。

第二步：了解地方经济

地方经济发展公司、规划委员会和民选官员必须了解人们如何在社区中谋生，以及资金如何在社区中流动（图 20-4）。在小城镇，经济增长主要来自向区域、全国甚至国际市场出口商品和服务。出口基础由那些向社区外输出商品和服务的企业组成。出口基础型企业通常具有良好的增长潜力，因为它们服务于大区域、全国或国际市场。

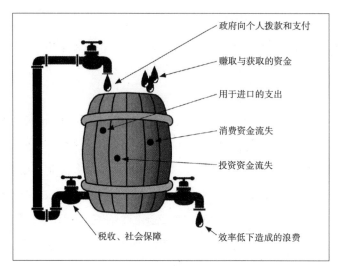

图 20-4　地方经济雨桶观

资料来源:《静态雨桶》,约翰·凯勒改编自《堪萨斯州立大学推广公报》,《社区发展系列》
(Community Development Series), 1991 年 5 月。图片由詹姆斯·塞吉迪提供。

相比之下,二级基础则由向地方市场提供日常商品和服务的企业组成。这些企业包括杂货店、自助洗衣店、酒馆和加油站等。由于地方居民数量相对较少,这些企业的增长潜力有限。

城镇规划的经济基础详细调查可以提供关于出口基础型和二级基础型企业的数量和就业水平等信息。同样,详细调查中也有关于地方财产税基础、贫困程度、劳动力技能和失业率的数据。综上所述,地方经济发展公司可以厘清当地经济的优势和劣势,并找出机遇与威胁。对地方经济的这种分析为经济发展战略和规划奠定了基础。

第三步:土地利用规划与条例

城镇规划、土地分区与土地细分法规以及基本建设改善计划等,都是经济发展活动的重要组成部分。经营者们喜欢有确定性。一个好的城镇规划可以让投资者和经营者了解社区需要哪种类型的开发,以及在哪里开发。这并不是说,小城镇不应该将城镇边缘的农业用地重新分区为商业或工业用途。一份精心编制的城镇规划,加上与之一致的土地分区和土地细分法规,可以为企业提供合理的保证,将相邻土地用途之间的冲突控制在最低限度,并提供必要的公共服务。

城镇可以通过以下几种方式来利用规划流程,协助地方企业发展:

● 通过基本建设改善计划,城镇可以帮助企业获得土地或为企业聚集地块,并提供所需的基础设施。

● 城镇可以就如何达到监管标准和获得所有必要的许可证提供建议。

● 城镇可能希望改变现有的分区和建筑法规,因为这些法规可能会阻碍适当的开发。实际上，有些公司在寻求土地利用监管相当严格的社区，以保护其新办公建筑免受垃圾场或隔壁其他相互冲突用途的影响。

补充材料 20-1　利用互联网促进经济发展

许多人现在从互联网上获取大部分信息。一个希望吸引企业的城镇必须要有网站，提供关于社区、可用建筑物和服务地块以及融资安排的信息。城镇网站应与地方经济发展公司、商会、主街项目、旅游活动、历史遗迹、艺术与文化活动、酒店与餐馆等建立链接。保持网站持续更新也很重要，这样用户才能掌握最新信息。地方官员和经济发展人员可以利用互联网找到关于其他社区以及州和联邦计划的经济发展思路。

社区必须拥有宽带连接，使当地企业能够充分利用互联网。通常，只需要有计算机快速接入，以及联邦快递（Federal Express）与联合包裹递送服务（United Parcel Service）选择，企业就会落户小城镇。高中或社区学院的网页开发方面的本地培训，可以帮助学生为将来互联网方面的相关就业做好准备。

第四步：行动、计划与项目

城镇的经济发展计划和项目反映的策略可能包括："堵住漏洞""自我投资""鼓励地方企业"以及"招募合适的新企业"等。例如，"主街振兴计划"（Main Street revitalization program）就试图将这四种策略全部付诸实施。其他计划，如企业招募，则反映了单一的策略。了解你的行动是否与策略一致是很有用的！

经济机遇

美国小城镇在经济发展计划和项目方面有许多成功案例。地方领导者最重要的职责之一是评估社区优势，说服现有公司扩张，说服未来企业迁入，而不是"放任城镇"。这既是一种"自我发展"的企业战略，也是一种基于社区资产和财务状况选择性招募新企业的方法。

与城市和近郊相比，小城镇通常有几个优势，分别为：

- 空气更洁净。
- 交通拥堵更少。
- 财产税更低。

- 犯罪率更低。

- 劳动力更便宜。

- 住房更具可负担性。

- 有户外娱乐机会。

- 有更强的社区价值观。

- 个人可以有所作为的感觉。

另一方面，小城镇往往也有局限性，比如：

- 缺乏形成市场的规模与距离。

- 购物与社交生活有限。

- 熟练劳动力的短缺。

- 支持大型雇主的基础设施不足。

距离问题可以通过电信和交通来解决。这就是为什么接入和升级宽带互联网已成为农村地区的重要目标之一。有趣的是，邮购零售行业的两大巨头——L. L. Bean 和 Lands' End，已在人口不足 1 万人的城镇成功落户。这意味着，虽然并非每个小城镇都会有家乐氏（Kellogg's）、赫曼米勒（Herman Miller，办公家具的主要制造商）或斯默克（Smucker's）这样的公司，但只要经济发展活动与城镇规划挂钩，那么至少是有希望的。

有四种趋势表明了小城镇的经济机遇：

1. 美国人口老龄化意味着退休人员会更多。 从 2011 年前后开始，大约 7600 万婴儿潮一代——出生于 1946 ~ 1964 年的人——将要退休。在美国 2500 个农村县中，约有 500 个县已经有相当数量的退休人员。这些人大多已经从城市和郊区搬到小城镇休养。退休人员有特殊的医疗服务需求，但他们没有年幼子女需要接受教育，而教育又是地方政府预算的主要支出。退休人员通过社会保障金、养老金和个人退休账户为社区带来收入。对许多小城镇而言，旨在吸引老年人的策略可能很有意义。在具有较高舒适性的社区以及那些容易接触到高等教育机构和有丰富文化生活的社区，情况尤其如此。此外，新一代退休人员将成为美国历史上最富有、受教育程度最高的人群。他们会在退休后的岁月里进行大量的财富或资产转移，并且通过地方或社区基金会帮助他们在社区进行投资，这对社区的未来非常重要。

2. 大约 270 个农村县设有主要娱乐区。 这些县都属于增长最快的农村县，但经济增长已经改变了社区的外观和特征，推高了土地和住房成本以及对公共服务的需求。

3. 大都市区外围的小城镇比郊区拥有更多的可负担性住房。 人们愿意住在一个有吸引力、负担得起的社区，长途通勤去城市或郊区工作。远程办公使员工们每周实际上只有两三天去办公室，其余时间则在家工作。随着这种工作方式的兴起，越来越多的人愿意每周花几天时间进行长途通勤。一个城镇人口越多，意味着对当地商品和服务的需求就越大，因此当地商业机会也更多。

4. **由于整体运营成本（特别是土地、劳动力和财产税）较低，以及可以为员工及其家人提供良好的生活环境，小城镇已经吸引来许多企业。**

在设计经济发展计划时，小城镇之间建立信息网络将是明智之举。如果做得有创意，复制也不会出错。每个社区虽然都有自己独特的经济状况，但通常也有共同的属性，尤其是在较小的社区中。因此，一个城镇的成功经济发展计划也可能会在另一个类似城镇发挥作用（图 20-5）。社区间联网是促进区域经济发展非常重要的环节，通常需要"诚实的经纪人"提供服务，如区域规划委员会（政府委员会）或合作推广服务处等。

成功实现经济发展的六个要素

研究人员和从业人员已经确定了成功实现经济发展的六个要素，分别为：

1. **社区必须利用当地资源，如位置、物理环境、财政资源和人员。**这包括当地银行、企业和公民个人愿意奉献的时间与金钱。评估社区资产的过程可以大大有助于展示地方资源的丰富程度。

2. **强有力的综合规划工作必须引导增长和改善社区。**地方责任和解决问题是长期成功的基础。

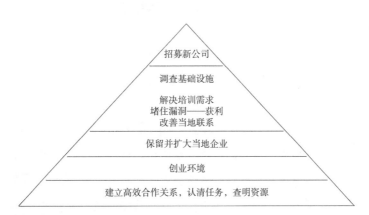

图 20-5 地方经济发展金字塔

资料来源："地方经济发展金字塔"，约翰·凯勒与大卫·达林（David Darling），堪萨斯州立大学。

3. **良好的领导能力至关重要。**你不能强制要求经济发展。只有达成共识，城镇才能形成协调的经济发展力量。除非有影响力的领导者和广大公众愿意为社区经济发展而努力，否则不会有什么成果。经济发展需要时间、耐心和决心。通常，一个城镇会成立经济发展委员会，并为其提供资金，但委员会在几个月后就失去了动力。领导者必须使经济发展努力保持活力，并且在短期和长期都要持续推进。

在地方经济发展委员会任职的关键人物包括：银行家、公用事业主管、会计师、房地产经纪人、律师、城镇民选官员和小企业主等。经济发展委员会的这种多样性将有助于建立公私伙伴关系，形成联合项目。公共部门和私营部门如果彼此意见不一致，经济发展就不会取得多大成就。

同样重要的是，必须在社区内扩大领导者队伍，这样，一个不断发展的领导者团队会在适当的时候负责这一进程。这也是一个机会，可以接触社区中历来未被充分代表的群体。许多城镇参加了由州立赠地大学或其他机构和组织领导的领导力项目。

4. **良好的职业培训和高质量的教育机构是真正的优势。**研究一致表明，美国新劳动力必须比以往任何时候都更加灵活，更加精通计算机，也更富有创造力。地方社区学院和职业学校制定了一系列计划，以提高当地人的技能，满足当地雇主需求，并培养新的企业家。

5. **支持地方经济发展需要有财政收入来源。**地方税收和私人捐款是两个最常见的来源，但几乎所有成功的经济发展计划都涉及获得拨款，社区应积极寻求私人基金会支持以及州和联邦拨款。规划过程是确定需求和为拨款申请提供信息的关键。

6. **经济发展通常有一定的运气成分。**成功孕育成功是很常见的，但有些成功也可能会出乎意料地到来。不要害怕有创造力！

制定经济发展计划

经济发展计划可以很容易地根据城镇规划的经济基础分项（见第 8 章，"小型社区经济数据"）建立。经济发展计划是一项行动计划，以几页内容阐明社区希望实现什么目标、如何实现，以及希望何时实现的时间表。经济发展计划包括对当前经济趋势的预测、对就业水平、税基和企业的预期，以及社区未来去向和期望去向之间的差距。

如果当前趋势继续下去，对社区活动的预测可以作为对城镇经济将如何表现的最佳猜测。实现期望的经济活动水平所需的战略将在很大程度上取决于预期趋势与期望的经济活动水平之间的差距大小。一个差距很小的社区战略，与一个差距很大的社区战略将会大不相同。

制定经济发展计划的第一步是确定社区过去 20 年的经济表现。这将有助于预测未来的经济活动。历史数据还将揭示社区的优势和劣势，并提出一些问题，比如："为什么这里是做生意的好地方？"以及"为什么这里不是做生意的好地方？"城镇规划的经济基础分项应反映当地劳动力市场、贷款机构、税基、出口基础和二级基础的优势和局限性。交通和社区设施分项应阐明社区基础设施的优势和劣势。此外，根据制定城镇规划时使用的需求评估调查，社区可以确定城镇居民想要的企业。

你可以通过旧报纸报道、城镇书记员、区域规划委员会、州商务部甚至你所在州赠地大学的合作推广服务机构等，找到有关失业、零售、社区收入和财产税的历史数据。

接下来，确定社区有哪些竞争优势是很有用的。社区能比地区或州的其他社区更好地提供哪些商品和服务？商品和服务出口使社区能够进口商品和服务。出口企业有潜力在区域、全国或国际市场上实现增长。面向本地的企业，如酒馆和加油站等，则市场非常有限。

竞争优势主要取决于成本。也就是说，生产某种商品或服务需要多少钱？主要成本包括劳动力成本、能源和公用事业成本、运输成本、地方财产税和州税等。当地的劳动技能和技术将反映在劳动力成本上；社区的位置会影响运输成本；社区的财务状况会影响当地财产税；而州的经济健康状况将在很大程度上决定州的企业和个人所得税。竞争优势在不断变化，尤其是在当今的全球性经济环境中。一个城镇今天可能高效生产出来某种东西，几年后可能就不是这样了。

零售业

零售业（retail trade）是地方经济的重要组成部分，既能维持当地居民生计，又可吸引新居民。作为经济发展努力的一部分，社区应确定其各种商品和服务的贸易区域。也就是说，人们从多远的地方到镇上购买商品和服务？拥有主要提供日常商品和服务的小型企业的城镇，其贸易区域将会非常有限，只有几英里。能同时提供耐用商品或"大件"商品（如洗衣机、电子产品和汽车等）的城镇，其贸易区域将更大（可能远达 40 英里）。

在讨论零售业战略时，要考虑消费者的信心、忠诚度和需求。你可以使用调查问卷获取以下问题的答案：

- 你所在城镇的人们在哪里购物？

- 为什么有些居民在当地社区购物，而有些人则不是这样？

- 当地消费者如何看待当地商户的价格和服务？

- 你所在社区没有提供哪些商品和服务？为什么没有？在当地提供这些商品和服务是否现实？

- 消费者对你所在社区购物氛围的友好程度（或不友好程度）有何看法？

接下来，你的社区可以估算零售业**拉力系数**（pull factor），即社区人均零售额与全州人均零售额的比率。这将大致衡量出你所在社区做得是否够好，或者大致衡量出零售业是否达到了预期水平。拉力系数通常在 0.4 ~ 1.5 之间波动。比率低于 1.0 意味着零售资金正从社区流向城市和其他城镇；比率超过 1.0 意味着社区正在从其他城镇和乡村的购物者那里吸引零售资金。

补充材料 20-2　关于大型零售商店的说明

在过去的 25 年里，美国农村和小城镇的零售业经历了一场革命。面积超过 4 万平方英尺的大型零售商店遍地开花，迫使数千家本地小型商店倒闭。

大型零售商店往往位于或毗邻人口规模超过 5000 人的小城镇。一方面，一个社区如果拥有大型商店，在可预见的未来就一定会成为零售中心。然而，一个城镇如果太小，无法吸引大型商店，那就很大程度上会沦为卧室社区。

一些本地商家在大型商店的到来中得以幸存下来，凭借的是提高服务、延长营业时间和特殊化订单等方面的竞争，而不是打价格战。许多人喜欢在他们熟悉的地方购物。

大型零售店如果被设置在城镇外的带状商业区，把交通从城镇中心吸引过去，则会对传统城镇中心构成威胁。此外，美国中西部和南部的许多大型零售店都位于县域，而不是城镇边界内。因此，大型商场向县而不是城镇缴纳财产税。

销售税数据和零售额通常每季度发布一次，因此要对拉力系数按几年时间进行平均。仅根据一个季度得出的拉力系数数据并不能说明销售可能是季节性的（比如在圣诞节前后）这一事实，并且会导致对社区零售活动的不准确描述。如果在估计拉力系数方面有困难，州立赠地大学的经济学家应该能够有所帮助。

拉力系数的计算步骤如下：

第一步：将地方销售税收入总额除以社区人口。这相当于地方人均销售税。

地方销售税 ÷ 地方人口 = 地方人均销售税

第二步：将州征收的销售税总额除以州总人口。这一数据可以从州税务部门或商务部获得。这相当于州人均销售税。

州销售税 ÷ 州人口 = 州人均销售税

第三步：将地方人均销售税除以州人均销售税。此即地方零售业拉力系数。

地方人均销售税 ÷ 州人均销售税 = 地方零售业拉力系数

例如，如果地方人均销售税为 345 美元，而州人均销售税为 459 美元，则地方零售贸易拉力系数为 0.7516。这一结果表明，社区约有 25% 的潜在销售额流失到其他地方。

在对社区零售销售潜力和零售活动保留情况作出任何判断之前，还需要更多的信息（比如通过问卷调查）和分析。

制订现实可行的经济目的与目标

社区必须制订现实可行的经济目的与目标。这些目的与目标应有助于提升社区的经济优势，克服社区的经济劣势。不过，有六种趋势使长期经济发展规划变得困难，分别为：

1. **社区之间对新企业和扩张企业以及制造工厂的竞争更加激烈。**吸引工厂的城镇通常必须为场地提供公共排水与供水系统，并提供财产税减免。因此，地方税基可能不会按预期扩大。

2. **在人口规模 5000 ~ 25000 人的城镇，大型连锁商店之间零售贸易整合，意味着这些区域中心通勤距离内的小城镇零售业急剧下降。**即使是中等规模的连锁商店，也有可能吸引远在地区贸易区以外的顾客。在许多人口不足 2500 人的城镇，其主街在 40 年前要比现在活跃得多。

3. **美国小城镇现在已成为全球经济的一部分，公司和资本可以非常自由地跨国流动。**外国的经济政策可以对遥远的美国城镇产生实际影响。其结果是国际竞争加剧，因而经济发展规划的不确定性也更大。一方面，低薪行业面临着来自海外的激烈竞争，许多低薪企业已将业务转移到海外；另一方面，外国直接投资也是美国创造就业机会的重要资本来源。许多美国人为外资公司工作。

4. **联邦政府的经济发展拨款数量有限，而城镇之间对这些拨款的竞争在日益加剧。**这意味着，小城镇必须为经济发展努力提供更多资金。

5. **对于寻求经济多元化的社区而言，小城镇银行的未来非常重要。**小城镇银行通过将储蓄用于当地企业和住房抵押贷款，成为当地居民融资的重要来源。这些银行还通过购买当地发行的市政债券来提供资金，但银行的持续合并可能不利于小城镇和农村地区。规模较大的城市银行和货币市场基金可以提供比小型农村银行更具吸引力的存款利息，从而吸引当地资本。此外，当小城镇银行被城市银行控股公司接管时，当地贷款可能会

补充材料 20-3　使命陈述示例

斯凯威镇的存在主要是为其居民提供高质量的居住地。城镇将鼓励企业努力提供新工作岗位。城镇的目标是实现稳定、均衡的经济增长。城镇将成立一个经济发展公司，以发现和利用机会，包括招募新企业、保留现有企业和培育新企业。过去我们过于被动。现在，我们必须寻求资金来改善街道、翻新城镇中心。如果我们现在不采取行动，斯凯威镇的人口数量将会继续下降。

减少。银行业的这些趋势可能使社区难以建立低息贷款池，来帮助现有企业扩张和促进新企业启动。

6. 科技在过去改变了小城镇，而且还将继续如此。在 19 世纪，铁路为数百个城镇带来了经济活力。在 20 世纪，汽车和公路使人们能够居住在远离工作和购物的地方。下一个重要技术是电信，这项科技可以廉价而远距离地传送信息。电信将会促使定居更加分散，从而导致一些小城镇增长。地方官员和企业应决定社区如何尽力发挥电信技术的优势。

制定经济发展使命与战略

地方经济发展委员会必须收集有关城镇经济表现的历史数据；如果趋势继续下去，要对经济活动进行预测；要为经济活动设定具体可行的目的与目标。然后，委员会准备采取行动。这包括：选择具体任务，制定经济发展使命，编制单个项目时间表。

使命是要完成的任务。使命在完成或更改之前一直有效。"**使命**"（mission）一词来自战略规划活动。军事上的象征意义是恰当的。任何称职的军事力量都不应在没有明确使命的情况下参战；要完成使命，指挥和控制用于完成使命的人员与设备至关重要。相比之下，许多社区认为使命形成阶段是一种模糊思维练习。他们开始经济发展计划，相信自己会尝试一些东西，然后从失误中吸取教训。许多城镇领导者则因为访问过一两个社区以及过于随意地照搬想法，从而加重了这种错误。

使命不是目标或基准，比如，"在未来 3 年创造 70 个新工作岗位，吸引两家新公司"等。使命只是一份声明，是对社区未来十年经济目标以及如何加强这一目标的总结。请通过提出以下问题来形成社区使命：

- 我们在这个社区擅长做什么？
- 我们如何更好地适应周围发生的变化？
- 要解决我们的问题，需要采取哪些步骤？这些问题包括：增加资源，改善组织，创新思维方式，以及加深理解我们所面临的挑战。
- 使问题变得更糟的，是我们的生活方式还是我们做生意的方式？
- 我们如何才能明确那些决定我们努力的思想？请使用诸如以下的词汇和短语："做正确的事情""综合性""质量""数量有限""均衡""机会""公平""进取性""创业努力""稳步前进"或"优先级管理"等。

策略

小城镇经济发展策略基于以下四项行动原则：

1. 堵住漏洞。

2. 自我投资。

3. 鼓励当地新企业。

4. 招募合适的新企业。

堵住漏洞

堵住漏洞是最明显的经济发展策略，但往往也最难实施（图 20-4）。小城镇所能解决的唯一重大经济漏损，可能就是购物者向其他城镇的流失，但即使这项工作可能也很困难，这是由于美国消费者的开车消费（drive-and-consume）模式，以及农村人已经完全习惯开车到很远的地方购买大件商品，或者去大型百货商店买东西。你必须首先了解零售漏损发生在哪里。确定漏损的最佳方法是计算零售销售拉力系数，并利用精心设计的消费者调查。

在你制定堵漏策略时，请确保不要局限于零售商品。服务也是社区经济活动的重要组成部分，包括医疗保健服务。

要堵住零售商品和服务的漏损，需要采取以下三项行动：

1. 建立有效的公共信息计划，让居民了解漏损情况的严重性、漏损持续下去可能产生的后果，以及对当地商家和服务提供商会造成的损害。季度简报是最好的，但在当地媒体或经济发展公司的网站上进行宣传也是足够的。

2. 将消费者提供的信息传递给当地商家和服务提供商。直接与当地商会、商业协会和专业组织合作，通常是帮助改善当地企业营销的最佳策略。

3. 通过社区利益和组织的网络开展公共关系活动。"本地购买"活动可以突出支持当地商家和服务提供商的必要性。有特殊事件的主街项目、网站以及时事通讯等，均可帮助宣传当地企业。

自我投资

两种最受欢迎的自我投资经济发展策略是振兴城镇的中心商务区和基础设施投资或维修。

振兴城镇中心商务区包括：良好的实体设计，重新努力吸引顾客，优质公共设施（包括公共厕所），特殊事件，以及当地商家的参与等。城镇中心的改造可以创造一个有吸引力、组织有序的中心商务区，从而提高消费者和商家的满意度。零售额增加，或者至少是潜在零售额增加，是伴随着满意度提高而来的。不过，我们知道，人们对经常购买的商品有强烈的低价偏好。以沃尔玛为例，其建筑风格并不吸引人，但价格低廉，顾客满意度很高。

吸引顾客的复兴活动包括创造一个特殊环境，吸引购物者回到城镇中心。大型社区会尝试建造购物中心。小型社区会尝试对选定的建筑进行历史性保护，并尝试吸引小型电影院、艺术建筑、餐馆、古玩店，甚至是新的零售旗舰店等。

一些新吸引点的实例如下：

- 在一个有 950 名居民的小城镇上，一家名牌商店落户于州际公路旁的一家老餐馆内。
- 在一个 1600 人的社区里，主街上的旧汽车销售和修理厂内有连续拍卖 / 跳蚤市场组合。
- 在一个 500 人的社区里，主街上有五家古董店，均为低租金老建筑。
- 在一个 1400 人的社区里，一家餐馆坐落于主街上经过修复的百年老宅里（这座建筑归城镇政府所有，商会聘请了厨师）。

为振兴城镇，提供优质公共设施是成功的重要因素之一。消费者除非能找到充裕的停车位、便利的人行道以及一些可以避雨的遮阳篷，否则不会成为回头客。他们还需要坐下来的地方，需要干净的公共厕所（图 20-6），当然，还有购物时的安全感。

图 20-6　公共厕所对旅游业和零售业发展至关重要
照片由詹姆斯·塞吉迪提供。

城镇中心的零售机构将受到邻近社区的零售实力以及这些社区的邻近程度的影响。例如，如果一个 15000 人的社区开设了一家大型折扣连锁店，那么 5 英里之外只有 15000 人的城镇可能就需要采取在城镇中心举办特殊活动的策略。这些特殊活动可能包括路边销售、游行、音乐会和庆祝活动等。经济发展专家坚持认为，一个社区必须找到自己的"利基"，寻找营销策略，并树立消费者忠诚度的态度。这是可以做到的！我们已经看到，前景黯淡的社区在利用 10 年前几乎从未考虑过的资产。

鼓励当地新企业

小企业的成功对任何社区的经济发展都至关重要。不断发展的新企业可以成为小城镇非常有效的经济发展策略。在美国，五分之四的新工作岗位是由小企业创造的。与此同时，十分之九的小企业在 5 年内倒闭。

农村地区和小城镇的新企业面临的特殊挑战包括：

- 财政和劳动力资源的集中程度低于城市或郊区。

- 由于聚居模式不够密集，商品和服务市场的实际面积可能要大得多，而且往往是区域性的。

- 帮助培育初创企业的种子资金和管理越来越难找到。

- 企业家必须更有洞察力，因为利润空间通常很小，企业更依赖与其他企业的合作。

为了帮助小型企业起步并对其进行早期培育，许多农村社区已经成立了小型企业**孵化器**（incubators）。新企业面临着三个主要障碍：管理费用高、资本不足和管理不善。孵化器提供了缓解这些困难的一揽子方法。孵化器的特点是空间灵活，经济实惠，租金通常低于市场水平。翻修过的建筑或城镇中心商店上方的空间等都是不错的选择。理想情况下，可以将几家新公司安置在一座建筑物里办公，以便共享办公服务和办公设备，如计算机、复印机和传真机等，不过，为企业提供的空间是临时性的。希望企业能发展为成熟的商业运营，并迁移到孵化器外的新地点，为另一家初创公司腾出空间。

孵化器的重要功能之一是向新公司提供有关管理、营销和财务事项的建议。其中一些建议应该来自当地商人的顾问委员会，有些应该来自城镇外的商界人士网络。私人基金会越来越支持那些旨在传授企业家技能的计划，以实施"发展自己的"本地新企业的想法。

企业孵化器有望创造新的就业机会，促进地方经济多元化，增加销售和出口，扩大税基，以及增加少数族裔和女性拥有的企业。社区里的企业越多，人们在社区中拥有的利益就越大。

招募合适的新企业

城镇之间对制造工厂的竞争非常激烈。由于美国的制造业就业率正在下降，一个城镇如果能吸引服务型企业可能更明智。事实上，最近的研究发现，大多数新工作是由雇用人数少于 20 人的服务型企业创造的。在小城镇，这里增加几个工作岗位，那里增加几个工作岗位，要比招募一个大雇主更有可能。

简而言之，社区必须决定哪些经济目的和策略是切合实际的，可以采取哪些行动来改善地方经济，以及哪些因素不受社区控制。所有这些决定都将反映在实施时间表中：要做什么，由谁做，何时做。最后，还需要取得显著成效，否则，所有经济发展参与者都可能会感到沮丧并最终放弃。

振兴主街

地方政府和私营企业正在学习如何合作以组织社区资源和开展经济发展活动。对于人口为5000人或更多的城镇来说，主街计划很有意义，可以作为促进社区的零售贸易和服务、改善城镇中心购物区整体面貌的手段。

振兴主街方法有四个特点：

1. 组织。

2. 推广。

3. 设计。

4. 经济结构调整。

小城镇可以雇用全职"主街协调员"与企业主、地方政府和公众合作来组织城镇中心。主街协调者应该领导一个非营利性的城镇中心协会。协会宗旨是建立共识与合作，以建立统一的城镇中心日常管理和未来规划。成功的主街计划需要高度的协作与纪律，才能促进统一的营业时间、停车和安全（很像购物中心），并举办特殊活动（又不像购物中心）。主街协调者的资金可以来自地方和州政府、私人捐款和私人基金会等。

推广活动包括宣传镇中心是购物、生活和工作的特殊场所。推广活动涉及宣传城镇中心和举办特殊活动，以便把人们吸引到城镇中心。

设计目标侧重于提高城镇中心的视觉质量。老旧商业建筑和外立面的维护与修复是主要优先事项（图20–7和图20–8）。从传统来看，金融机构为社区设定了设计和外观标准，并极大地促进了居民投资于自己的住宅和商店的"视觉信心"。这种对城镇中心的再投资可以通过联邦投资税收抵免，在一定程度上帮助修复历史建筑。改善标志、街道家具（如长凳、花盆和路灯等）以及橱窗陈列等对于增强品质形象也很重要。

经济结构调整的目的是保持、巩固和丰富城镇的经济基础。这可以通过创建更好的商店和企业组合以及现代化营销方法来实现。一个重要特征是建立低息贷款池，用于招募新企业和保留现有企业。

不建议将主街计划用于居民人数在5000人以下的社区，因为这些社区顾客不够多，无法证明在零售业和服务型企业方面的新投资是合理的。

迄今为止，已有1700多个社区采用了主街计划。自1980年以来，主街计划已产生了近170亿美元的私人和公共投资，修复了93000多栋建筑物。平均而言，花在主街计划上的每一美元都会产生另外40美元的投资。[1]在州内建立主街城镇网络对城镇分享经验和信息尤其有帮助（要了解你所在州的主街计划，请参见附录）。

图 20-7 公共建筑是主街建筑的主导

图 20-8 当地银行丰富了主街设计

　　大约有四分之三的城镇在主街计划上取得了成功。主街计划并不是一种立竿见影的解决方案，大约需要 3 年时间才能初见成效。有些城镇没有耐心，在 3 年内就放弃了振兴主街的做法。还有的城镇没有强调所有四个特点，比如，试图在没有中央管理者或没有经济结构调整的情况下推广特殊活动。

主街计划成功的社区已经享受到新企业创建、社区投资更大、店面翻新和建筑物修复等成果，而且还更具有社区意识和自豪感，也许这才是最重要的。这种在经济发展中建立公私合作伙伴关系的例子，为居民人数超过5000人的城镇树立了榜样。

旅游业

旅游业对成千上万的小城镇非常重要，许多城镇将旅游业视为其经济发展努力的主要组成部分。城镇的资产和位置是决定因素。城镇中心和主要街道可能会成为游客的目的地，至少在一年中的部分时段是这样。沿海或其他水域岸边的城镇具有特殊优势，滑雪胜地或国家公园附近的城镇也是如此。拥有风景名胜、历史遗迹、博物馆和其他独特景点的地方，在吸引游客的竞争中也具有优势。另一个吸引力是节日，无论是基于音乐、手工艺、戏剧还是民族庆典。例如，俄勒冈州的梅辛克城（Junction City），每年吸引超过20万游客前去参加斯堪的纳维亚节。

在一个提倡集市、节日和历史资产的社区，开发必须侧重于提供公共浴室、停车场和可供坐、看、吃零食的好场所。这才是良好的经济发展！这样的开发创造了新的有形资产来支持经济活动，可以传达出强烈的信息，就如同"我们希望你来这里。你是我们的贵客，我们希望你感到舒适"以及"我们希望你再次光临，带上你的朋友，在节日后

补充材料20-4　小城镇的社区发展一揽子拨款

内布拉斯加州路易斯维尔（Louisville, Nebraska, 人口规模1075人）利用社区发展一揽子拨款（Community Development Block Grant, 简称CDBG）资金，重新修建了一座重要桥梁，并建造了一座废水处理厂，这些设施曾在1993年大洪水中遭到破坏。1995年，社区发展一揽子拨款资金又帮助城镇更新了综合规划。1999年，社区又利用一揽子拨款资金重新铺设街道，修整人行道，修复中心商务区的排水与供水管线。社区还利用这项资金改造了18套保障性住房。简而言之，路易斯维尔已经获得社区发展一揽子拨款，为其成为更适合居住之地的"路线图"提供了资金。

资料来源：戴维·塔拉戴（David Taladay）的 "Following a Road Map to Community Success"，载于《农村之声》（*Rural Voices*），房屋援助委员会（Housing Assistance Council），2006年春季，第15～16页。

继续留下来购物"等。

虽然主街方法的倡导者们不建议使用主题建筑，但一些小城镇已经利用主题设计使其社区脱颖而出。这些主题范围广泛，从民族或西部主题，到海滨和历史主题，应有尽有。从本质上说，主街计划倡导高质量的历史主题，其中包括修复、翻新旧建筑。

不过，推动旅游业也有四个误区：

1. 旅游业具有季节性，在人口、就业和经济活动方面会产生很大的波动。对于那些与滑雪行业或阳光充足的冬季度假胜地无关的城镇来说，从深秋到早春的几个月时间尤其漫长。与滑雪相关的城镇则必须寻找更多活动，来吸引一年四季的游客。

2. 一个城镇在崭露头角的时候会经历快速增长，新开发会颠覆城镇的本来面貌。精心编制的土地利用和设计条例有助于最大限度地减少旅游业发展的不利影响。有关一些建议，请参阅第 19 章"小城镇的设计与外观"。一个指导性经验法则是：居民应该像游客一样欣赏城镇的外观和景点，但游客通常更富裕，因而可以负担得起更"高档"的餐馆和零售店。此外，如果住房变得紧张，当地居民可能会开始发现，自己已经被房价挤出了当地住房市场。

3. 许多小城镇缺乏必要的住宿、餐馆、娱乐和一般零售等基础设施，而这些都是支持旅游业发展和增长所必需的。

4. 汽油价格可能会上涨，或者造成汽油短缺。出行成本越高，人们就越有可能待在离家近的地方。要想在旅游业上取得持久成功，城镇通常必须可供居住在 200 英里以内的相当富裕的游客使用。

州政府可以在推广城镇的旅游景点方面发挥非常有益的作用。此外，与其他社区的合作也是有益的，例如，利用几个城镇的遗址创建遗产步道（也称为遗产旅游）。

资本与融资：建立地方贷款池并引入拨款

用于经济发展的联邦资金可以从许多来源获得。根据《小企业法》（Small Business Act）第 503 款，小企业管理局（Small Business Administration）制定了协助城镇组建社区发展公司的计划。小企业管理局还向小企业提供贷款和财务建议。经济发展局（Economic Development Administration，简称 EDA）为排水与供水系统提供拨款，尤其是用于工业场址开发。经济发展局还提供资金用于经济发展规划。

美国住房与城市发展部（HUD）提供社区发展一揽子拨款，由各州管理，用于有利于中低收入者的经济发展和基础设施项目。例如，社区发展一揽子拨款资金可用于为商业园区购买土地，以吸引主要雇用中低收入人群的公司；或者可用于支付为中低收入人群居住区域服务的住宅排水和供水管线的敷设费用。此外，住房与城市发展部的小城市发展计划拨款（Small Cities Development Program Grant）也可用于地方商业发展和创造就业项目。

美国农业部（U.S. Department of Agriculture）下属的农村发展管理局（Rural Development Administration，也被称为 Rural Development）发起了针对小城镇和农村地区的各种经济发展计划。农村发展管理局为低收入住房提供贷款和租金补贴。这一机构还向政府提供贷款，用于公共排水与供水系统、保健诊所和消防设备等。与小企业管理局一样，农村发展管理局也向小企业提供贷款。

同样隶属于美国农业部的美国林业局（U.S. Forest Service）为严重依赖森林产品的社区制定经济行动计划。这些计划的特点是开发与扩大市场，使经济多样化，以及对森林产品进行循环利用。

联邦资金来源和要求在以下渠道发布：

《联邦国内援助目录》（Catalogue of Federal Domestic Assistance），其中载有联邦拨款和资格认定的完整清单；

《联邦报告》（Federal Reporter），其中包含关于新拨款和资格的信息；

《联邦援助计划检索系统》（Federal Assistance Program Retrieval System），由美国农业部自然资源保护署运营，负责确定小城镇是否有资格获得各种拨款。

这些目录副本均可从你的议会代表办公室获取。

公共拨款和私人捐赠可以结合起来，建立一个低息贷款循环基金，帮助创办公司和扩大现有企业。这样的基金可以合乎逻辑地链接起主街计划和企业孵化器。在小城镇，资金几乎总是短缺，新成立的和正在扩张的公司都很难找到高风险的风险投资。在循环贷款基金中，新贷款在旧贷款还清后发放，通过社区循环利用经济发展资金。贷款基金是公私合作和创造性融资的一个很好的例子。

1987 年的《社区再投资法》（Community Reinvestment Act，简称 CRA）要求贷款机构满足当地社区的信贷需求。《社区再投资法》的最初目的是确保银行不会将银行存款所在社区的所有可贷资金转移出去。社区发放贷款越多，就越能刺激经济活动。贷款机构还应与其他贷款机构、社区团体和地方政府发展合作关系。例如，银行可以向企业贷款，并持有企业股份。银行还可以向小企业提供贷款，以鼓励社区中的初创企业。

节约能源

大多数小社区的能源供应主要来自进口。这意味着资金从社区流出，用于支付能源进口费用。如果城镇减少进口能源，则更多的资金会留在社区，用于投资创造新工作岗位，购买当地的商品和服务。**节约能源**（Energy conservation）是一项尚未得到充分探索的经济发展战略。家居节能改造与空调管理方面的节能工作可以降低天然气和电力价格，并有助于社区吸引新企业。节能成功需要镇政府的领导和公众的合作。

几乎每个州都有一个州能源办公室，以帮助社区实施能源节约计划和开发替代能源。如果你所在城镇位于美国北部，则可能尤其需要编制一份能源应急计划，说明如何应对汽油、取暖油或天然气突然出现短缺的情况。

企业振兴区

企业振兴区（Enterprise zones）被吹捧为刺激失业率高、低收入人口多的城镇发展的一种方式。企业振兴区有三个主要特点：

1. 减免（免征或大幅降低）财产税。

2. 为创造就业机会提供投资信贷。

3. 放宽某些开发规定。

如果州愿意承担先前放弃的财产税成本，则设立企业振兴区就很有意义。此外，可能有必要提供新基础设施，如道路、排水与供水系统等，以建立企业振兴区，吸引新企业。有关更多信息请与你所在州的商务部联系。

最近的一些研究表明，创建企业振兴区实际上并不能决定企业的选址决策。因此，一些善意的质疑可能是适当的，任何城镇都不应将其所有的经济发展活动全部投入到企业振兴区。

地区性经济发展合作：城镇集群

在几乎没有主要区域中心的农村地区，几个小城镇之间或城镇与县之间的合作是一个好主意。在大多数人口不足 2500 人的城镇中，居民认识到，行政边界并不会阻碍他们解决共同的经济和社会问题。

社区集群（Community clusters）以非营利性组织为特征，这些组织致力于协调城镇和县政府针对各种需求采取的行动，包括初创企业、现有企业保留、企业招募、旅游业、领导力发展、拨款申请、特殊活动与住房等。爱荷华州已经利用集群作为一种有效的方式，同时向多个城镇提供财政和技术援助，而不是单独提供。爱荷华州经济发展部（Iowa Department of Economic Development）已将考虑落户爱荷华州的企业集群纳入其数据库中。缅因州也已发现，其城镇政府委员会可以在城镇以外的地方有效提供某些服务，而且实际上还节省了税金。

城镇集群的经济发展方式与许多小城镇以中心辐射模式（hub-and-spoke pattern）环

绕形成的区域中心大不相同。在后者模式下，工作和购物主要集中在区域中心，小城镇基本上沦为卧室社区。相反，城镇集群方式则有可能使经济活动更均匀地分布在城镇之间。在许多农村地区，人们在一个城镇工作，在另一个城镇送孩子上学，又在第三个城镇购物或去教堂，这是很常见的。每个城镇都是区域性社区的一部分。

州在地方经济发展中的作用

大多数州级经济发展计划没有与小社区很好地协调，或没有特别针对小社区情况。州在影响城镇发展方面最重要的作用，是决定哪些城镇获得多少教育、交通和经济发展资金。各州还决定联邦社区发展一揽子拨款资金的分配，这些资金被用于支付基础设施项目、一些社区规划以及城镇中心与住房再开发等费用。

教育费用通常是城镇预算中最大的单项支出，而地方公立学校对于社区认同以及保留和吸引有孩子的家庭都非常重要。但是，通过合并地方学校来建设区域学校的结果好坏参半。大量研究表明，规模较小的学校通常比规模较大的综合性学校培养的学生受教育程度更高。

城镇和县政府从州交通运输部门获取州汽油税收入，用于维护和建设道路。道路是小城镇的生命线，许多城镇之所以得以生存或繁荣，是因为道路系统使其通行便利；不过，维护州际公路通常是州政府的首要任务。

州政府拥有经济发展所需的最详尽信息。州各个机构已经建立起关于就业机会和劳动力可用性、地方销售税收入、就业以及工资等的计算机数据库。地方政府可以利用这些丰富的信息制定经济发展战略。

州的工业招募工作和设立企业振兴区（区内免征或大幅减少财产税）已经取得了一些成功。此外，州的企业和个人所得税政策对营造良好的商业环境也很重要。一些州机构接受为地方经济发展项目提供拨款和贷款的建议。这些来源通常可以通过州商务部门、社区事务部门或经济发展部门来确定。州拨款是在竞争的基础上发放的，许多小城镇不具备编制和提交竞争性提案的专门知识。在这方面，区域规划委员会或城镇政法委员会可以帮助小城镇整理向州经济发展基金提出的拨款申请。

州政府作为基础设施资金的来源也越来越重要。例如，伊利诺伊州设立了农村债券计划，帮助社区支付基础设施费用。州购买小城镇发行的债券，然后将其出售给投资者。

最近，巨额联邦预算赤字和削减联邦开支的需要，将给各州带来更大的压力，迫使它们向那些试图建设基础设施和实施经济发展计划的小城镇提供拨款、贷款和技术建议。

小　结

关于经济发展究竟是一门艺术还是一门科学，人们争论颇多。讲授和传授经济发展艺术要比传授科学方法困难得多。关键要素之一是参与经济发展过程的人员。良好的领导力是很难传授或复制的。良好的领导力对于组织社区、制定经济发展计划和采取行动都是必要的。发展领导力和支持地方领导者是成功社区的重要特征。

小城镇经济发展还涉及许多其他因素，其中有些可以借鉴，有些则不可复制。就业趋势从制造业转向服务业，这对小型社区来说不是一个好兆头，但小型社区的小型专业制造业仍有一些潜力。尽管如此，小城镇数量众多，却没有足够的制造工厂可供分配。另一方面，也有许多企业家在小社区成功创业的案例。这些企业家甚至给最小的城镇也带来了希望，尽管政府官员常常困惑于如何启动更多这样的企业。企业振兴区、企业孵化器和低息贷款池等技术手段，在刺激新企业创业方面提供了相当大的希望。

一个城镇必须拥有使社区成为有吸引力的居住和工作场所的资产与资源。人口少于2500 人的城镇往往缺乏各种经济资产以及人力与财政资源。爱荷华州率先提出的城镇集群发展模式可能被证明是区域经济合作发展的可行模式。否则，区域中心通勤距离内的小城镇将日益沦落为卧室社区，而通勤距离外的小城镇则将日趋衰落。

经济上的成功是没有保证的。最好把经济发展看作一个长期的变化过程。坚持、创新和持续努力都必不可少。经济发展应在社区综合规划的总框架内进行。为了经济增长而牺牲社区特色和生活质量是毫无意义的。

注释

1　美国主街计划中心，"经济数据统计：历史保护相当于经济发展——主街计划的成功"（Economic Statistics：Historic Preservation Equals Economic Development：The Main Street Program's Success，华盛顿特区：国家历史保护信托基金，2004 年）。

第 21 章

城镇规划实施与战略规划

引 言

城镇规划只有在城镇政府和城镇居民将其付诸实施时才有用。我们都听说过有些城镇规划从未启用过，它们被束之高阁，积满灰尘。要小心避免认为编写完城镇规划就意味着规划过程的结束。事实上，这只是持续规划工作的开始。

城镇规划的运作效果取决于规划的质量、数据与预测的准确性、公民的参与度，以及城镇官员管理地方土地利用条例和基本建设支出计划的方式。地方行政管理往往是城镇规划工作中的最薄弱环节。制定城镇规划、切实可行的条例以及资本支出计划并不困难，真正的考验在于每天如何将这些规划、条例和计划付诸实施。简而言之，城镇规划的好坏取决于负责实施城镇规划之人的决心和能力。

城镇官员应该有一定的质量标准，来保护城镇居民的健康与安全。官员们应努力保持城镇的外观，并能够评估所有开发对公共服务和财政的影响。另一方面，经济增长通常是重中之重，开发则有助于支持当地的就业、收入和税基。

城镇官员在听取居民意见后，需要决定如何更好地适应增长：城镇是要鼓励增长，还是要严格控制增长。对以下问题的回答取决于城镇规划和条例的指导，但最终还是取决于个人判断和经验：

- "哪些类型的土地用途分别最适合位于城镇的哪些区域？"
- "土壤、地形和地下水位情况限制了哪些地方的发展？"
- "哪些土地利用法规是公平的？"
- "应何时允许发生变通？"
- "土地细分商应该敷设哪些改善设施？"

在实施土地利用法规时，城镇官员必须对土地所有者的权利和开发商的财务状况保持敏感。官员们应努力使土地分区和土地细分审查过程成为及时、公开和有益的经验。拖延数月的审查会让土地所有者和开发商感到沮丧和愤怒，增加开发成本，而且可能不会提高审查质量。城镇官员应向申请人说明需要作出哪些更改，才能符合土地分区和土地细分法规。城镇居民也必须有机会在公开听证会上对开发提案作出回应。

城镇官员不应在推介新的、有时存有争议的法规时缩手缩脚。这些法规可以提高城镇居民的生活质量，使城镇成为对投资者和游客更有吸引力的地方，从而惠及整个社区。

社区将希望衡量其在实现城镇规划的目的与目标方面所取得的进展。这样做的最佳方式是制定带有可衡量基准的行动计划，以及针对这些基准的年度成就报告。然后，社区应该提出并讨论这样一个问题，即："需要作出哪些改变，才能达到某些基准呢？"

城镇应每隔 3 ~ 5 年更新一次城镇规划。社区应该讨论如下问题："城镇对新开发项目的管理如何？"以及"城镇规划的人口预测是否准确？"对这些问题的回答可能会导致城镇规划发生重大改变，以及对土地利用条例和基本建设改善计划的修订，以满足社区不断发展的需求。

其他重要问题包括：

- "开发管控是否阻碍了预期增长？"
- "开发是否太快了？"
- "条例管理和执行是否公正？"
- "是否有任何州或联邦计划导致地方发展发生重大变化？"

对城镇居民展开调查将为规划委员会和管理机构提供关于城镇规划和土地利用法规未来方向的思路。城镇可能会采取行动，避免不必要的监管，废除无效法规，或在某些法规中增加更严格的标准。要想使社区规划成为一个持续且响应迅速的过程，更新和修订规划、计划和法规至关重要。

规划有许多潜在的好处：

- 规划是让人们参与城镇并展望城镇未来的一种方式。规划表现了一种关怀的态度，对潜在的新企业和居民都非常有吸引力。
- 规划有助于协调城镇政府的活动和城镇财政管理。

在城镇向州或联邦政府提交拨款申请时，规划通常非常有用。由于这些资金可能对地方发展产生重大影响，政府机构希望了解这些资金将如何使用，以及可能对社区有何影响。如果一个城镇能够表明，拨款资金将按照城镇规划的目的与目标使用，这个城镇就更有机会获得拨款。

规划是一个长期过程。一个城镇不能只做一两年规划，也不能期望为未来做好准备。需求与欲望都会改变，规划也要改变。规划迫使城镇官员和居民更多地了解自己的城镇，也让他们自我学习，去了解那些将要塑造社区未来的决策。

战略规划

> "人们必须做好规划。无论这个规划是第一个还是第五十一个……都是如此。在公共部门和商界无不如此。"
>
> ——杰拉尔德·戈登（GERALD GORDON）[1]

所谓战略规划，就是为变革做好准备，管理变革。战略规划是一种管理手段，旨在帮助包括社区在内的各级组织最大限度地取得成果。大型公司利用战略规划来展望未来5～10年的发展，并规划公司现在必须如何调整才能实现竞争和成长。一个公司如果不能预见不断变化的消费者需求、市场和机会，就可能无法成长，甚至无法生存。**社区战略规划**（Community strategic planning）并非新生事物；这是成功社区多年来一直在做的事情。

战略规划不能替代本手册中讨论的综合规划过程。社区必须收集信息；评估资源与需求；了解其优势、劣势、机会与威胁（swot）；制定目的与目标；在进行战略规划之前，要制定切实可行的土地利用法规和基本建设改善计划。

在综合规划过程中，规划委员会要向城镇居民提出这样一个问题："我们想要什么样的社区？"这个问题存在一定的风险，城镇居民可能会用一份不切实际的愿望清单来回答，从而导致在城镇规划中出现无法实现的目的与目标。城镇规划委员会和城镇规划咨询委员会的一项重要职责，是利用为制定城镇规划而收集的事实来权衡公众的愿望。这样，目的与目标就与事实联系在一起，而不仅仅只是想法。

战略规划提出了一个更为棘手的问题："我们必须做些什么，才能在10年或20年后使社区变成我们想要的样子？"回答这一问题可能涉及公共支出和土地利用决策方面的一些重大变化，这可能令人心生畏惧。战略规划迫使人们试图塑造变化。战略规划通常与地方决策过程非常吻合，在决策过程中，一些"有影响力的人"往往会作出重要决策。尽管如此，公民参与也可以产生共识。城镇居民必须把所在社区视为一群利益相关者，这些利益相关者试图为城镇建立共同的愿景或使命。此外，作为选民的公民也是决策者。简言之，如果公众和城镇领导者能够就社区需要如何变革达成共识，那么，作为一个社区采取行动并不困难。

战略规划的必要性

战略规划通常侧重于经济发展，包括吸引和留住企业、扩大社区税基以及增加就业机会和质量。许多社区已经认识到，良好的学校、公园和历史文化景点等都是经济发展的重要资产，因为雇主及其雇员都在寻找生活质量好的地方。

许多小城镇的经济和人口前景并不乐观，因为它们提供良好生活质量的能力令人怀疑。例如，在 20 世纪 90 年代和 21 世纪第一个十年，美国中西部与大平原地区的几个县和数百个小城镇人口一直在下降。

2000 年的人口普查确定了美国约有 19300 个"地方"，其中略多于 13000 个社区居民不足 10000 人，超过 12000 个社区居民不足 5000 人，约 7800 个社区居民不足 1000 人。在 21 世纪，人口不足 1000 人的偏远农村社区将特别难以生存。这些社区尤其需要一个规划过程，以促进对其城镇目的、使命感和重新达成的行动共识进行评估。战略规划过程可能有助于改变一些小型社区的命运。

另外，位于大都市区边缘的数百个小城镇面临着日益增长的人口和发展压力，这些压力有可能会在一夜之间改变社区的外观、社会结构和环境质量。在这些城镇，经济发展不是大问题；在通勤距离范围内有很多工作岗位。相反，这些社区面临的问题是如何保持其"乡村特色"，即：开放的空间、当地自有的商店和有节制的生活节奏等。这些社区如果不采取任何行动，就会变成散布在风景中的许多类似郊区之一。然而，这些社区如果要想保持其"乡村特色"，则必须通过采取相当严格有力的土地利用控制措施来规范开发的速度和位置，特别是在城镇边缘地区，可能还需要花费公共资金来保护一些土地免于开发。

建立小城镇战略规划过程

社区战略规划有八个关键要素：

1. 领导力与组织。

2. 愿景规划。

3. 社区评估。

4. 使命陈述。

5. 创新。

6. 合作行动。

7. 区域变革管理。

8. 战略规划与可持续发展社区。

领导力与组织

领导力（Leadership）是所有成功规划努力中的最重要因素。战略规划要求领导者承担社区行动的责任。虽然民选官员通常认为自己是领导者，但通过选举担任公职既不能保证、也未必会培养出领导者。领导力来自个人精神、个人技能、奉献精神和服务意愿。领导力可能会因滥用或没有使用而消失，可能会在压力下迅速显现，也可能在长期的社区服务中缓慢培养。

社区领导者必须在以下团体和组织中建立领导者网络：

- 律师协会。
- 商会。
- 教会。
- 公民福利团体。
- 文化与艺术。
- 城镇中心协会。
- 族裔群体。
- 集市与工艺品。
- 农场团体。
- 医疗保健与医院。
- 高等教育。
- 历史学会。
- 地方政府。
- 媒体。
- 娱乐。
- 学区。
- 老年人。
- 服务组织。
- 体育团体。
- 职业技术。
- 青年活动。

社区的愿景、目的和行动都源于领导力。领导者要发现机会并采取行动。在进行战略规划时，领导者必须带领社区提出诚实且往往困难的问题，例如：

- "社区在增长吗？"
- "社区增长过快吗？"
- "社区有哪些选择？"
- "社区是否在失去人口与经济活力？"

领导的任务是要有前瞻性，努力解决问题，并在问题失控之前希望解决问题。

愿景规划

当领导者与城镇居民一起形成他们未来 10 ~ 20 年想要的社区**愿景**（vision）时，战略规划就开始形成了。愿景规划过程是制定城镇规划的第一步，战略规划工作应与城镇规划保持一致。如果社区战略规划提出的改变与城镇规划的目的与目标有很大不同，那么，要么是城镇规划不够切合实际，要么是战略规划过于激进。

战略规划工作可以建立在城镇规划的愿景规划基础上。愿景规划应依靠事实，提倡创造性思维，分清城镇居民能做和不能做的事，强调解决最重要的问题，讨论如何改进地方政府的管理。

愿景规划过程应形成一个愿景声明，说明社区在 15 年或 20 年内必须在哪些方面取得成功。在愿景规划过程完成后，下一步工作将由以下问题来决定："我们如何从现在的状态，到达我们要实现的状态？"

社区评估

第三个关键要素是城镇居民**评估**（assess）社区资产和负债的能力：即 swots。社区领导者和规划小组必须根据社区的资源、人才和在地区所处地位等，确定社区在哪些方面做得好或能够做得好。

这种评估可以利用城镇规划中的社区基本优势清单，比如价值高的优质库存、较旧的住房和潜在的机会，比如吸引退休人员。下一步是评估社区的弱点与威胁，这些在城镇规划中也有体现。例如，缺乏优质医疗保健服务、零售品种不足、交通不便或住房基础不断恶化等，这些不足之处有时都与小城镇和农村地区有关。威胁还可能包括失去重要雇主，或者大城市边缘城镇的人口增长和发展等。

补充材料 21-1　建立战略共识

内布拉斯加州路易斯维尔人口为 1075 人。他们成立了一个战略规划委员会，为社区的长期发展方向建立共识。在分析社区情况后，战略规划委员会编制了一份"路线图"，供民选官员用于分配当地的人力和财力资源，以便朝着城镇的理想未来迈进。

资料来源：大卫·塔拉戴的 "Following a Road Map to Community Success"，载于《农村之声》，住房援助委员会，2006 年春季，第 15 ～ 16 页。

使命陈述

接下来的工作是使命陈述。使命陈述将愿景陈述中的愿望和对行动的承诺结合起来。使命陈述不是愿望清单。使命陈述彰显了社区的价值观，以及社区打算如何保护其"原汁原味"的资源，以维持自身在未来的发展。使命陈述必须清晰、简短，切中要点。

以下为两个实例：

> "我们的城镇有一个历史悠久的城镇中心，那是我们社区的焦点。我们社区
> 半小时车程范围内的零售业已经被大城市抢走了。我们必须为城镇中心的建筑
> 寻找新的商业和住宅用途，否则，城镇就会沦为附近城市的卧室社区。"

> "我们的城镇在建成区和周围乡村之间有清晰的边界。在未来20年，社区
> 人口可能会大幅增长，我们希望新开发项目靠近现有居住区，同时推动植入式
> 开发和现有建筑的适应性再利用。"

创新

创新是战略规划成功的另一个要素。创新是一个发现和尝试以不同方式做事的过程。变革蕴含着风险，因此也有失败的可能性，但是不以新的方式做事也有失败的风险。创新人士会努力融合新行动和传统各自的优点，从而达到平衡。

创新有时对小城镇居民具有威胁性，因为创新意味着变革。在其他情况下，创新可能不会立竿见影。许多个人和团体可能会批评那些提倡新行动的社区领导者，特别是在行动结果不确定且涉及公共税收的情况下。当反对者看到一个公共融资商业园区只有少数几家公司时，他们可能会迅速指责项目的愚蠢之处。然而，当商业园区经过25年运营，已经满员并蓬勃发展的时候，社区居民则可能会回首往事，钦佩社区领导者的远见卓识。同样，为保护开放土地而采取的土地利用控制和财政激励措施等，可能也需要一段时间才能显现效果。通常，这样做的结果既避免了不适当规模的开发，也避免了错误位置的开发，保持洪泛区的自然状态也同样如此。

在许多小城镇很难找到创新。有的城镇竭力反对变革，而有的城镇又满足于听天由命。只有当附近城市的大型商店开业并开始抢走生意，或者开发商提出在城镇边缘开发一个包含300套住房的项目时，城镇居民才会寻求解决方案。然而，有效的创新涉及预测变化，组织人们为变化做好准备，以及塑造变化。

小城镇居民必须善于创新。伊利诺伊州弗洛拉（Flora）就是一个这样的例子。弗洛拉有居民5700人，想要吸引一个新的州立监狱。城镇居民们制作了一段说唱视频，还发起了一场全社区游行，以引起关注。虽然这项活动未能赢得监狱迁入，但很快有五家财富500强公司决定在弗洛拉落户。这些公司所喜欢的正是这里的社区精神！

合作行动

城镇政府、私营部门、县和州政府以及某些情况下的联邦政府之间的**合作与协同努**

力（Cooperative and coordinated efforts），也是战略规划成功的关键。社区很少能独善其身。例如，成功的商业园区开发需要县或地区的土地征用和规划援助，以及所在州在寻找新公司或为扩大当地公司提供建议方面的援助。区域规划机构可以协助准备州和联邦拨款申请，以提供地方基础设施。同样，在都市边缘地区，土地保护工作涉及很多方面，包括：地方和州政府，某些联邦资金，私人、非营利性土地信托基金的活动，以及私人土地所有者等。

简而言之，战略规划是团队工作。

我们建议社区领导者仅在完成或更新城镇规划、土地利用法规和基本建设改善计划后，才进行战略规划。民选管理机构应任命一个战略规划小组，重点关注社区的某些方面，如经济发展或增长管理等。这个小组有 11 ～ 15 人，分别代表各种不同的观点，包括城镇和县管理者、镇长、规划过程中的其他重要官员，以及私营部门等。

战略规划也存在某些弱点。战略规划的一个严重问题是倾向于遵循"自上而下"的方法，这种方法只涉及社区的领导者和主要利益相关者。缺乏公众参与会让人产生一种感觉，即：战略规划工作是地方精英们在试图无视城镇规划，将他们的意愿强加于社区。

战略规划小组的目的不是重做城镇规划，而是鼓励提出新想法、新计划，并对现有规划进行创造性改革。战略规划小组的建议可导致城镇规划、土地利用法规和基本建设改善计划的更新。总之，战略规划有助于保持社区规划工作的现实性、时效性和前瞻性。

区域变革管理

许多小型社区抵制变革，而不是试图管理变革。这些社区可能研究发展提案的时间过长，错失了推动有序变革的良机，也可能对新发展关上了大门，从而埋下自行衰落的种子。

尽管美国有许多充满活力的小城镇，但仍然有太多的社区是他们自己最大的敌人：这些社区抵制新思想，不愿创新，而且缺乏领导力，即使所选择的很可能是漫长而缓慢的死亡过程，或是铺天盖地的人口增长和蔓延式发展。这些社区的座右铭是："只要没坏，就不要试图修复"。它们坚定地认为政府无权与私营部门打交道。其民选官员仅限于修补街道、监督治安，而通常回避社区生活中的大问题。

位置紧密相连的小社区应该认识到，它们拥有共同的未来。在今天的小城镇，人们在一个城镇居住，在另一个城镇工作，甚至在第三个城镇送孩子上学，这是很平常的事情。这样的城镇应该做的事情包括：

- 协调经济发展工作，包括贷款基金和企业名录。
- 提供适足的住房。
- 就学校政策、扩建或合并等进行合作。
- 打造具有区域性视角的社区领导力。

在合作过程中，这些社区可以共享一些服务，并在保持质量的同时控制这些服务的成本。

宾夕法尼亚州允许制定"多城镇规划"（multimunicipal plans），即两个或两个以上的城镇可以进行联合规划。在联合规划过程中，各城镇就彼此社区的大型开发项目进行投票，并可以采取收入共享和跨市政边界的开发权转让。多城镇合作规划的好处在于，这样做创造了一种更加区域化的视角，让人们看到应该在哪些地方出现增长和进行大规模保护，也减少了城镇当局之间关于财产税税基的恶性竞争。

尽管如此，许多小城镇不愿意参与联合，因为长期的竞争（尤其是对高中和企业的竞争），和对失去自己身份的不信任。然而，"团结则存，分裂则亡"（United we stand, divided we fall），这句古老的格言或许是对同一区域的小城镇进行长期战略规划的战斗口号。

战略规划与可持续发展社区

可持续发展社区（sustainable community）是今天人们耳熟能详的一个短语。如果一个社区在经济、社会和环境资产、领导力和运气方面有正确的组合，那么它就是可持续的。一个可持续发展的社区不仅会随着时间的推移生存下去，而且还会为其公民提供居住、工作、购物、娱乐和教育儿童的好地方。城镇居民不仅能获得各种各样的商品和服务，而且在未来几年都有工作。清洁的空气、干净的水和开放的空间，既是乡村城镇的标志，也是社会互动和步行导向的标志。

从长远来看，战略规划是建立可持续发展社区的关键要素。战略规划首先侧重于确定整个社区的优势、劣势、机遇和威胁。其次，社区可以编制具体的土地利用、设计和经济发展规划，以保持优势，改善劣势，抓住机遇，应对社区福祉面临的各种威胁。城镇规划的目的与目标虽然应该切实可行，但也应该包含一种意识，即：今天的规划和行动，都将影响明天的条件和选择。

小　结

对人口变化、土地利用、经济发展和环境质量等方面进行规划，对今天的小城镇尽其所能地塑造未来至关重要。

注释

1　杰拉尔德·戈登，《地方政府战略规划》（*Strategic Planning for Local Government*，华盛顿特区：国际城市县管理协会，1993 年），第 80 页。

附录

关于小城镇的联系方式与资源

　　以下是关于小城镇规划的联系方式和资源。其中有些联系方式是全国性的项目，有些则是区域性的项目。

联邦机构（FEDERAL AGENCIES）
Appalachian Regional Commission
1666 Connecticut Ave., NW, Suite 700
Washington, DC 20009-1068
Phone: (202) 884-7799
www.arc.gov

Economic Development Administration
U.S. Department of Commerce
1401 Constitution Ave., NW
Washington, DC 20230
www.eda.gov

The Rural Information Center
National Agricultural Library
Beltsville, MD 20705
Phone: (800) 633-7701
Ask for: Federal funding for rural areas

Small Business Administration
409 Third St., SW
Washington, DC 20416
Phone: (800) 827-5722
www.sba.gov

Tennessee Valley Authority
400 W. Summit Hill Dr.
Knoxville, TN 37902-1499
Phone: (865) 632-2101
www.tva.gov

U.S. Department of Agriculture
Housing Programs
Centralized Servicing Center
520 Market St.
St. Louis, MO 63103
Phone: (800) 414-1226
TTY: (800) 438-1832
Fax: (314) 206-2805

National Office
USDA Rural Development
Room 5014-S, Mail Stop 0701
1400 Independence Ave., SW
Washington, DC 20250-0701
Phone: (202) 690-1533
TTY: (800) 877-8339

(Federal Information Relay Service)
Fax: (202) 690-0500
www.rurdev.usda.gov/rhs

National Office
USDA Rural Development,
Room 5045-S, Mail Stop 3201
1400 Independence Ave., SW
Washington, DC 20250-3201
Phone: (202) 690-4730
TTY: (800) 877-8339
(Federal Information Relay Service)
Fax: (202) 690-4737
www.rurdev.usda.gov/rhs

Utilities Programs
National Office
USDA Rural Development
Room 4051-S, Mail Stop 1510
1400 Independence Ave., SW
Washington, DC 20250-1510
Phone: (202) 720-9540
TTY: (800) 877-8339
(Federal Information Relay Service)
Fax: (202) 720-1725
Community Development Programs
National Office
USDA Rural Development
Room 266, Mail Stop 3203
300 7th St., SW
Washington, DC 20250-3203
Phone: (202) 619-7980
TTY: (800) 877-8339
(Federal Information Relay Service)
Fax: (202) 401-7420

美国社区发展一揽子拨款（COMMUNITY DEVELOP-MENT BLOCK GRANTS）
U.S. Department of Housing and Urban Development
451 7th St., SW
Washington, DC 20410
Phone: (202) 708-1112

333

www.hud.gov

非营利组织（**NONPROFIT ORGANIZATIONS**）
American Planning Association
122 S. Michigan Ave., Suite 1600
Chicago, IL 60603
Phone: (312) 431-9100
www.planning.org
See especially: The Small Town and Rural Planning
Division of the American Planning Association
www.planning.org/smalltown

National Association of Towns and Townships
444 N. Capitol St., NW
Washington, DC 20001-1202
Phone: (202) 624-3550
www.natat.org

National Rural Electric Cooperative Association
4301 Wilson Blvd.
Arlington, VA 22203
Phone: (703) 907-5500
www.nreca.org

National Trust for Historic Preservation
National Main Street Center
1785 Massachusetts Ave., NW
Washington, DC 20036
Phone: (202) 588-6219
www.mainstreet.org

农村发展区域中心（REGIONAL CENTERS FOR RURAL DEVELOPMENT）
North Central Regional Center for Rural Development
108 Curtiss Hall, Iowa State University
Ames, IA 50011-1050
Phone: (515) 294-7648
Fax: (515) 294-3180
www.ncrcrd.iastate.edu

The Northeast Regional Center for Rural Development
7 Armsby Building
The Pennsylvania State University
University Park, PA 16802-5602
Phone: (814) 863-4656
Fax: (814) 863-0586
www.nercrd.psu.edu

Southern Rural Development Center
P.O. Box 9656
410 Bost Extension Building
Mississippi State University
Mississippi State, MS 39762
Phone: (601) 325-3207
Fax: (601) 325-8915
http://srdc.msstate.edu

Western Rural Development Center
Utah State University

8335 Old Main Hill
Logan, UT 84322-8335
Phone: (435) 797-9732
Fax: (435) 797-9733
http://extension.usu.edu/WRDC

这四个区域中心协调美国各地的农村发展研究和推广教育。它们通过跨学科合作，重点关注农村地区常见的社会和经济问题，包括融资、公共服务、财政分析和领导作用。区域中心就经济发展、改善社区设施与服务、能力构建和自然资源等开展研究。

STATE AND REGIONAL COORDINATORS FOR THE NATIONAL MAIN STREET CENTER
Alabama Historical Commission
468 South Perry St.
Montgomery, AL 36130-0900
Phone: (334) 230-2663
Fax: (334) 262-1083
www.preserveala.org

Arizona Mainstreet Program
Department of Commerce and Community Development
3800 N. Central, Suite 1400
Phoenix, AZ 85012
Phone: (602) 280-1350
Fax: (602) 280-1305
www.azcommerce.com/CommAsst/MainStreet

Main Street Arkansas
1500 Tower Bldg.
323 Center St.
Little Rock, AR 72201
Phone: (501) 324-9880
Fax: (501) 324-9184

California Main Street Program
California Trade and Commerce Agency
801 K St., Suite 1700
Sacramento, CA 95814
Phone: (916) 322-3536
Fax: (916) 322-3524

Connecticut Main Street Program
Northeast Utilities Service Company
107 Selden St.
Berlin, CT 06037
Phone: (860) 665-5168
Fax: (860) 665-5755

Delaware Main Street Program
Delaware Development Office
99 Kings Highway
Dover, DE 19901
Phone: (302) 739-4271
Fax: (302) 739-5749

Florida Main Street Program
Bureau of Historic Preservation
Division of Historical Resources
500 S. Bronough St.
4th Floor, Room 411
Tallahassee, FL 32399-0250

Phone: (904) 487-2333
Fax: (904) 922-0496

Georgia Main Street Program
Center for Business and Economic Development
800 Wheatley St.,
Georgia Southwestern College
Americus, GA 31709
Phone: (912) 931-2124
Fax: (912) 931-2092

Main Street Hawaii
Department of Land and Natural Resources
33 South King St., 6th Floor
Honolulu, HI 96813
Phone: (808) 587-0003
Fax: (808) 587-0018
www.state.hi.us/dlnr/hpd/hpmainst.htm

Main Street Partnership (Illinois)
220 S. State St., Suite 1880
Chicago, IL 60604
Phone: (312) 427-3688
Fax: (312) 427-6251

Illinois Main Street Program
612 Stratton Bldg. Springfield, IL 62706
Phone: (217) 524-6869
Fax: (217) 782-7589

Indiana Main Street Program
Department of Commerce
Indiana Commerce Center
One N. Capital, Suite 700
Indianapolis, IN 46204-2288
Phone: (317) 232-8910
Fax: (317) 232-4146

Main Street Iowa
Iowa Department of Economic Development
200 E. Grand Ave.
Des Moines, IA 50309
Phone: (515) 242-4733
Fax: (515) 242-4859
www.iowalifechanging.com/community/mainstreetiowa

Kansas Department of Commerce and Housing
700 S.W. Harrison St., Suite 1300
Topeka, KS 66603-3712
Phone: (913) 296-3485
Fax: (913) 296-0186

Kentucky Main Street Program
Kentucky Heritage Council
300 Washington St.
Frankfort, KY 40601
Phone: (502) 564-7005
Fax: (502) 564-5820
www.state.ky.us/agencies/khc/main.htm

Louisiana Main Street Program
Division of Historic Preservation
P.O. Box 44247
Baton Rouge, LA 70804
1051 N. 3rd St., Room 402 (70802)

Phone: (504) 342-8160
Fax: (504) 342-8173

Maine Downtown Center
Maine Development Foundation
45 Memorial Dr., Suite 302
Augusta, ME 04330
Phone: (207) 622-6345
www.mdf.org

Maryland Main Street Center
100 Community Pl., DHCD/DNR
Crownsville, MD 21032
Phone: (410) 514-7265
Fax: (410) 987-4660

The Commonwealth of Massachusetts
Downtown Revitalization Program
Executive Office of Communities and Development
100 Cambridge St.
Boston, MA 02202
Phone: (617) 727-7180, ext. 426
Fax: (617) 727-4259

Minnesota Main Street Project
500 Metro Square
121 Seventh Pl. East
St. Paul, MN 55101
Phone: (612) 297-1755
Fax: (612) 297-1290

Mississippi Downtown Development Association
P.O. Box 2719
Jackson, MS 39207
Phone: (601) 948-0404
Fax: (601) 353-0402

Missouri Main Street Program
Missouri Dept of Economic Development
P.O. Box 118
301 West High St., Truman Bldg., Room 770
Jefferson City, MO 65102
Phone: (573) 751-7939
Fax: (573) 526-8999
missourinet.com/Mainstreet/Default.htm

Nebraska Leid Main Street Program
Dept. of Community and Regional Planning
University of Nebraska
309 Architecture Hall
P.O. Box 880105
Lincoln, NE 68588-0149
Phone: (402) 472-0718
Fax: (402) 472-3806

Main Street New Jersey
Department of Community Affairs
P.O. Box 806
101 South Broad St.
Trenton, NJ 08625
Phone: (609) 633-9769
Fax: (609) 292-9798
email: msnj@juno.com

335

New Mexico Main Street Program
Economic Development and Tourism
1100 St. Francis Dr.
Santa Fe, NM 87503
Phone: (505) 827-0200
Fax: (505) 827-0407

North Carolina Main Street Center
North Carolina Department of Commerce
Division of Community Assistance
P.O. Box 12600
Raleigh, NC 27605-2600
Phone: (919) 733-2850
Fax: (919) 733-5262
www.dca.commerce.state.nc.us/mainst

Downtown Ohio, Inc,
61 Jefferson Ave., Suite 203
Columbus, OH 43215
Phone: (614) 224-5410
Fax: (614) 224-5450

Oklahoma Main Street Program
Oklahoma Department of Commerce
P.O. Box 26980
Oklahoma City, OK 73126-0980
900 N. Stiles (73104)
Phone: (405) 815-5115
Fax: (405) 815-5234

Oregon Main Street Program
Livable Oregon, Inc.
921 S.W. Morrison St., Suite 508
Portland, OR 97205
Phone: (503) 222-2182
Fax: (503) 222-2359

Pennsylvania Downtown Center
412 N. Second St.
Harrisburg, PA 17101-1342
Phone: (717) 233-4675
Fax: (717) 233-4690
www.padowntown.org

Pennsylvania Main Street Program
Department of Community and Economic Development
502 Forum Bldg., Room 372
Harrisburg, PA 17120
Phone: (717) 720-7411
Fax: (717) 234-4560

South Carolina Downtown Development Association
P.O. Box 11637
Columbia, SC 29211
1529 Washington St. (29201)
Phone: (803) 933-1226
Fax: (803) 933-1299

Tennessee Main Street Association
Department of Economic and Community Development

109 Third Ave. S., Suite 112
Franklin, TN 37064
Phone: (615) 591-9091
Fax: (615) 591-9441

Texas Main Street Center
Texas Historical Commission
P.O. Box 12276
1511 Colorado St.
Austin, TX 78711
Phone: (512) 463-6092
Fax: (512) 463-5862

Utah Main Street Program
Dept. of Community and Economic Development
324 S. State St., Suite 500
Salt Lake City, UT 84111
Phone: (801) 538-8638
Fax: (801) 538-8888

Vermont Downtown Program
Certified Local Government Program
Vermont Division for Historic Preservation
National Life Building, Drawer 20
Montpelier, VT 05620-1201
Phone: (802) 828-3042
Fax: (802) 828-3206

Virginia Main Street Program
Dept. of Housing and Community Development
501 N. Second St., Third Floor
Richmond, VA 23219
Phone: (804) 371-7030
Fax: (804) 371-7093

Washington Downtown Revitalization Services
P.O. Box 48300
906 Columbia S.W.
Olympia, WA 98504-8300
Phone: (360) 586-8977
Fax: (360) 586-0873

West Virginia Main Street Program
Capitol Complex, Building B531
Charleston, WV 25305
Phone: (304) 558-0121
Fax: (304) 558-0449

Wisconsin Main Street Program
Department of Development
201 W. Washington
Madison, WI 53707
Phone: (608) 267-3855
Fax: (608) 266-8969
www.commerce.state.wi.us/CD/CD-bdd.html

State of Wyoming
Division of Economic and Community Development
6101 Yellowstone Rd. Cheyenne, WI 82002
Phone: (307) 777-6436
Fax: (307) 777-5840

缩略词列表

AICP	美国注册规划师协会（American Institute of Certified Planners）
APA	美国规划协会（American Planning Association）
CBD	中心商务区（central business district）
CCRs	契约、条件和限制（covenants，conditions，and restrictions）
CDBG	社区发展一揽子拨款（Community Development Block Grant）
CDU	条件 - 期望 - 效用评级（condition–desirability–usefulness rating）
COG	政府委员会（council of government）
CRA	《社区再投资法》（Community Reinvestment Act）
EDA	美国经济发展署（Economic Development Administration）
EPA	美国环境保护署（U.S. Environmental Protection Agency）
ESA	《濒危物种法》（Endangered Species Act）
FEMA	联邦应急管理局（Federal Emergency Management Agency）
FIRM	洪水保险费率图（Flood Insurance Rate Map）
GIS	地理信息系统（数据库绘图程序）（Geographic Information System [database mapping program]）
HUD	（美国）住房与城市发展（部）（[U.S. Department of] Housing and Urban Development）
ISTEA	《多式联运地面运输效率法》（Intermodal Surface Transportation Efficiency Act）
MPO	大都市规划组织（metropolitan planning organization）
NPDES	《美国国家污染物排放削减制度》（National Pollutant Discharge Elimination System）
NRCS	自然资源保护署（Natural Resources Conservation Service）
PDD	规划开发区（planned development district）
PUD	规划单元开发（planned unit development）
RFP	征求建议书（request for proposals）
SWOT	优势、劣势、机会与威胁（strengths，weaknesses，opportunities，and threats）
URL	通用资源定位器（Universal Resource Locator）
ZBA	分区调整委员会（zoning board of adjustment）

术语表

Action plan 行动计划：一系列使城镇规划付诸实施的公共法规、基础设施支出计划和财政激励措施。

Aesthetics 美学：整体环境的愉悦感。美学涉及物理环境的外观，以及提供给其他感官的舒适与享受。美学被视为不重要却合乎情理的规划目的，但通常要与某种主要规划要素相结合才为人们所接受，如经济、健康与安全、对密度与危害的控制以及便利性等。

Age composition（population structure）年龄构成（人口结构）：特定规划区域内按年龄和性别划分的人口概况。总人口分为男性和女性，然后进一步分为四岁年龄组。四岁年龄组又称为**群组**（cohorts），以图示表示出各四岁年龄组占总人口的百分比。所有群组图一起构成一个人口金字塔图，人口金字塔说明了社区人口年龄分布是否正常，或者年轻人、中年人或老年人的数量是否不成比例。

Alteration 改造：对建筑物或构筑物的改变。小改造，如粉刷和日常维修，一般不涉及建筑与分区规范。大改造，如增加房间或楼层，则需要依据建筑规范进行审查，而且还可能涉及分区过程。

Appeal 上诉：个人、团体或公共机构可将分区管理员或规划委员会的决定提交上级权力机构进行审查。管理员的决定可以向分区调整委员会提出上诉，委员会的决定可以向管理机构提出上诉。同样，分区调整委员会和管理机构的决定则可向法院提出上诉。

Assessment 评估：为税务目的而确定土地和建筑物价值或公平市场价值的过程。在美国，大多数社区仅以实际价值的一小部分来评估财产；评估值占实际价值的百分比称为**评估率**（assessment rate）。因此，将社区所有财产的实际市场价值乘以评估率，就得出社区所有房地产的总评估价值。

Base map 底图：按比例绘制的社区图，显示社区边界、主要河流和溪流、街道、街区、铁轨以及社区建筑物的位置。

Base zone 基础分区：叠加分区下的土地分区。基础分区通常用于标准用途，如居住、商业和工业用途等。叠加分区增加了特殊限制条件。

Benchmarking 基准化管理：使用可衡量的标准或结果来衡量绩效。社区设施计划的一个基准可以是在未来5年内增加20英亩的公园用地。实际获得的公园面积要与20英亩标准进行比较，以衡量是否成功。基准化管理可以用来衡量行动计划的实施是否成功，例如在年度报告中。

Blight 衰败：社区的社会和 / 或物质衰退通常被视为中心商务区和某些邻里街区现存房屋的衰败。衰败由许多因素造成，比如人口下降，经济基础丧失，道路和公路变化，缺少日常维护以及公共投资短缺等。

Building code 建筑规范：一套管理建筑物建设的法规。建筑规范可以明确在建筑中可以使用或不能使用哪些材料，并可以制定管道、电线、消防安全、结构稳固性和整体建筑设计的最低标准。建筑规范的目的是确保新建筑物和现有建筑物改建的安全性。

Building permit 建筑许可证：由城市、乡镇或县签发的官方文件，允许承包商或私有财产所有者建造建筑物或对现有结构进行改进。通常只有在公职人员证明拟建的建筑物或改建符合所有地方法规后，才会签发建筑许可证。

Building starts 建筑开工量：特定年度在建的新建筑总数。签发的每一个建筑许可证均计为一项建筑开工。

Build-out scenario 可建方案：根据现行分区条例，在某一区域可以建造的住宅单元或商业机构总数。一个可建方案可在一幅或一系列地图上显示该区域在拟议分区密度下包含的开发量是否过多或过少，抑或正好是所需的开发量。

Bulk coverage 整体覆盖率：一处地产被建筑物覆盖的程度。

Bulk regulations 整体覆盖法规：分区条例关于建筑物的地块覆盖范围的限制规定。整体覆盖法规旨在为建筑物提供充足的通道、空气、防火、光线和开放空间。另见建筑容积率（Floor area ratio）。

Capital improvements program 基本建设改善计划：一个城镇在未来 5 ~ 10 年内计划在何时、何地以及投入多少资金用于公共服务的建设，维修方面投资的时间、地点和金额。基本建设改善计划还描述了城镇将如何支付公共服务费用。计划每年提出一个基本建设预算，这对编制城镇总体预算很有用。基本建设改善计划通常包括的项目有：道路与桥梁、学校建筑、排水与供水管线和处理厂、市政建筑、固体废物处置场，以及警察与消防设备。

Carrying capacity 承载力：一个区域、社区或地区在发生严重环境问题之前所能承受的开发量。

Census data 人口普查数据：美国人口普查局每 10 年发布一次关于每个州、超过 2500 人的城镇和城市以及所有县的信息。现有数据包括：总人口，按年龄、性别和种族分列的人口，住房条件，财产所有权，收入，以及通勤模式。

Central business district 中心商务区：即社区的中心区域，人们在那里的零售和服务商店购物。中心商务区区别于卫星商务中心、购物区和公路沿线带状商业区。

Certificate of occupancy 入住证：建筑物符合分区条例或建筑与房屋规范，并且可以被使用或占用的官方通知。该证书是针对新建建筑物或对现有建筑物进行改造和扩建而签发的。

Charrette 专家研讨会：这是一项社区愿景规划活动，规划人员、建筑师和景观设计师与城镇居民合作，确定城镇居民喜欢或不喜欢哪些建筑与景观设计。

Comprehensive plan 综合规划：社区未来增长的指南，确定应该或不应该进行开发的地方，以及支持开发所需的公共与私营服务。综合规划是土地分区和土地细分法规的法律依据，有助于指导基本建设改善计划。

Concurrency 并发性：一种只有在适当的公共服务到位时才能进行开发的政策。

Conditional use 有条件用途：在某特定区域内既不允许也不完全禁止的土地用途。有条件土地用途许可证经规划委员会审查后发放。例如，小型便利店可以是居住用地分区中的有条件用途。有条件用途也可指许可证持有者必须满足许可证规定的某些条件。

Conservation easement 保护地役权：一份限制私有财产使用的具有法律约束力的文件，通常限于农业、林业和开放空间用途。

Cumulative impact assessment 累积影响评估：评估近期和拟议开发项目对社区服务和土地利用模式的影响。

Dedication 让与：开发商或土地所有者向公众提供土地的行为。土地让与通常发生在土地细分过程中，细分者可以让与土地用于学校、公园、道路和其他公共用途。

Density 密度：特定土地面积上的建筑物、办公空间或住房单元的数量。高密度开发留下的开放空间很少。低密度开发每英亩建筑物或住房单元很少。

Design review 设计审查：一种正式程序，用于审查拟议的新开发项目和建筑物改建项目的设计和美观，并确定可以进行哪些改进或更改，以使新开发项目与周围环境互相融合。由管理机构委任的设计审查委员会或规划委员会可编制设计审查条例，列出设计标准和设计控制区，如历史区。作为替代方案，设计标准亦可纳入土地分区条例。

Deteriorated or dilapidated housing 破旧房屋或危房：一种住房条件类别，表明房屋主要结构损坏、出入不安全、有火灾危险、有虫害侵蚀以及其他导致建筑物居住不安全或不健康的问题。

Dillon's Rule 狄龙法则：在狄龙法则州，州内的城市、城镇或县除非得到州法律或州宪法授权，否则不得通过法规或支出计划。美国有 5 个州奉行狄龙法则。

Disclosure problem 信息披露问题：在研究和信息收集过程中经常出现的问题，特别是在小社区中。当研究人员发现规划区域内的家庭和个人的私人情况时，就可能发生私人信息的公开披露。

District 区：一般土地利用分区的一部分。一个区对允许密度级别有明确要求。例如，R-1 分区是居住用地分区，而且是低密度独户住宅区。R-3 分区是居住用地分区，而且是高密度多户型住宅区。

Downzone 分区下调：改变地产的分区划分，以要求较低的密度或较低的利用强度。例如，分区下调可以将一个地块的允许密度从每英亩 8 套住宅调整为每英亩只有 2 套住宅。分区下调还可以将允许土地用途从工业用地分区改为农业用地分区。

Dwelling unit 居住单元：为人类居住而设计并打算用于人类居住的建筑物或公寓。一个居住单元一般包括以下设施：厕所与浴缸或淋浴；供住宿用的独立房间；用于准备和储存食物的厨房；以及除上述所列外的其他用于吃饭和 / 或居住的空间。

Easement 地役权：使用他人所有的财产的权利，通常用于特定目的。大多数地役权被公用事业公司用于私有财产的跨公用事业线路和维修通道。地役权也被用于提供出入其他内部地块的通道，称为通行地役权。

Economic base 经济基础：综合规划中包含的主要研究之一。经济基础研究调查社区的资产和工商业活动。经济基础通常分为出口基础和本地商品与服务的二级基础。社区财富的定义是财产价值和公共设施的类型与价值。劳动力包括可用劳动力及其受教育程度。特定社区的经济基础还表明一个社区自我投资的整体能力，以及从局外人的角度对一个社区进行投资的相对可取性。

Environmental impact statement 环境影响报告：一种特定类型的规划研究。影响研究代表了许多专业人士的共同努力，例如生物学家、环境学家、规划师和工程师等，并着重于某个项目对当地环境（如空气、水、野生动植物和景观）可能产生的影响。

Exaction 额外负担费：捐赠土地或资金、敷设改善设施或城镇政府要求开发商提供的其他条件，以换取拟议开发项目的批准。额外负担费最常用于土地细分申请。

Export base 出口基础：地方经济的一部分，由社区为赚取金钱向其他城镇、美国其他地区或其他国家出口商品和服务组成。一个社区之所以增长，主要是因为它从出口到其他地区的商品和服务中赚钱。

Facilitator 主持人：管理会议流程但不参与会议结果的人。

Final plat 最终地籍方案：土地细分商或土地开发商向规划委员会提交的最终申请方案。最终地籍方案应包括对初步方案的所有建议更改。最终地籍方案的签署批准，连同所有权证书和地籍备案，意味着可以依法进行土地细分，建筑获准开工建设。

Flood hazard 洪水灾害：周期性遭受洪水侵袭并可能造成财产损失和 / 或人身伤害的区域。洪水灾害通常以有记录以来的最高洪水或过去 100 年内最大洪水表示。

Floor area ratio 建筑容积率：允许的建筑面积与建造地块面积之比。建筑容积率为 1 的地块，可以被一栋一层的建筑完全覆盖，或者被一栋二层建筑物覆盖一半地块。请参阅整体覆盖率（Bulk coverage）。

Frontage 临街面：地块与公路、街道或水道相连的部分。临街面通常以英尺表示，如沿道路临街面 100 英尺。

Functional planning 功能规划：规划社区的具体功能，如水资源、排水管道、卫生健康和娱乐等。

Geographic Information System 地理信息系统，简称 GIS：用计算机分层存储和分析数据并在地图上显示数据的方法。

Growth management 增长管理：利用法规、财政激励和公共基础设施投资来影响社区发展的速度、时机、位置、密度、类型和开发风格。

Historic preservation 历史保护：对超过 50 年、具有重要的建筑或历史意义的建筑物进行维护、复原或修复。

Home Rule 地方自治：在地方自治州，在州法律或州宪法不禁止的情况下，城市、镇或县可以实施法规或支出计划的州。美国有 45 个地方自治州。

Impact Fee 影响费：地方政府要求开发商提供的一笔资金，用于支付新开发项目所需要的未来特定公共服务，如公园用地。影响费通常按每个居住单元征收。

Improvements 改善设施：有助于土地开发的设施。改善措施包括街道、排水与给水管线、路缘石、人行道、路灯、消火栓和路标。

Infrastructure 基础设施：为城镇居民提供支持的道路、街道、排水与给水设施、学校、公园和公共建筑网络。

Land use 土地用途：一个广义的术语，用于根据土地的现状用途和未来用途的适宜性对土地进行分类，如居住用地、农业用地、商业用地、工业用地、娱乐用地和公共用地。

Land-use and development controls 土地利用与开发控制：社区、乡镇和县根据州授权立法制定的管理土地利用的法规。此类控制旨在用于保护公众的健康、安全和福利。常见的土地利用控制包括：土地分区，即将规划区域划分为用地分区和区域，并规管这些区域的土地可作何种用途；土地细分，即指导和控制建筑用地的分割以及在社区中增加新的建筑区域；官方地图，指定了新开发可以进行或不可以进行的现状和未来社区区域。

Lot 地块：从较大地块中分割出来的一块土地。

Lot coverage 地块覆盖率：建筑物覆盖整个地块的程度。许多土地分区条例对建筑物所能覆盖的地块面积施加了限制。例如，在独户住宅区，最大地块覆盖率通常为 35%。这一限制旨在确保充足的光线、隐私和开放空间。另见整体覆盖率（Bulk coverage）和建筑容积率（Floor area ratio）。

Minimum lot size 最小地块面积：在特定土地利用分区内可以建造的最小地块大小。此外，也指通过拆分较大地块可以创建的最小地块大小。例如，在有排水服务的独户住宅区中，最小地块面积为 8000 平方英尺（不到 1/5 英亩）是合理的。

Mixed-use development 混合用途开发：结合两种或两种以上土地用途的项目，如居住和商业用途。

Model 模型：在本手册中，模型是指规划区域内特定活动的数学表示。规划中使用的模型是预测性的或描述性的，或二者兼有。数学模型通常用于人口分析、经济基础研究、土地利用、交通运输和社区设施。

Natural resources inventory 自然资源调查：自然资源包括规划区内的土壤、水、森林、矿产、地质构造以及动植物物种。对自然资源的数量和质量进行调查，可以帮助社区确定城镇中适合开发的区域、只能支持有限开发的其他区域，以及应受到保护、避免开发的区域。

Noncommunity water system 非社区供水系统：一种供水系统，每天至少为25人提供服务，持续半年或更长时间，主要用于大型企业、娱乐区以及公共场所和建筑物。这些系统由环境保护署或州监管。

Nonconforming use 不合规用途：不符合其所在分区的条例，或不符合其他土地利用法规的土地用途。在分区条例之前存在的不合规用途通常允许按照不受新规限制的安排继续使用。

Nuisance 妨害：对邻近的业主或公众带来损害或严重烦恼的土地用途或行为。妨害通常涉及噪声、气味、视觉杂乱和危险的结构。管理机构颁布的妨害条例是解决妨害的一种方式。

Parcel 宗地：单一所有权或控制权下的一个或一组地块。一块宗地通常被视为用于开发目的的单个单元。

Performance zoning 绩效分区：使用标准来管控土地利用的位置和密度，而不是利用特定的分区和区域。绩效标准规范了各种土地用途的影响。土地所有者和开发商必须符合这些标准才能与遵守分区条例。绩效标准通常涉及噪声、交通、气味、空气污染和视觉影响等。

Planned unit development 规划单元开发：将住宅、商业、轻工业和开放空间等用途结合在同一土地分区，同时保持总体密度与传统开发相当的项目。

Planning commission 规划委员会：由城市、乡镇或县管理机构任命的官方机构，负责制定城镇规划并将其推荐给城镇管理机构。此外，规划委员会就分区条例与分区决定、土地细分法规与土地细分以及开发提案等向管理机构提出建议。

Planning data 规划数据：规划数据有三种类型：初级数据（由第一手观察获得，如交通流量或房屋与土地利用调查）、二级数据（由记录和文本来源的估算获得）和估算数据（通过假设某些因素保持不变或某些过去趋势将继续下去而获得）。

Plans 规划：指重大规划研究和小规划研究。重大研究内容包括总体规划、综合规划和城镇总体规划。这些规划探索一个区域的现状，预测可能的未来，并调查需求，以制定政策目的与目标，通过这些目的与目标实施规划。小规划包括草图方案和勘测研究。

Plat 地籍图：显示地块的数量与尺寸、公共通行权和地役权的土地细分图。最终地籍方案必须提交城镇书记员在城镇地籍簿中备案。

Police power 治安权：政府为保护公众健康、安全和福利而限制所有者使用财产的权力。

限制必须是合理的，必须按照正当程序进行。

Preliminary plat 初步地籍方案：土地细分商向规划委员会提交的正式申请提案。初步地籍方案应包含委员会关于草图方案的更改建议。初步地籍方案显示要细分的地产、地块、所有道路和地役权。规划委员会在此阶段可提出限制与额外负担费要求。另见 *Final plat*。

Professional planner 专业规划师：有资格在社区的所有职能领域制定规划或协调制定规划的人。专业规划师需要具有高等学位，比如社区与区域规划硕士学位，并通常持有专业注册证书。

Quasi-judicial ruling 准司法裁定：由规划委员会作出的裁定，在裁定中规划委员会充当非专业人士的法庭。例如，土地重新分区申请将需要规划委员会作出准司法裁定。规划委员会必须作出书面的"事实调查结果"来证明其裁定的合理性。

Region 地区、区域：包括一个或多个县的区域，具有某些共同的地理、经济和社会特征。

Rezoning 重新分区：参见分区变更（Zone change）。

Right-of-way 通行权：穿越财产的权利。通行权通常指公共土地。例如，修建街道的公共土地即为通行权。通行权不仅包括街道，还包括街道与人行道之间的土地和人行道。穿越私有财产的通行权通常用于公用事业线路或车道。

Secondary base 二级基础：由为当地社区提供日常商品和服务的企业组成。

Setback 退界：建筑物与道路、地产界线或其他建筑物的要求距离。这一距离在分区条例中有明确规定，并且可能因用地分区不同而有所不同。

Site plan 总平面图：拟议开发项目或土地细分的地图。总平面图通常作为分区变更、变通、有条件用途许可或土地细分申请的一部分提交。总平面图应标明地产界线、建筑物、道路、自然特征和指北针。

Sketch plan 草图方案：土地细分商向规划委员会提交的预申请提案，以了解委员会在批准正式土地细分时需要哪些更改和改善设施。草图方案应包括拟细分地块、相邻房产和现有改善设施的地图。

Smart growth 精明增长：在不降低环境质量的情况下实现经济与人口增长。精明增长通常是紧凑型增长，可以最大限度地减少蔓延式扩张。

Special district 特别区：地方政府为提供特定服务而设立的特殊部门，如学校、供水与排水管道以及消防设施等。特别区可以辅以特别税和／或出售债券。

Special exception 特殊例外：在特殊情况下，申请人可申请在特定分区或区域内通常不允许的用途。特殊用途可获批准，但必须是分区条例列出的允许特殊例外。特殊例外可能涉及分区调整委员会、规划委员会和管理机构的决定。应谨慎使用特殊例外。

Spot zoning 定点分区：将特定地块划分为与周围分区允许用途不同的用地分区。例如，在一个 R-1 独户住宅用地分区的中间划出一块商业用途分区地块，即为定点分区。城镇应避免这种做法，因为这可能对邻里街区产生负面影响，并可能被法院判定无效。

Sprawl 蔓延式扩张：一种规划不周的开发模式，形成住宅分散、带状商业开发。

Subdivision 土地细分：将一块土地划分成若干地块，供日后出售和／或开发。根据具体的州规划和分区授权法案，土地细分可以分为三个或更多地块，也可以分为四个或更多个地块。

Substandard housing 不合标准住房：住房条件的宽泛分类，分为严重不合标准和轻微不合标准两种程度，表明某一住宅单元不适于一般使用。评估不合标准住房的常见标准包括：居住单元是否通电（或已正确布线），是否设有管道系统和室内冲水厕所设施，是否有适当的排水管道和充足的窗户供采光与通风，以及外表面状况。

Sustainable development 可持续发展：即持续地发展。可持续发展必须是在经济、社会和环境上皆可持续发展。

Town plan 城镇规划：在本手册中，城镇规划是针对社区的综合规划，包括对将影响未来 10 ~ 20 年内增长和变化的当地因素的研究、目的与目标。

Tract 地段：单一所有权或控制权下的土地。一个地段通常占地很大，并且有可能细分为多个地块。

Trip 出行：在交通规划和分析中使用的术语，用于表示规划区域内的行程。出发地与目的地描述了出行过程，这方面的研究试图解释单次出行的起点、出行经过的路径以及出行的最终目的地。

Variance 变通：改变土地利用条例规定的决定，通常是针对一块土地。场地变通涉及改变建筑物的高度、地块覆盖率、退界和院子大小等分区要求。

Village growth boundary 村庄增长边界：指一个村庄周围的区域，其中有足够的可开发土地来满足未来 20 年的增长。集中供水和排水等城市服务不会延伸至增长边界之外。

Vision 愿景：关于社区未来的外观和功能的想法。城镇规划中的愿景陈述表达了社区对未来的展望。

Zone 分区：城镇中的一个或多个区域，允许某些土地用途而禁止其他土地用途。

Zone change 分区变更：地方管理机构为改变一块或多块土地的分区类型而采取的行动。例如，从 C-1 低密度商业用地分区改为 C-2 中密度商业用地分区，即为分区变更或重新分区。当财产所有者要求进行准司法行为的分区变更时，或规划委员会或管理机构通过立法行动寻求分区变更时，就可能发生特定地产的分区变更。如果分区变更获得批准，则分区图也必须进行修改。某些分区变更可能需要修改综合规划图。

Zoning ordinance 分区条例：由地方管理机构颁布的一套土地利用法规用于创建允许某些土地用途而禁止其他土地用途的区域。每个区域的土地用途均以建筑物的类型、密度、高度和覆盖率进行规范管理。

参考文献

Allor, David J., *Planning Commissioners Guide* (Chicago: American Planning Association, 1984). A sensible and down-to-earth guide for conducting planning commission business. The focus of the book is how planning commissions can make more efficient and intelligent decisions—especially in the face of controversy, which often occurs in community planning.

American Planning Association, *Zoning Practice* (published monthly). This publication presents a comprehensive coverage of zoning and land-use law topics. It is more suitable for the professional planner or the practicing attorney than for the planning commission.

Ames, Steven C., *A Guide to Community Visioning: Hands-On Information for Communities* (Chicago: American Planning Association, 1998). Good advice on how to design and implement a successful community visioning process and increase public involvement in planning.

Ayres, Janet, et al., *Take Charge: Economic Development in Small Communities* (Ames: North Central Regional Center for Rural Development, Iowa State University, 1990). This publication is a step-by-step approach for strategic planning for community economic development. It is a very useful book.

Bair, Frederick H., Jr., *Zoning Board Manual* (Chicago: American Planning Association, 1984). This is one of the best manuals for small towns and rural areas. It is well indexed and useful as a quick reference. Many small towns have used it to establish guidelines for issuing variances and special exceptions.

Bowyer, Robert A., *Capital Improvements Programs: Linking Budgeting and Planning*, Planning Advisory Service Report Number 442 (Chicago: American Planning Association, 1993). A useful guide on how to develop a capital improvements program. The book also discusses the link between budgeting, infrastructure investment, and land-use planning.

Campoli, Julie, Elizabeth Humstone, and Alex MacLean, *Above and Beyond: Visualizing Change in Small Towns and Rural Areas* (Chicago: American Planning Association, 2001). A well-illustrated look at how small towns attempt to cope with sprawl.

Clark Boardman Company, *Zoning and Planning Law Report* (New York: Clark Boardman Company) (published 11 times a year). A very informative summary of recent court decisions on land-use regulations and small, topical reports. Many topics relate to small towns and rural areas. This report can be used to inform the planning commission and to assist in updating land-use regulations.

Crawford, Clan, Jr., *Strategy and Tactics in Municipal Zoning* (Englewood Cliffs, NJ: Prentice Hall, 1969). This book is an essential reference for small towns. The book is very well written and understandable, and is perfect for new planning commissioners. Although this book is more than 35 years old, its material is classic and will never be dated.

Daniels, Tom, *When City and Country Collide: Managing Growth in the Metropolitan Fringe* (Washington, DC: Island Press, 1999). Planners and planning commission members in towns on the edge of metro areas will find this book helpful as they attempt to deal with growth issues.

Daniels, Tom and Deborah Bowers, *Holding Our Ground: Protecting America's Farms and Farmland* (Washington, DC: Island Press, 1997). A thorough discussion of techniques to protect farm land from development, including zoning, conservation easements, and purchase of development rights. The book is especially useful for small towns and counties with increasing population pressures.

Daniels, Tom and Katherine Daniels, *The Environmental Planning Handbook for Sustainable Communities and Regions* (Chicago: American Planning Association, 2003). This book shows how local governments can incorporate environmental goals and objectives into the comprehensive planning process and their local zoning and subdivision regulations and capital improvements programs.

Dawe, Suzanne G., *Main Street Success Stories* (Washington, DC: National Trust for Historic Preservation, 1997). A good collection of case studies of how to revitalize main streets.

Duerksen, Christopher J. and James van Hemert, *True West: Authentic Development Patterns for Small Towns and Rural Areas* (Chicago: American Planning Association, 2003). A well-done account of planning techniques aimed at western communities.

Easley, V. Gail and David A. Theriaque, *Board of Adjustment* (Chicago: American Planning Association, 2005). A practical guide to the purposes, processes, and cases in operating the zoning board of adjustment.

Frank, James E. and Robert M. Rhodes, eds., *Development Exactions* (Chicago: American Planning Association, 1987).

Freilich, Robert H. and Michael M. Shultz, *Model Subdivision Regulations: Planning and Law,* 2d ed. (Chicago: American Planning Association, 1995). A classic.

Galston, William A. and Karen J. Baehler, *Rural Development in the United States* (Washington, DC: Island Press, 1995).

Glassford, Peggy, *Appearance Codes for Small Communities,* Planning Advisory Service Report Number 379 (Chicago: American Planning Association, 1983).

Hinshaw, Mark L., *Design Review,* Planning Advisory Service Report Number 454 (Chicago: American Planning Association, 1995). A how-to guide for the design review process.

Hoch, Charles J., Linda C. Dalton, and Frank S. So, eds., *The Practice of Local Government Planning,* 3d ed. (Washington, DC: International City/County Management Association, 2000). This helpful handbook for office practice covers all aspects of planning and land-use regulation. Although there is not a specific chapter on small town and rural planning, there is a wealth of information on how to collect data, conduct surveys, and educate people about planning. It also contains several important chapters on zoning and subdivision regulations, economic development, and citizen participation.

Hylton, Thomas, *Save Our Land, Save Our Towns: A Plan for Pennsylvania* (Harrisburg, PA: RB Books, 1995). A beautifully illustrated book written by a Pulitzer Prize-winning author. An excellent discussion of how small towns can deal effectively with sprawl.

Irwin, J. Kirk, *Historic Preservation Handbook* (New York: McGraw-Hill, 2003). Practical advice on evaluating and renovating historic buildings and community policies to support historic preservation.

Kelly, Eric Damian and Gary J. Raso, *Sign Regulation for Small and Midsize Communities: A Planner's Guide and a Model Ordinance,* Planning Advisory Service Report Number 419 (Chicago: American Planning Association, 1989). A helpful explanation of when and how to use sign controls, including several examples.

Kendig, Lane, et al., *Performance Zoning* (Chicago: American Planning Association, 1980). A comprehensive presentation of the concepts, ordinance language, and techniques of performance zoning. The model ordinance would need to be adapted to a small town setting. Towns and planners looking for an alternative to traditional zoning should read this book and have it on hand as a reference.

Lapping, Mark B., Thomas L. Daniels, and John W. Keller, *Rural Planning and Development in the United States* (New York: Guilford Publications, 1989). A wide-ranging discussion of the issues involved in rural and small town planning. Especially useful for practicing planners and planners new in the field.

Lerable, Charles A., *Preparing a Conventional Zoning Ordinance*, Planning Advisory Service Report Number 460 (Chicago: American Planning Association, 1995). Explains how to create a coherent set of zoning regulations and procedures.

Lyons, Thomas S. and Roger E. Hamlin, *Creating an Economic Development Plan* (New York: Praeger Publishers, 2001). A helpful guide to the economic development process and drafting of an economic development plan.

Mandelker, Daniel R., *Land Use Law*, 4th ed. (Charlottesville, VA: Lexis Law Publishing, 1997). This is the law book in one volume that is suitable for use in small towns and rural areas. This book is a comprehensive guide to the many questions that will arise in day-to-day operations and at planning commission meetings. The book is nicely indexed and is an essential aid for the planning commission.

McElroy, Joseph J., "You Don't Have to Be Big to Like Performance Zoning," *Planning* 51:5 (May 1985), pp. 16-18.

Merriam, Dwight H., *The Complete Guide to Zoning* (New York: McGraw-Hill, 2005). A leading land-use lawyer offers practical advice about how the zoning process works.

Meshenberg, Michael J., *The Language of Zoning: A Glossary of Words and Phrases*, Planning Advisory Service Report Number 322 (Chicago: American Planning Association, 1976). A clearly written explanation of zoning concepts and practices. The report also presents helpful illustrations. It is a useful reference tool for the planning commission, zoning board, zoning administrator, and practicing planner.

Nelessen, Anton C., *Visions for a New American Dream*, 2d ed. (Chicago: American Planning Association, 1994). A useful guidebook on village and small town design.

Senville, Wayne, *Planning Commissioners Journal* (published quarterly). A useful publication for planning commissions. The journal covers a variety of planning issues.

Solnit, Albert, *Job of the Planning Commissioner* (Chicago: American Planning Association, 1987). A popular and very useful explanation of the planning commissioner's role in the planning process. Recommended for planning commissioners and practicing planners.

Stephani, Carl J., *A Practical Introduction to Zoning* (Washington, DC: The National League of Cities, 1993). A straightforward explanation of the purpose and use of zoning.

Stokes, Samuel N., A. Elizabeth Watson, and Shelley Mastran, *Saving America's Countryside: A Guide to Rural Conservation*, 2d ed. (Baltimore: Johns Hopkins University Press, 1997). A thorough guide to the conservation of rural resources including natural areas, historic buildings, and productive lands. The book has many illustrations and examples, including 28 case studies.

Sutro, Suzanne, *Reinventing the Village: Planning, Zoning, and Design Strategies*, Planning Advisory Service Report Number 430 (Chicago: American Planning Association, 1990). This report contains good advice on how to develop zoning and design ordinances for village centers.

Temali, Mihailo, *Community Economic Development Handbook* (St. Paul, MN: Wilder Foundation, 2002). How to set up and operate a community economic development organization. Includes case studies.

United States Access Board, *ADA Accessibility Guidelines for Buildings and Facilities* (Washington, DC: U.S. Access Board, 2002). A clearly written and illustrated guide for designing local codes to comply with handicapped accessibility standards of the Americans with Disabilities Act. This book is an essential reference for local governments.

White, Bradford J. and Richard J. Roddewig, *Preparing a Historic Preservation Plan*, Planning Advisory Service Report Number 450 (Chicago: American Planning Association, 1994). Good advice on how to draft a plan to protect historic buildings, sites, and districts.

Whitten, Jon, "The Basics of Groundwater Protection," *Planning* 58:6 (June 1992), pp. 22-26. A good introduction to the problems of and potential solutions for protecting groundwater supplies.

注：　　1 英里 = 1.6093 公里

　　　　1 英尺 = 0.3048 米

　　　　1 英寸 = 2.54 厘米